鈴木靖昭 著

接着工学

異種材料接着・接合，
強度・信頼性・耐久性向上と
寿命予測法

丸善出版

は じ め に

　接着接合は，溶接接合と並んで，あらゆる産業に用いられている重要な接合に関するキーテクノロジーの1つであるが，その歴史は非常に古く，イラクのハッサニー地域で発掘された紀元前5000年の壺の修理にはすでにアスファルトが使用されおり，それが接着剤として最古のものと考えられている[*1]．

　一方，溶接は，紀元前2500年の中国の最古級の青銅器において見られた母材と母材の間に溶かした溶加材を流し込む鋳掛けという方法が最初の例と見られており[*2]，信頼性の向上に関しては，溶接に比べて接着の場合は現状ではより努力が必要と考えられる．その理由は，溶接が同種の被接合材を融点付近まで加熱し両者を原子レベルで融合させるというかなり荒いが信頼性を向上させやすい技術であるのに対し，接着は同種および異種の被着材をほぼそのままの状態で接着剤を用いて接合するという，強度におよぼす因子が多く非常にデリケートな技術であることにある．なお，ろう付けも金属を接着剤とした接着接合の一種と考えられる．

　そこで本書では，強度が大きく信頼性が高く耐久性が優れた接着・接合継手を設計・製作・使用することを目的とする人に，まず接着強度発現の基本原理およびそれにもとづいた接着剤および表面処理法の選定法について詳しく解説し，次いで主な接着剤の種類，特徴，用途および各種表面処理法について述べる．

　また，最近は，航空機だけでなく，自動車の軽量化，スマートフォン，携帯電話，デジタルカメラなどの軽量化，低価格化，エレクトロニクス実装のために，金属，CFRP，セラミックス，および樹脂など多くの異種材料の接着・接合技術の必要性が高まっており，多様な接合技術が開発されている．

　接着剤を使用する従来の接合法は，被着材の固定や接着剤の硬化時間などの工数を必要とする．また，エンジニアリングプラスチック(熱可塑性)のほとんどは結晶性で接着性が劣るので，それらを解決するため被着材表面に湿式エッチングまたは

[*1]　本山卓彦：工業材料，**29** (4)，74 (1981).

[*2]　Wikipedia：「溶接」http://ja.wikipedia.org/wiki/%E6%BA%B6%E6%8E%A5

iv　は　じ　め　に

レーザー照射などにより微細な凹凸を形成して接着表面積の増大化を図り，そこへ射出成形またはレーザー照射などにより溶融した樹脂を浸入させて接着力の向上およびアンカー効果の発現を図る方法，レーザーなどにより樹脂を加熱溶融して接合する方法などが開発された．また，化学反応 (1 次結合) による接着接合法も開発されている．そこで，それらの主な接合法についても表面処理法および接合方法により分類して紹介するとともに，その接合力発現のメカニズムが従来の接着と変らないことを詳しく解説する．

　次いで，強度が大きな継手を得るために必要な主な継手の接着層における応力分布の特徴および破壊条件について詳述し，それらにもとづいた最適形状の継手の設計法について解説する．

　また，継手に一定および変動荷重が作用する場合，所要の故障確率確保に必要な安全率の計算法について解説するとともに，継手の劣化の 3 大要因，すなわち温度，湿度，および機械的応力が作用する場合の加速試験法および寿命予測法について，劣化の理論 (アレニウスの式およびアイリングの式) にもとづいて著者の実験結果を用いて詳しく解説する．

　さらに，継手の耐水性向上のための具体的方策について，接着部の熱力学的安定性の計算結果にもとづき解説する．

　続いて，繰返し応力 (疲労) による加速試験法およびクリープ強度加速評価法 (Larson–Miller の式の決定法) について詳しく解説する．

　最後に，接着トラブルの原因別分類とその対策について，表により分類整理し，個々のトラブルの原因が本書のいずれの章・節・項に関連するのかということを明示し解決策をとるための参考になるように配慮するとともに，具体的トラブル事例とその対策法について，著者およびその他のいくつかの事例を挙げて解説している．

　なお，本書の執筆に際し，多くの先学の論文および書籍を参考にするとともに図表を引用させていただいた．ここに深く感謝申し上げます．

　また，本書における著者の研究結果のほとんどは，日本車輌製造株式会社技術センターおよび開発本部において行ったものであり，ご指導いただいた上司ならびにご協力いただいた同僚の皆様に深甚なる謝意を表します．

　さらに，日本接着学会構造接着研究委員会ならびに日本機械学会接着接合技術応用研究分科会において，ご指導いただいた歴代委員長ならびに委員会を通じて知己となり共同研究およびご指導をいただいた諸先生に対し，厚く感謝の意を表します．

　最後に，本書の出版にあたり，一方ならずお世話になった丸善出版株式会社 企画・

編集部第三部長 小西孝幸氏および元同社企画・編集部渡邊康治氏に心より感謝の意
を捧げます.

2018 年 9 月

鈴 木 靖 昭

目　　次

1　接着力発現の原理および被着材に適した接着剤の選定法　　　　1
　1.1　化 学 的 接 着 説 . . . . 　　1
　1.2　機械的接合説 (アンカー効果) . . . . 　　5
　1.3　からみ合いおよび分子拡散説 . . . . 　　6
　1.4　接 　着 　仕 　事 . . . . 　　6
　1.5　シーリング材の接着力発現の原理と役割 . . . . 　　7
　1.6　粘着剤の接着力発現の原理と役割 . . . . 　　7
　1.7　Zisman の臨界表面張力による接着剤選定法 . . . . 　　8
　1.8　溶解度パラメーターによる接着剤の選定法 . . . . 　14
　1.9　被着材と接着剤との相互の物理化学的影響を考慮した接着剤選定法 . 　20
　文 　　 献 　. . . . . 　21

2　接着剤の種類と特徴および最適接着剤選定法　　　　23
　2.1　耐熱航空機構造用接着剤 . . . . 　23
　2.2　エポキシ系接着剤 (液状) . . . . 　28
　2.3　ポリウレタン系接着剤 (室温硬化形) . . . . 　28
　2.4　SGA (第 2 世代アクリル系接着剤) . . . . 　29
　2.5　耐 熱 性 接 着 剤 . . . . 　30
　2.6　吸 油 性 接 着 剤 . . . . 　30
　2.7　紫外線硬化形接着剤 . . . . 　31
　2.8　シリコーン系接着剤 . . . . 　32
　2.9　変成シリコーン系接着剤 . . . . 　33
　2.10　シリル化ウレタン系接着剤 . . . . 　34
　2.11　ポリオレフィン系樹脂用接着剤 . . . . 　34

viii　　目　　次

2.12 種々の接着剤の接着強度試験結果 36
2.13 各種被着材に適した接着剤の選び方 45
文　　献 45

3 被着材に対する表面処理法 **47**
3.1 金属の表面処理法 47
3.2 プラスチックの表面処理法 56
3.3 プライマー処理法 68
文　　献 71

4 最新の異種材料接合法について **75**
4.1 金属の湿式表面処理—接着法 75
4.2 金属の湿式表面処理—樹脂射出一体成形法 83
4.3 無処理金属の樹脂射出一体成型法 Quick-10® [ポリプラスチックス
(株)] 89
4.4 被接合材表面のレーザー処理—樹脂射出一体成形法 91
4.5 レーザー接合法 94
4.6 摩　擦　接　合　法 99
4.7 溶　　着　　法 101
4.8 分子接着剤利用法 104
4.9 ゴムと樹脂の架橋反応による化学結合法—ラジカロック®(中野製作
所) 109
4.10 接着剤を用いない高分子材料の直接化学結合法 (大阪大学) 111
4.11 大気圧プラズマグラフト重合処理—接着技術 (大阪府立大学) 112
4.12 ガス吸着異種材料接合技術 (中部大学) 113
4.13 低温大気圧有機/無機ハイブリッド接合技術 (物質・材料研究機構) 115
4.14 微細孔形成—射出成形・融着による接着力発現と耐久性向上のメカニ
ズム 116
4.15 樹脂どうしの融着による接合の場合の接着強度発現の原理 119
文　　献 120

5	**各種接合形式の特徴，応力分布および強度評価法**	**123**
	5.1 接着継手形式および負荷外力の種類	123
	5.2 重ね合せ継手の特徴，応力分布および強度評価	125
	5.3 スカーフ継手および突合せ (バット) 継手の応力分布および破壊条件	149
	5.4 接着接合部における特異応力場の強さおよび応力拡大係数を用いた	
	接着強度の評価	177
	5.5 接着層が収縮した場合のスカーフおよびバット継手の応力解析 . . .	184
	5.6 はく離応力の解析	185
	5.7 スポット溶接–接着併用継手の応力解析	188
	5.8 最適接合部の設計	189
	文　　献	192
6	**接着接合部の故障確率と安全率との関係**	**197**
	6.1 経年劣化による故障発生のメカニズム (ストレス–強度のモデル) . .	197
	6.2 所定年数使用後の接着接合部に要求される故障確率確保に必要な安	
	全率の計算法	198
	文　　献	212
7	**接着接合部の温度と各種ストレスに対する耐久性評価および寿命推定法**	**213**
	7.1 接着接合部の劣化の要因ならびに加速試験と加速係数	213
	7.2 アレニウスの式 (温度条件) による劣化，耐久性加速試験および寿命	
	推定法	215
	7.3 アイリングの式によるストレス負荷条件下の耐久性加速試験と寿命	
	推定法	224
	7.4 ジューコフの式を用いた応力下の継手の寿命推定法	240
	7.5 ウェッジテスト法による試験結果と実機航空機における耐久性結果と	
	の比較	242
	文　　献	246
8	**接着継手の耐水性と耐油性に関する熱力学的検討および耐水性向上法**	**249**
	8.1 液体中における接着接合部の安定性の熱力学的検討	249
	8.2 接着接合部の耐久性に水が及ぼす影響の実例	252
	8.3 接着接合部の耐水性向上法	256

x　　目　　次

　　文　　　献 258

9　繰返し応力 (疲労) およびクリープによる加速耐久性評価法　　259
　9.1　接着継手の引張せん断疲労特性試験方法 259
　9.2　アイリングの理論から誘導される S–N 曲線 260
　9.3　マイナー則 (線形損傷則) 261
　9.4　スポット溶接–接着併用継手の応力解析および疲労試験結果 262
　9.5　リベット–接着併用継手 (リベットボンディング) の疲労試験結果 . . 264
　9.6　接着接合部のクリープ破壊強度評価方法 266
　9.7　クリープ破断データから Larson–Miller の式を求める方法 269
　9.8　プラスチックのクリープ試験における Larson–Miller 線図 271
　9.9　JIS K6859　接着剤のクリープ破壊試験方法 273
　　文　　　献 273

10　接着トラブルの原因と対策　　275
　10.1　接着剤の選定に起因するトラブル事例およびその対策 275
　10.2　表　面　処　理　法 290
　10.3　施工方法に起因するトラブル事例およびその対策 292
　10.4　接着部の構造 299
　10.5　接着部の耐久性 299
　　文　　　献 299

　索　　　引　　301

1

接着力発現の原理および被着材に適した接着剤の選定法

接着力発現の原理としては，静電気説，拡散説，吸着説，酸–塩基説，化学的接着説，機械的接合説など，諸説があるが，それの中で有力な，化学的接着説，機械的接合説，ならびにからみ合いおよび分子拡散説を紹介するとともに，接着強度のもととなる接着仕事について述べる．

1.1 化 学 的 接 着 説

1.1.1 原子–分子間引力発生のメカニズム

緊密に接触した界面においては，原子間および分子間の引力相互作用により接着するというのが化学的接着説である．原子間–分子間引力は，イオン結合，共有結合，水素結合，およびファン・デル・ワールス力に分類され，表 1.1 には結合のタイプと結合エネルギーの値[1, 26]を示す．表 1.1 によれば，1 次結合 (化学結合) の大きさは水素結合の 10–100 倍，水素結合の大きさは 2 次結合 (ファン・デル・ワールス力) の 10–100 倍であることがわかる．図 1.1 にそれらの結合のポテンシャルエネルギーと原子–分子間距離との関係を示す[1, 2]．イオン結合および共有結合は化合物内の結合であり，接着力の一部はそれらの化学結合により生じるが，大部分は水素結合およびファン・デル・ワールス力により生じる．

水素原子はきわめて小さいので，電子吸引性の大きい酸素や窒素原子に非常に接近することができ，その結果大きく正に帯電するとともに，酸素や窒素原子は逆に負に帯電し，両者の間には大きな引力が生じる．これが水素結合であり[3]，前述のようにファン・デル・ワールス力より大きい．水酸基をもつエポキシ樹脂系接着剤が，金属など表面エネルギーの大きい被着材に対し強い接着力を発揮するのは，水素結合によるといわれる．表 1.1 において，OH$\cdots$O の水素結合エネルギーは 25 kJ/mol である．また，ウレタン系接着剤は主鎖にイソシアネート基由来の NH 基を多数もっ

表 1.1　結合のタイプと結合エネルギー[1, 26]

結合の種類	結合[1, 26]	結合長[1] (nm)	結合エネルギー[26] (kJ/mol)
1 次結合 (化学結合)	イオン結合	0.2–0.4	300–1 500
	共有結合	0.08–0.3	200–850
	配位結合		
	金属結合	0.2–0.6	100–350
水素結合	O–H⋯O	<0.27	25
	O–H⋯N	<0.27	17–30
	N–H⋯O	<0.27	8–13
	N–H⋯N	<0.27	<25
	N–H⋯F	0.29–0.4	<21
	F–H⋯F	0.29–0.4	<30
2 次結合 (ファン・デル・ ワールス力)	永久極性	0.2–0.4	0.04–4
	誘起極性	0.2–0.4	〃
	分散力	0.4–0.6	〃

ており，金属表面の酸化物との間で表 1.1 に示すような水素結合 NH⋯O (結合エネルギーは 8–13 kJ/mol) を生じると考えられるため，エポキシ系接着剤に次いで金属の接着に適し，接合部は耐久性にも優れる．

また，ファン・デル・ワールス力には，(1) 配向力 (分極された分子どうしの相互

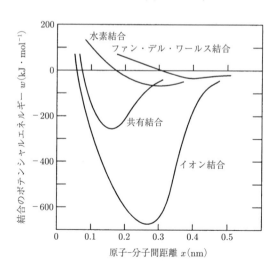

図 1.1　化学結合のポテンシャルエネルギー[1, 2]

作用), (2) 誘起力 (分極された分子によって誘起される), および (3) 分散力 (瞬間的に生ずる非対称性による) の 3 種類がある[3]．水素結合力は遠方までおよび, ファン・デル・ワールス力は接着剤と被着材がかなり接近したときのみ大きく寄与することが示されている[3]．

1.1.2 接着剤の役割

図 1.1 に見られるように, 原子–分子間引力が生じるためには, その間の距離を 0.2–0.6 nm にする必要があるが, 被着材の表面は, たとえ 1 つの物体の破断面間であってもミクロ的に見れば図 1.2 のようにすき間だらけであるため[4], その間へ液体状の接着剤を充てんした後, 固体化させて分子間力すなわち接着力を生じさせることが必要である．接着剤の液体化および固体化の方法としては, 液状モノマーまたはプレポリマーを使用して反応により固体化する, 溶液状接着剤の溶剤を揮散させる, または固体状接着剤を加熱して溶融した後室温に戻す, などの方法がある．

図 **1.2** 被着材面間接触モデル[4]

1.1.3 ヤモリの足の接着力に見るファン・デル・ワールス力

ヤモリ (Gekko) の足の裏には, 図 1.3a, b のように[5], 長さが 30–130 μm, 太さが人の毛髪の 1/10 の角質の毛 (剛毛) が約 50 万本生えていて, その先端は, 図 1.3b のように数百本の 0.2–0.5 μm のヘラ (spatula) の形状に分岐していることが見いだされた[6]．

最大種のトッケイヤモリ (最大全長 35 cm) の剛毛は, 5 000 本/mm^2 の密度で生えていて, 測定により, 約 100 mm^2 (1cm^2) の足裏の面積について 10 N (約 1 000 g) の接着力, したがって各剛毛には平均 20 μN/本, 平均 0.1 N/mm^2 (約 1 atm= 1kgf/cm^2) の接着力を生じているという結果が得られた[6]．

この接着力は, ヤモリの足裏と面との間に働くファン・デル・ワールス力によるものであり[6], この接着力によりヤモリは垂直な壁やガラスのみでなく, 天井にも逆さまに張り付くことができる．

1. 接着力発現の原理および被着材に適した接着剤の選定法

図**1.3** ヤモリの足の微細構造[5]

川角は，被着材として，(1) フッ素樹脂コートフライパン，(2) ポリスチレン板，(3) 銅板，(4) グラフ用紙 についてニホンヤモリの足の接着力の実験を行い，4匹のヤモリとも (2)–(4) については板を垂直および裏返し (逆さま) にしてもヤモリは落ちなかったが，(1) フッ素樹脂コートフライパンの板を水平から 40–80°に傾けると滑り落ちてしまった[7]．測定により，ヤモリの足の接着力は，(4) グラフ用紙の場合に比べ，(1) フッ素樹脂コートフライパンの場合は，約 1/5 であった[7]．

このことは，ヤモリの足の接着力が，カエルの足指のような吸盤によるものではなく，ファン・デル・ワールス力によるものであることを示している．すなわち，フッ素樹脂は結晶性で，しかも臨界表面張力が小さいことが，前記現象の原因となっているものと考えられる．

日東電工では，ヤモリの足の裏にヒントを得て，直径数 nm から数十 nm のカー

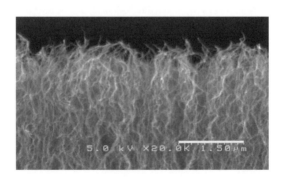

図**1.4** カーボンナノチューブを並べた「ヤモリテープ」の電子顕微鏡写真[5]

ボンナノチューブ (CNT) を 100 億本/cm^2 の密度で並べたヤモリテープを開発した．接着強度は 500 gf/cm^2 である．めくれば簡単にはく離できる．

図 1.4 はヤモリテープの電子顕微鏡写真である[5]．

1.2 機械的接合説 (アンカー効果)

図 1.5 のように被着材表面に凹凸が多ければ[8]，そのくぼみ内へ接着剤が入り込み，錨を打ち込んだような効果 (投錨効果，アンカー効果) が生じるとともに，接着面積も増加して，接着力が増すというよく知られた説である．アンカー効果は，接着強度の向上だけでなく接合部の環境耐久性向上に対しても重要であり後述する．

図 **1.5**　投錨効果 (アンカー効果)[8]

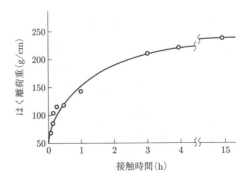

図 **1.6**　ポリイソブチレンの接触時間とはく離強さの関係[9, 10]

1.3 からみ合いおよび分子拡散説

Voyutskii が提唱したのが拡散説[9, 10]であり，未加硫ゴムを重ね合わせておくとくっつくという現象を指している．図 1.6 は，ポリイソブチレンどうしを接触させたときの経過時間とはく離荷重との関係で，時間とともにはく離強度が大きくなることを示している[9, 10]．また圧力が高いほどはく離強度が大きくなることが明らかにされている．

1.4 接 着 仕 事

接着力発現の原理として，接着仕事の概念がある．すなわち，図 1.7 において，表面自由エネルギー (表面張力) が γ_S の固体の表面上に表面自由エネルギー (表面張力) γ_L の液体の一滴を載せたとき，両者の界面の自由エネルギー (界面張力) を γ_{SL} とする．液滴端の固体表面とのなす角 (接触角) を θ とすれば，

$$\gamma_S = \gamma_{SL} + \gamma_L \cos\theta \quad \text{(Young の式)} \tag{1.1}$$

接着仕事を W_a とすれば，

$$W_a = \gamma_S + \gamma_L - \gamma_{SL} = \gamma_L(1 + \cos\theta) \quad \text{(Dupré の式および Young–Dupré の式)} \tag{1.2}$$

となる．式 (1.2) により，接触角 θ が小さいほど被着材は接着剤により濡れやすく，接着仕事 W_a が大きくなり，それにともなって接着強度が大きくなるものと考えられる．

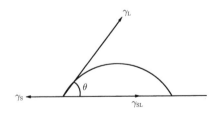

図 **1.7** 液滴の接触角

なお，被着材の表面張力をしらべる JIS K6768 ぬれ張力試験用混合液が市販されている．

1.5 シーリング材の接着力発現の原理と役割

シーリング材の接着力発現の原理は接着剤の場合と同じであるが，シーリング材の場合は，「接着力 + すき間充てん」の役割を担っている．性状はペースト状であることが必要で，一般的には充てん剤を配合している．塗布後硬化するが，非硬化で被膜形成タイプのシリコーン系マスチックおよび油性コーキング材もある．

1.6 粘着剤の接着力発現の原理と役割

粘着剤により接着力が発現する原理も，接着剤の場合と同様である．粘着剤は半固形状であり，被着材表面の凹凸に自身の形状を変形させて分子間力を発現させる．

時間の経過とともに粘着力が向上するのは，図 1.8 のように被着材表面のより微細な凹みの内部にまで粘着剤が侵入するためである[11]．

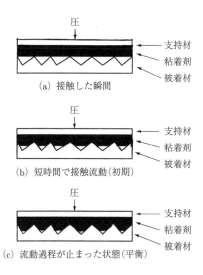

図 1.8　粘着剤の接触過程のモデル図[11]

粘着剤自身の強度がそれほど大きくないため，その引張りせん断接着強度は一般的に接着剤より小さい．はく離力が作用する場合には，接着剤に比べて粘着剤は軟らかく，応力を負担する面積が大きくなるため，接着剤と同等のはく離強度を示す場合がある．

固化不要で，粘着テープ (ベースフィルム上へ塗布) および両面粘着テープ (不織布などの支持体へ塗布) として簡便に使用できる．

1.7　Zisman の臨界表面張力による接着剤選定法

Zisman はテフロン® すなわちポリテトラフルオロエチレン (PTFE)，ポリエチレン (PE) などのプラスチックに対する種々の表面張力 γ_L をもった直鎖状飽和炭化水素 (ノルマルアルカン) 液滴の接触角 θ を測定し，それが直線関係となることを発見し，$\theta = 0°$ に外挿したときの値を臨界表面張力 γ_c とよんだ[12,13]．図 1.9 は，テフロンの $\cos\theta$–γ_L 直線であり，γ_L の値が $\gamma_c = 18.3\,\mathrm{dyn/cm}$ 以下の液体ならばテフロンを完全に濡らしうることがわかる[12,13]．

表 1.2 は種々の液体の表面張力[13]，表 1.3 は種々の高分子固体の表面張力[14]，表 1.4 は種々の固体の臨界表面張力 γ_c である[13]．被着材 (固体) の γ_c より小さい表面張力 γ_L をもった溶剤使用の接着剤または液体接着剤 (ホットメルト型接着剤も

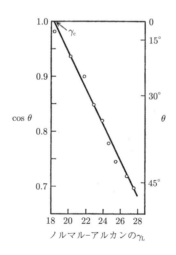

図 **1.9**　テフロンの γ_c の決定[12,13]

1.7 Zisman の臨界表面張力による接着剤選定法　　9

表 1.2　液体の表面張力 γ (20°C)[13]．日本化学会：化学便覧　基礎編　改訂 2 版 (丸善，1975) からの数字を四捨五入した．

液　体　名	γ(dyn/cm)	液　体　名	γ(dyn/cm)
アセトフェノン	40	クレゾール	39–40
アセトン	23	クロロホルム	27
アニソール	35	酢酸	28
安息香酸メチル	38	酢酸エチルエステル	24
イソペンタン	15	ジエチルエーテル	17
イソ酪酸	25	1,4–ジオキサン	34
ウンデカン	25	シクロヘキサン	25
エタノール	22	DMSO	44
エチルアミン	19	トルエン	29
エチルベンゼン	29	フェノール	41
エチルメチルケトン	25	ブタノール	24–25
各種オクタノール	25–27	1–ヘキセン	18
オクタン	22	ベンゼン	29
ギ酸	38	メタノール	23
ギ酸エチルエステル	23	メチルアミン	19
m–キシレン	29	ベンズアルデヒド	40

表 1.3　高分子固体の表面張力 (mN/m)(20°C)[14]

ポ　リ　マ　ー	γ_s	γ_s^d	γ_s^p	γ_s^H
ポリテトラフルオロエチレン	21.5	19.4	2.1	0.0
ポリプロピレン	29.8	29.8	0.0	0.0
ポリトリフルオロエチレン	31.2	22.1	7.8	1.3
ポリエチレン	35.6	35.6	0.0	0.0
ポリフッ化ビニリデン	40.2	27.6	9.1	3.5
ポリスチレン	40.6	33.8	6.8	0.0
ポリメタクリル酸メチル	43.2	42.4	0.0	0.8
ポリフッ化ビニル	43.5	42.3	0.2	1.0
ポリエチレンテレフタレート	43.8	42.7	0.6	0.5
ポリ塩化ビニル	44.0	43.7	0.1	0.2
ポリオキシメチレン	44.6	42.5	0.9	1.2
ポリ塩化ビニリデン	45.8	43.0	1.9	0.9
ナイロン 66	46.5	42.0	1.4	3.1
ポリアクリルアミド	52.3	26.5	15.1	10.7
ポリビニルアルコール	—	36.5	3.3	—

$\gamma_s = \gamma_s^d + \gamma_s^p + \gamma_s^H$ (拡張 Fowkes の式)
上付添字はそれぞれ，d は分散力，p は極性，H は水素結合にもと づくものを表す．
水は 20°C において $\gamma_s = 72.75\,\mathrm{mN/m}$.

10   1. 接着力発現の原理および被着材に適した接着剤の選定法

表 **1.4**   固体の臨界表面張力 γ_c (20°C) の例[13]

固　体　名	γ_c (dyn/cm)	固　体　名	γ_c (dyn/cm)
テフロン	18.5	ナイロン 66	46
ポリフッ化ビニル	28	エポキシ樹脂	50
ポリスチレン	33	パラフィンワックス	26
ポリビニルアルコール	37	銅	44
ポリエチレン	32	アルミニウム	45
ポリプロピレン	31	乾燥ソーダ石灰ガラス	47
ポリメチルメタクリレート	39	湿ったソーダ石灰ガラス	31
ポリ塩化ビニル	39	溶融シリカ	78
ポリ塩化ビニリデン	40	酸化鉄	107
ポリエチレンテレフタレート	43	酸化チタン	110
セルロース	45.5		

含む) は被着材表面をよく濡らす.

図 1.9 から, 次式が得られる[13, 15].

$$\cos\theta = 1 + k(\gamma_c - \gamma_L) \tag{1.3}$$

ここで, $k = 0.033$ (テフロンの場合) である.

式 (1.2)(Young–Dupré の式) に式 (1.3) を代入すれば, 接着仕事 W_a (接着強度に対応) は次式で表される[13, 15].

$$W_a = \gamma_L[2 + k(\gamma_c - \gamma_L)] \tag{1.4}$$

式 (1.4) は,

$$W_a = -k\gamma_L^2 + (2 + k\gamma_c)\gamma_L \tag{1.5}$$

のように, 液体 (接着剤) の表面張力 γ_L に関して上に凸の放物線であり, したがって W_a 計算値は, $\gamma_L = 0$ において最小値 $W_a = 0$ を示し,

$$\gamma_L = 1/k + \gamma_c/2 \tag{1.6}$$

において最大値,

$$W_a = 1/k + \gamma_c + k\gamma_c^2/4 \tag{1.7}$$

を示すことになる[13, 15].

ところで, 図 1.10 は, 4 種類の高分子に対する種々の表面張力をもった液体 (水, グリセリン, $\cdots$, n–ヘキサデカン) の接触角 θ の実験値から, 式 (1.2) の Young–Dupré

1.7 Zisman の臨界表面張力による接着剤選定法

ポリマー	記号	γ_C	γ_S	W_{amax}を与えるγ_L(dyn/cm)
ポリ塩化ビニリデン (PVDC)	△	40	45.8	56
ポリ塩化ビニル (PVC)	×	39	44.0	53
ポリエチレン (PE)	○	31	35.6	50
テフロン (PTFE)	□	18.5	21.5	48

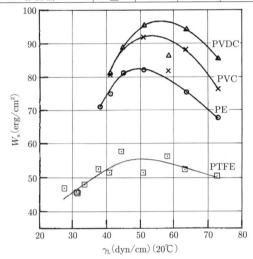

図 1.10 種々の表面張力の液体に関する高分子の接着仕事 W_a[15]

の式により得られた接着仕事 W_a の計算値[15]であり，式 (1.5) のような放物線状となっている．

図 1.10 中には，20°C における各高分子に関する臨界表面張力 γ_C，表面張力 γ_S，および W_a の最大値を与える液体の表面張力 γ_L を併記したが，γ_S に比べて W_a の最大値を与える液体の表面張力 γ_L はかなり大きいため，この表面張力 γ_L をもつ接着剤は高分子を濡らすことが難しい．

W_a の値は，接触角の実験値から Young–Dupré の式 (1.2) により得られた接着仕事の計算値であり，接着強度の実験値ではない．Zisman および中尾は，前記の熱力学平衡論を直接接着強度に適用してはいけないと警告している[12, 16]．

表 1.5 には，鋼，PVC，PE および PTFE をエポキシ系接着剤 ($\gamma_L = 50\,\mathrm{mJ/m^2}$) により接着した場合の接着仕事 W_a を示す．W_a の値は，鋼については表 8.2 に記載の計算値，その他の樹脂については，図 1.10 においてエポキシ樹脂の $\gamma_L = 50\,\mathrm{mJ/m^2}$ に対する値である．

12   1. 接着力発現の原理および被着材に適した接着剤の選定法

表 1.5 接着仕事 W_a から計算される接着強度と実際の接着強度との比較[17]

被着材	γ_S (mJ/m²)	接着仕事 W_a (mJ/m²)	接着強度 (MPa)		接着強度
			計算値	実測値例	実測値例/計算値
鋼 (Fe₂O₃)	1,357	291	291	15–30	1/20–1/10
PVC	44.0	92	92	5.1	1/18
PE	35.6	83	83	2.2	1/38
PTFE	21.5	55	55	0.5	1/110

注 1) 接着剤はエポキシ系, $\gamma_L = 50\,\mathrm{mJ/m^2}$ とする.
注 2) 接着強度計算値は接着部を 1 nm 引離すことにより破壊すると仮定したときの平均応力.
注 3) 鋼 (Fe₂O₃) の場合の接着仕事 W_a の値は, 式 (8.5) による表 8.2 の計算値.

また, 図 1.1 から, 接着部を 1 nm 引き離せば破壊すると考えられるので[18], 表 1.5 には, そのときの平均応力 $= W_a/1\,\mathrm{nm}$ を接着強度計算値 (理想値) として示すとともに, 各継手の接着強度実測値例および実測値例/計算値の値を示した[17].

実測値例/計算値の値は, 鋼の継手の場合 1/10–1/20 となっており, 他の継手においても被着材の γ_s と接着剤の γ_L (50 mJ/m²) との差が大きくなるほどその値が小さく, 1/18–1/110 となっている.

これらの相違の理由は, 2 原子面間の分離に要する仕事から求めた理想的へき開破壊強度 (ヤング率 E の約 1/10) に対し, 材料の実際の引張強度が, そのおよそ 1/100–1/10 である[19]こと, および結晶のすべり面におけるすべり分離力から求めた理想的降伏強度 ($G/2\pi$, G はせん断弾性係数) に対し, 材料の実際の降伏強度が, そのおよそ 1/10 000~1/1 000 である[19] 理由 (き裂型欠陥および転移型欠陥の存在) と同様に, 接着部に存在する微細な欠陥, 亀裂, ボイドなどの存在によるもの, すなわち強度の組織敏感性[20]によるものと考えられる.

また高分子材料については, 表 1.6[21, 22]に高分子結晶の C–C 結合を引っ張ったときに生じる力 F (ポテンシャルエネルギーの C–C 間距離による 1 次微分) の最大値 $F_{\max}$ を C–C 結合の棒の断面積 S で割って得られた C–C 結合の引張強度理論値 σ_{th}[21], およびその値と引張強度実測値 σ_{ex}[22]との比を示す.

表 1.6 のように, 均質高分子においても $\sigma_{\mathrm{ex}}/\sigma_{\mathrm{th}}$ の値はおよそ 1/1 000–1/100 となっており, 理由には熱活性化破断説と欠陥部応力集中説があり, 後者は分子構造自身の欠陥, 屈曲性由来の絡み合い, 折り畳み, たるみ, キンク帯, ミクロボイドなどの構造欠陥, 触媒片などのゴミなどが欠陥として作用して応力集中により破断が起こるというものである.

1.7 Zismanの臨界表面張力による接着剤選定法

表 1.6　C–C 主鎖を有する高分子結晶の引張強度理論値と実測値との比較[21, 22]

高分子	側　鎖	断面積 $S(\text{Å}^2)$	引張強度理論値 $\sigma_{th}(\text{GPa})$	引張強度実測値 $\sigma_{ex}(\text{MPa})$	σ_{th}/σ_{ex}
PE	–H	18.24	31	23–31	1 000–1 350
PVA	–OH	21.6	26	41–52	500–630
isostactic PP	–CH$_3$	34.4	16.5	31–41	400–530
isostactic PS	–C$_6$H$_5$	69.2	8	36–52	150–220
isostactic P4M1P	–CH$_2$–CH(CH$_3$)$_2$	86.1	6.5		

P4M1P：ポリ 4–メチル–1–ペンテン

前記表 1.5 において，PE および PTFE の接着強度の実測値例/計算値の値が，1/38 および 1/110 と小さかったのは，両者の γ_c が 31 および 18.5 dyn/cm とエポキシ接着剤の $\gamma_L = 48\,\text{dyn/cm}$ との差が大きいため接着剤が被着材を十分濡らさない (接着剤が被着材の微細な凹部まで浸入できない) こと，次項で述べるように表面張力と相関がある凝集エネルギー密度 CED については，被着材と接着剤との間で差が開くと相溶性が悪くなり，接着強度が小さくなるという結果が得られているこ

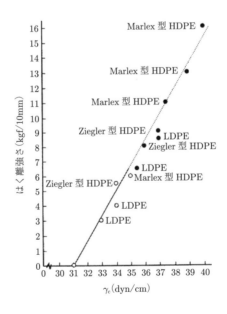

図 1.11　紫外線照射されたポリエチレンの γ_c とはく離強さ[23, 24]．● は材料破壊，○ は界面破壊．

14   1. 接着力発現の原理および被着材に適した接着剤の選定法

と，および両被着材樹脂が結晶性で接着性が悪いこと (1.8.3 項参照) によるものと考えられる.

一方，図 1.11 には，ポリエチレンを空気中で紫外線照射すると表面の酸化によって臨界表面張力 γ_c が最大で約 39 dyn/cm まで増加し，この γ_c の増加にともなって表面の濡れ性が向上し，はく離強さが大きく増加することが報告されている[23,24]. このことは，式 (1.4) において，$\gamma_L =$ 一定 (接着剤が同じ) の場合，被着材の γ_c が大きい場合ほど W_a が大となることからも理解される.

したがって，接着強度を向上させるためには，被着材に適切な表面処理を行って図 1.9 の γ_c の増加を図り，直線を右方へ平行移動させることが重要である[3].

1.8 溶解度パラメーターによる接着剤の選定法

1.8.1 物質の溶解度パラメーター

物質の単位体積あたりの凝集エネルギーすなわち凝集エネルギー密度 CED (cohesive energy density)(cal/cm^3) は，次式で表される[13].

$$\mathrm{CED} = (\Delta H - RT)/V \tag{1.8}$$

ここで，ΔH は蒸発潜熱，T は絶対温度，V はその温度における 1 モルの容積，R は気体定数 (1.982 cal/K·mol) である．RT は一定の圧力下という制限のために入ってくる量である.

表 1.7　液体の SP 値 (室温)[13]

液　体	SP 値 $(\text{cal/cm}^3)^{1/2}$	液　体	SP 値 $(\text{cal/cm}^3)^{1/2}$
n-ペンタン	7.02	$CH_3COC_2H_5$	9.2
ブタジエン	7.1	Cl_2CHCH_2Cl	9.3
n-ヘキサン	7.24	スチレン	9.3
Et_3N	7.3	Cl-C_6H_5	9.5
n-オクタン	7.55	アセトン	9.8
n-デカン	7.72	$C_6H_5COCH_3$	10.35
シクロヘキサン	8.18	ピリジン	10.8
p-キシレン	8.75	n-ブタノール	11.4
トルエン	8.91	エタノール	12.7
o-キシレン	9.0	メタノール	14.8
ベンゼン	9.15	フェノール	14.5
テトラヒドロフラン	9.2	水	23.4

表 1.8 金属の SP 値[13]

金属	記号	SP 値 $(\mathrm{cal/cm^3})^{1/2}$
マグネシウム	Mg	54
アルミニウム	Al	74
ケイ素	Si	82
チタン	Ti	74
鉄	Fe	115
コバルト	Co	113
ニッケル	Ni	113
銅	Cu	106
銀	Ag	81
金	Au	85

Hildebrand は CED の平方根を溶解度パラメーター (solubility parameter：SP 値) と名付け[25]，記号 δ で表した．SP 値は物質どうしの相溶性を評価するための指標となる．表 1.7 は各種液体の SP 値[13]，表 1.8 は金属の SP 値[13]，表 1.9 は各種高分子物質の SP 値[26]である．

分子が水素結合で結ばれている水は，分子量がわずか 18 と有機溶剤に比べて小さいにもかかわらず，沸点が 100°C と非常に高く，その蒸発潜熱は，25°C において 10,446 cal/mol ときわめて大きいため，式 (1.8) から CED = 545 cal/cm^3，δ = 23.4 となり，表 1.9 のポリビニルアルコールの値と等しく，有機および無機液体の中で最大値を示す[13]．これに対し，分子量が 16 で水とあまり変わらないがファン・デル・ワールス力で結合しているメタンは，沸点が -162°C と非常に低く[27]，蒸発潜

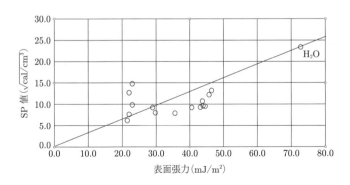

図 1.12 物質の SP 値と表面張力との関係[17]

16   1. 接着力発現の原理および被着材に適した接着剤の選定法

表 **1.9**   各種高分子物質の SP 値[26]

分 類	結晶性	極 性	ポ リ マ ー	SP 値	接 着 方 法		
					融着	溶剤	極性接着剤
熱可塑	結 晶	無極性	テフロン	6.2	○	×	×
		↑	ポリエチレン	7.9	○	×	×
		・	ポリプロピレン	8.0[a]	○	×	×
		・	ポリオキシメチレン	9.5[b]	○	×	○
		・	ポリ塩化ビニル [c]	9.5〜9.7	○	○	○
		・	ポリカーボネート [c]	9.7[b]	○	○	○
		・	ポリエステル	10.7	○		○
		・	ポリ塩化ビニリデン	12.2	○		○
		・	ナイロン	12.7〜13.6	○		○
		↓	ポリアクリロニトリル	15.4			○
		極 性	ポリビニルアルコール	23.4[b]	○		○
熱可塑	無定形	無極性	ポリスチレン	8.6〜9.7	○	○	○
		↑	ポリメチルメタクリレート	9.0〜9.5	○	○	○
		・	ポリ酢酸ビニル	9.4	○	○	—
		・	ポリ (酢ビ–塩ビ)	10.4	○	○	○
		・	エチルセルロース	10.3		○	○
		↓	酢酸セルロース	10.9		○	○
		極 性	硝酸セルロース	10.6〜11.5	×	○	○
熱硬化	無定形	無極性	シリコーン	7.3	×	×	×
		↑	ユリヤ, メラミン	9.6〜10.1	×	×	○
		↓	エポキシ	9.7〜10.9	×	×	○
		極 性	フェノール	11.5	×	×	○
ゴ ム	無定形	無極性	シリコーン	7.3			
		↑	ブチルゴム	7.7			
		・	天然ゴム	7.9〜8.3			
		・	SBR	8.1〜8.5			
		・	イソブチレン	8.0			
		・	ブタジエン	8.6[b]			
		・	チオコール	9.0〜9.4			
		↓	ネオプレン	9.2			
		極 性	ニトリルゴム	9.4〜9.5			

a) 中尾計算.
b) 日本化学会：化学便覧 (丸善) p. 1248.
その他はすべて I. Skeist (ed.): *Handbook of Adhesives* (Reinhold Publishing, 1962) p. 11.
c) 現在は無定形樹脂に分類されている.

熱が 1 950 cal/mol と小さい.

　なお, Hildebrand と Scott は, CED は $\gamma/V_m^{1/3}$ の 0.86 乗になると報告している [28, 29]. ここで, V_m はモル容積である. 図 1.12 は表 1.3 の表面張力 γ と表 1.9 の SP 値との関係をプロットしたもので, 両者の間に明確な比例関係が見られる[17].

1.8.2　2種類の液体が混合する条件 (非結晶性材料に適用)

SP 値が近い物質どうしは混合しやすいといわれるが，それは以下の理由による[13]．

液体 1 と液体 2 を混合した時のエンタルピー変化量を ΔH，液体 1, 液体 2，および混合後のエンタルピーをそれぞれ H_1, H_2, および H_{12} とすれば，

$$\Delta H = H_{12} - (H_1 + H_2) = V(\delta_1 - \delta_2)^2 \phi_1 \phi_2 \quad (1.9)$$

ここで，ϕ_1 および ϕ_2 は液体 1 および液体 2 の容積の割合 ($\phi_1 + \phi_2 = 1$)，V は混合後の液体の容積である．

$$\Delta G = \Delta H - T\Delta S \quad (1.10)$$

ΔG は負の値でなければ液体どうしが混合するという変化が進行しない．混合によるエントロピー変化 ΔS は常に正の値であるから，$-T\Delta S$ の値は常に負である．したがって，できるだけ十分両液体の混合が進むためには，ΔH ができるだけ小さくなり，ΔG の絶対値ができるだけ大きくなることが望ましい．ΔH ができるだけ小さくなるためには，式 (1.9) から，液体 1 と液体 2 の SP 値ができるだけ近いことが要求される．固体と液体の間でも同様のことがいえる．

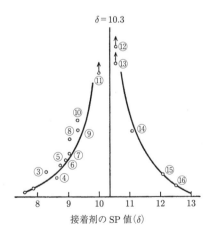

図 **1.13**　マイラーシートのはく離接着強度と接着剤の SP 値との関係[13,30]．マイラーの SP 値は 10.3．丸で囲んだ数字は接着剤の種類，矢印は接着剤層破断．

18 　　 1. 接着力発現の原理および被着材に適した接着剤の選定法

図 1.13 には，Iyengar と Erickson によって得られた，マイラーシート (ポリエチレンテレフタレート，SP 値 = 10.3) を種々の SP 値をもつ接着剤によって貼り合わせたときのはく離強度を示す[13, 30]．この実験結果からも，被着材の SP 値に近い SP 値をもった接着剤を使用することが薦められる理由が理解できる.

通常，結晶性熱可塑性樹脂は，次項で述べるような理由で接着性が劣るが，PET の場合，急冷化するとほとんど結晶化せずに非晶質状態となることが知られており[31]，このマイラーシートの場合もその状態に該当するものと推定される (次の 1.8.3 項の図 1.14 参照).

なお，金属の SP 値は表 1.8 のように液体の SP 値に比して非常に大きく，その酸化物はさらに大きくなる[13]．実際の金属は表面が酸化物によりおおわれていて，その表面には水と反応して水酸基が生成され，さらにその上は吸着された何層もの水分子および油類などの汚染物質によりおおわれている．したがって，金属の接着に当たってはそれらのことを十分考慮する必要がある.

1.8.3 結晶性高分子が難接着性である理由とそれを解決するための表面処理法

非結晶性材料どうしが混合する条件は，式 (1.10) の $\Delta G < 0$ であるが，結晶性材料が液体に溶解する条件は，結晶が融解して非結晶になるときのエネルギー ΔH_m を式 (1.10) に加えた次式

$$\Delta G = \Delta H - T\Delta S + \Delta H_\mathrm{m} \tag{1.11}$$

で考えなければならない[32].

融解熱はかなり大きな正の値であり，PE，PP のほか，エンジニアリングプラスチックである PEEK，PPS，PBN，PET，PBT，POM(ポリアセタール)，PA，PTFE，ポリイミドなどが一般的に接着しにくいといわれるのは，これらが結晶性樹脂であり，溶解性を式 (1.11) により考えなければならないためと考えられる．ポリエチレン製タンクが灯油に溶解しないのはその理由による[32].

これらの結晶性樹脂を接着するためには，コロナ放電処理[33]，プラズマ処理[34]，UV/オゾン処理[35] などの方法で樹脂の表面をかなりの程度まで酸化して，アミド基，カルボニル基，カルボキシル基などの極性基 (官能基) を生成させること (改質) が必要である．また，上述の理由により，非結晶性熱可塑性樹脂である PC，PS，PMMA などはソルベントクラックが発生しやすい.

1.8 溶解度パラメーターによる接着剤の選定法

表 1.10 種々のプラスチックの結晶化度[36]

```
0        10        20        30        40        50        60        70        80
SBR      PF        EC        PVC       PS        PE        PA(ポリアミド)   POM(ポリアセタール)
NBR      (フェノール樹脂) (エチルセルロース)     PC(ポリカーボネート)      PET(ポリエチレンテレフタレート)
IIR      EP                                      PAR(ポリアリレート)
(ブチルゴム) PMMA                                   PVDF(ポリフッ化ビニリデン)
         PS                                      PTFE(フッ素樹脂)
```

(SBR：スチレンブタジエンゴム，NBR：ニトリルゴム)

表 1.10 には，種々のプラスチックの結晶化度を示す[36]．結晶化度 100%の樹脂はないので，結晶性樹脂でもある程度の接着性は示す．

また，結晶性熱可塑性樹脂の接着性が劣ることをカバーするのが 4 章で述べる微細凹凸形成，射出成形法ならびにレーザー照射，電気抵抗加熱，高周波誘導加熱，摩擦加熱，超音波加熱，および熱板加熱などによる融着法である．

図 1.14 は PET フィルムを用いて鋼を溶融接着した場合の接着強度であるが，急冷により結晶化が妨げられて大きな接着強度を示している[37]．しかし，この引張接着強度は 110°C の熱処理 (アニール) により急速に低下するという結果が得られており[37]，これは加熱による結晶化度の増加によるものと考えられ，注意が必要である．

なお，295°C で融解後の PET は，室温における徐冷により結晶核が発生し成長するが，急冷 (水冷) によってはまったく無定形であることが偏光顕微鏡により観察されている[37]．

一方，図 1.15 はナイロン 12 フィルムを用いて，鋼を熱融着した系を室温放冷 (徐

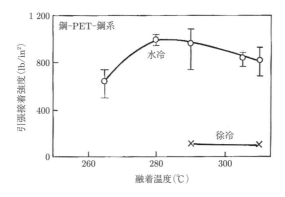

図 1.14 PET の溶融接着強度に対する急冷 (水冷) の効果[37]

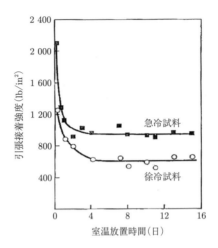

図 1.15 徐冷または急冷後室温に放置した場合のナイロン 12 の熱圧着接着強度の変化[37]．鋼–ナイロン 12–鋼系 200°C, 10 min, 熱圧着後, 急冷 (ドライアイス–メタノール系) または徐冷 (室温放置).

冷) した場合とドライアイス/メタノール系で急冷した場合の接着強度で[37], 後者は前者の約 1.7 倍の強度を示している (室温放置 4 日以後の平衡値). しかし, この急冷試料 (平衡接着強度約 $1\,000\,\mathrm{lb/in^2}$) を 150°C で熱処理すると, 接着強度は最初は急速に低下するが, その後は上昇してもとの平衡接着強度に達するという特異な現象が観察され, その理由は低温側融解ピーク温度の上昇によるものとされている[37].

1.9 被着材と接着剤との相互の物理化学的影響を考慮した接着剤選定法

1.9.1 被着材に含まれる可塑剤による接着剤の可塑化[38]

被着材中に可塑剤が含まれる場合, たとえば被着材の軟質塩ビ中の DOP によりクロロプレンゴム系接着剤が可塑化されペースト状となってしまうので, SP 値が DOP より大きなニトリルゴム系接着剤を使用する必要がある. なお, それぞれの材料の SP 値は, CR: 8.85, NBR: 9.64, DOP: 8.9 のようになっている.

1.9.2 接着剤に含まれる可塑剤による被着材の可塑化[38]

接着剤中に可塑剤が含まれる場合，たとえば変成シリコーン系接着剤中のフタル酸エステル系可塑剤により被着材 PMMA 表面が可塑化され，はく離が生じるため，エポキシ樹脂により PMMA をコーティングする．

1.9.3 粗度大な被着材表面への粘性接着剤の選択[38]

皮革や発泡体などの多孔質なため接着剤が吸収される材料の接着には，高粘度接着剤を使用する．

文　　献

[1] 畑 敏雄，斎藤隆則：接着ハンドブック第 3 版，日本接着学会 編 (日刊工業新聞社，1996) pp. 5–16.

[2] K. W. Allen: Analytical Proceedings, **29** (9), 389–391 (1992).

[3] 小川俊夫：接着ハンドブック第 4 版，日本接着学会 編 (日刊工業新聞社，2007) pp. 16–30.

[4] 井本立也：工業材料，**31**-2, 122 (1983).

[5] 前野洋平：日東電工技報，**47**，No. 90，48–51 (2009).

[6] Kellar Autumn (Lewis and Clark College, USA), et al.: "Adhesive force of a single gecko foot-hair," Nature, **405**, June 8, 681–684 (2000).

[7] 川角 博："ヤモリはフッ素樹脂加工のフライパン上で滑るか"，東京学芸大学リポジトリ，2010-6.

[8] R. J. Schliekelmann (林 毅 監訳)：接着金属構造 (日刊工業新聞社，1977) p. 8.

[9] S. S. Voyutskii: *Autohesion and Adhesion of High Polymers* (Interscience Publishers, 1963).

[10] 三刀基郷：接着ハンドブック，第 4 版，日本接着学会 編 (日刊工業新聞社，2007) p. 13.

[11] 北崎寧昭：接着ハンドブック，第 4 版，日本接着学会 編 (日刊工業新聞社，2007) p. 209.

[12] W. A. Zisman: Advances in Chemistry Series, No. 43, *Contact Angle, Wettability and Adhesion* (American Chemical Society, 1964) pp. 1–51.

[13] 井本 稔，黄 慶雲：接着とはどういうことか，岩波新書 (岩波書店，1980) pp. 33–54.

[14] 三刀基郷：接着ハンドブック第 4 版 (日刊工業新聞社，2007) p. 596.

[15] W. A. Zisman: *Adhesion and Cohesion*, P. Weises (ed.) (Elsevier, 1962) pp. 176–208.

[16] 中尾一宗：繊維と工業，**40**，242 (1984).

[17] 鈴木靖昭：樹脂—金属・セラミックス・ガラス・ゴム　異種材料接着/接合技術 (サイエンス& テクノロジー，2017) pp. 10–15.

[18] 竹本喜一, 三刀基郷：接着の化学 (講談社, 2010) p. 69.

[19] 横堀武夫：材料強度学, 第 2 版 (岩波書店, 1986), pp. 5–13.

[20] 横堀武夫：材料強度学 (技報堂, 1966) p. 1.

[21] 伊藤泰輔：繊維機械学会誌, **48**, 409–418 (1995).

[22] プラスチック読本, 第 19 版, 巻末, (プラスチックエージ社, 2002)

[23] 越智光一：構造接着の基礎と応用, 宮入裕夫 監修 (シーエムシー出版, 2006) p. 31.

[24] 新保正樹, 小林俊夫：高分子化学, **28**, 604 (1971).

[25] J. H. Hildebrand, R. L. Scott: *The Solubility of Nonelectrolytes*, 3rd ed. (Reinhold, 1958).

[26] 中尾一宗：接着ハンドブック, 日本接着学会 編 (日刊工業新聞社, 1970) p. 154.

[27] 小川俊夫：接着ハンドブック, 第 4 版, 日本接着学会 編 (日刊工業新聞社, 2007) p. 17.

[28] J. H. Hildebrand, R. L. Scott: *The Solubility of Nonelectrolytes* (Dover, 1965).

[29] 村瀬平八：ゴム・エラストマーの界面と応用技術, 西 敏夫 監修 (シーエムシー出版, 2009) p. 5.

[30] Y. Iyengar, and D. E. Erickson: J. Appl. Polym. Sci., **11**, 2311 (1967).

[31] (株) 大同分析リサーチ HP
http://www.daido.co.jp/dbr/products/pdf/04-10-4-jirei.pdf

[32] 小川俊夫：高分子材料化学 (共立出版, 2009) pp. 49–78.

[33] 小川俊夫：接着ハンドブック, 第 4 版 (日刊工業新聞社, 2007) pp. 797–811.

[34] 小長谷重次, 山中淳彦：接着ハンドブック, 第 4 版, 日本接着学会 編 (日刊工業新聞社, 2007) pp. 673–678.

[35] 菊池 清, 表面処理ハンドブック, 水町 浩・鳥羽山満 監修 (エヌ・ティー・エス, 2000) pp. 526–531.

[36] 伊保内賢：接着ハンドブック, 第 3 版, 日本接着学会 編 (日刊工業新聞社, 1996) p. 835.

[37] 中尾一宗：高分子, **19**, 472–484 (1970).

[38] 鈴木靖昭：剥離対策と接着・密着性の向上 (サイエンス& テクノロジー, 2010) pp. 112–127.

2

接着剤の種類と特徴および最適接着剤選定法

2.1　耐熱航空機構造用接着剤

表 2.1 は米国の耐熱性航空機構造用接着剤の品質規格 (FS MMM-A-132A)[1,2] である.

以下は，表 2.1 中に示した代表的な構造用接着剤である.

(1) ナイロン + エポキシ樹脂
(2) ポリビニルホルマール + フェノール樹脂
(3) エポキシ樹脂
(4) ゴム + フェノール樹脂
(5) エポキシ樹脂 + フェノール樹脂
(6) ポリイミド樹脂

構造用接着剤はせん断強度およびはく離強度を兼備する必要があるため，上記の接着剤は，エポキシ樹脂およびフェノール樹脂などのせん断に強い硬質熱硬化性樹脂と，ナイロン，ポリビニルホルマール，ゴムなどのはく離に強い軟らかい樹脂類との複合体が多く，ほとんどがフィルムタイプで，その場合接着時に加圧加熱を要する[3,4]. そのため，接着に要するコストが高く，一般工業分野には適さなかった. しかし，最近は性能のすぐれた液状接着剤が開発されており，以降ににその主なものについて述べる.

なお，図 2.1 はエポキシ樹脂などの硬質樹脂中に軟質樹脂類の代表としてゴム微粒子を分散させた場合の接着層の破断亀裂の模式図である.

接着層が三軸引張応力状態 (5.3.4 項参照) となり，最大主応力一定の条件でぜい性亀裂が入った場合でも，ゴム弾性をもつゴム微粒子が接着層の分離を妨げて接着層

表 2.1 米国における耐熱性航空機構造用接着剤の品質規格 (FS MMM-A-132A)[1,2]. 構造用は胴体、翼、非構造用は天井、壁面、床などの内装材に用いられる。

試験項目	試験条件	タイプ I			タイプ II	タイプ III	タイプ IV
		クラス 1	クラス 2	クラス 3			
引張せん断強さ (kgf/cm²)	24°C	387	246	211	193	193	193
	82°C, 10 min	193	141	141	158	141	141
	149°C, 10 min				158	141	141
	149°C, 192 h					130	130
	260°C, 10 min						70
	260°C, 192 h						
	−55°C, 10 min	387	246	211	193	193	193
	24°C (49°C, 95–100%RH, 30 d 後)	316	228	193	193	176	176
	浸液 7 d, 24°C	316	228	193	193	176	176
T 形はく離	24°C (kgf/25mm)	23	9				
ブリスタ検出	24°C (kgf/cm²)	316	228				
疲れ強さ	24°C			53 kgf/cm² で 10⁶ サイクル			
	24°C, 112 kgf/cm²		192 h で最大変形 0.381 mm				
クリープ破壊	タイプ I, 82°C, 56 kgf/cm²	192 h で最大変形 0.381 mm					
	タイプ II, III, 149°C, 56 kgf/cm²				192 h で最大変形 0.381 mm		
	タイプ IV, 260°C, 56 kgf/cm²						192 h で最大変形 0.381 mm
接着剤系統の例		ナイロン-エポキシ	ビニル-フェノリック	ビニル-フェノリック、エポキシ	ゴム-フェノリック、エポキシ	エポキシ-フェノリック	エポキシ-シーフェノリック、ポリイミド
備考		構造用	準構造用	非構造用	構造用	構造用	構造用
		速度マッハ 1 以下 普通の旅客機			マッハ 2 以下	マッハ 2-3	マッハ 3 以下

（疲れ強さ 24°C, 112 kgf/cm²：192 h で最大変形 0.381 mm）

2.1 耐熱航空機構造用接着剤

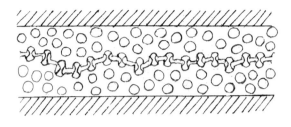

図 2.1 ゴム微粒子配合硬質樹脂の破壊状態模式図

が見かけ上塑性変形し[5]大きなエネルギーを吸収すると考えられる．今中ら[5]の研究の場合，ゴム微粒子は平均粒径が 70 nm，添加量は 14% である．ゴム微粒子は変形により体積を変えないが樹脂は体積が増加するため，この亀裂が入る以前の状態においてゴム微粒子はマトリックス樹脂の塑性変形を促すという効果もある[6]．もともとゴム粒子は弾性係数が小さいので，そのまわりでマトリックス樹脂が応力集中により塑性変形する[6]．ゴム微粒子を配合しても，硬質樹脂のガラス転位温度を低下させないという効果もある[4]．

表 2.2 にはエポキシ系構造用接着剤の性能表を示す[4]．

また，図 2.2 および図 2.3 は，それぞれフィルム状およびペースト状の構造用接着剤のせん断接着強さと温度との関係[4]である．大部分の接着剤においては，50°C

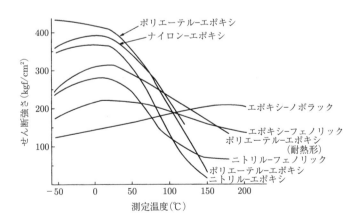

図 2.2 構造用接着剤のせん断強さと温度との関係 (フィルム状)[4]

表 2.2 エポキシ系構造用接着剤の接着強さ[4]

接着強さ	二液室温硬化形			一液加熱硬化形					
	ペースト状			ペースト状		フィルム状			
	未変性形	可撓性形	強靭形	ニトリル変性	ニトリル変性	ナイロンエポキシ	エラストマー変性	耐熱強靭	エポキシフェノリック
せん断強さ (kgf/cm²)									
24°C	210	175	315	315	350	385	357	315	227
80°C	35	28	49	315	196	280	245	245	213
120°C			15	105	70	161	168	210	185
150°C				42	21		35	161	150
180°C								140	123
260°C									
T はく離強さ (kgf/25mm) 24°C	2	11	27	4	18	38	21	10	2
変 性	主剤硬化剤未変性	硬化剤変性	主剤変性	ニトリル変性	ニトリル変性	ナイロン変性	ポリエーテル変性	ポリエーテル変性	
特 徴		可撓性	強靭	強靭	強靭	高はく離	強靭	耐熱強靭	耐熱

被着材は，せん断ではアルミ合金 2024T3 ペア，1.6mm 厚，FPL エッチング処理；はく離ではアルミ合金 2024T3 ペア，0.8mm 厚，FPL エッチング処理.

2.1 耐熱航空機構造用接着剤　27

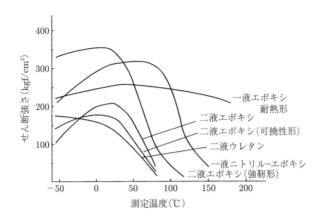

図 2.3　構造用接着剤のせん断強さと温度との関係 (ペースト状)[4]

を超える範囲では接着強度が次第に低下しているが，図 2.2 のエポキシ–ノボラックのように逆の傾向を示したり，エポキシ–フェノリックのように低下が緩やかな耐熱性が優れた接着剤も見られる．

また図 2.4 はフィルム状接着剤のせん断接着強さ (120°C) と T 形はく離接着強さ (室温) との関係である[4]．一般的には，せん断に強い接着剤ははく離に弱く，はく離に強い接着剤はせん断強度が優れないという結果が出ているが，ナイロン–エポキ

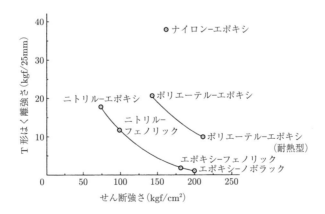

図 2.4　フィルム状接着剤のせん断接着強さ (120°C) と T 形はく離接着強さ (室温) との関係[4]

2.2 エポキシ系接着剤 (液状)

一液性加熱硬化形および二液性室温 (または加熱) 硬化形接着剤がある．一液性加熱硬化形の加熱温度は 120°C または 180°C，二液性加熱硬化形の加熱温度は 60–80°C である．二液性接着剤でも，加熱硬化すれば，優れた接着強度および耐久性を示すものも見られる．また，最近は二液性室温硬化形接着剤でも油面接着性 (吸油性)(後述) が優れたものもある．

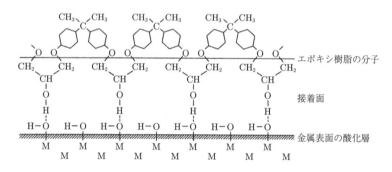

図 2.5　金属表面へのエポキシ樹脂の吸着モデル[8,9]

図 2.5 は金属表面へのエポキシ樹脂の吸着モデルであり[8,9]，エポキシ樹脂分子中の水酸基と金属表面の水酸基との間で水素結合が働き，接着剤が金属被着材表面へ強固に固定される．

2.3 ポリウレタン系接着剤 (室温硬化形)

ポリウレタンとは，ウレタン結合 (–NH–CO–) を含む高分子化合物の総称であり，下記の重付加反応により得られる[10]．

$$\underset{\text{ポリイソシアネート}}{\text{OCN–R–NCO}} + \underset{\text{ポリオール}}{\text{HO–R}'\text{–OH}} \rightarrow \underset{\text{ポリウレタン}}{-(\text{R–NH–CO–R}'\text{–OC–NH})_n-}$$

ポリウレタンの NH 基中の H は表 1.1 によれば，金属やセラミックス表面の OH 基中の O 原子と水素結合するため，それらの被着材に対し大きな接着力を発現する．

2.4 SGA (第2世代アクリル系接着剤) 29

熱可塑形, 湿気硬化形, および二液反応形がある[10].

熱可塑形は, 熱可塑性ポリウレタン樹脂に溶媒として MEK, 酢酸エチルを用いて接着剤としたもので, 靴底の接着, 合板のオーバーレイなどに用いられる[10].

湿気硬化形は, あらかじめポリオールとイソシアネートを反応させた分子量数千のプレポリマーを用いて, 一液性接着剤としたもので, イソシアネートは空気中の水分や被着材表面の吸着水と反応し硬化する[10].

主な用途としては, 集成材や複合パネルなどに用いられるほか, 充てん剤を加えて建築用シーリング剤や自動車のダイレクトグレージング (窓ガラスを車体に直接接着する方法) などにも用いられる[10].

二液反応形は, 末端にイソシアネート基をもつウレタンプレポリマーと活性水素基をもつ化合物とから成る二液性のものが金属の接着には用いられるが, プライマーを必要とする[11]. はく離接着強度や衝撃強度に強い特長を有し, 耐熱性は二液性室温硬化形エポキシ系接着剤と同等で, 室温硬化形としてはかなりすぐれたものもある.

プラスチックに対する接着性がすぐれていることから FRP 構造用のグレードのものも市販されている[11].

2.4 SGA (第2世代アクリル系接着剤)[12]

SGA の組成は, 一般的には二液主剤形, すなわち A 液:アクリルモノマー+エラストマー + 過酸化物 (重合開始剤) と B 液:アクリルモノマー + エラストマー+還元剤 (硬化促進剤) とから構成され, 被着材の片側に A 液, 他側に B 液を塗布し, 重ね合せるだけで, ラジカル重合が開始され, 数分から20分で硬化する. エラストマーとしては, NBR, SBR, クロロスルホン化 PE などが用いられる. ハネムーン接着剤ともよばれる. さらに, エラストマー中のジエン構造部分が反応起点となるアクリルのグラフト重合反応が進行する[26].

SGA には以下の特長がある.

(1) 無溶剤である. なお, 主成分がアクリルモノマーであるため, PC などの非結晶性樹脂において, 応力が負荷されている個所へ適用する場合には, ソルベントクラックが発生しやすいので, 注意を要する.

(2) 室温, 速硬化性を有する. この接着剤の重合反応は零下の温度でも進行する.

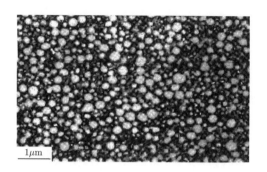

図 2.6 SGA の海島構造[12]．白い部分はアクリル成分，黒い部分はエラストマー成分である．

(3) 接着性，耐衝撃性，耐熱性に優れる．硬いアクリルポリマー相と軟らかいエラストマー相が相分離して，図 2.6 のように海島構造[12]を形成しているため，接着硬化物が強靱で，はく離強さや耐衝撃性が向上する．
(4) 油面接着性がある．アクリルモノマーが溶剤的に作用して，被着材表面の油分を溶解吸収してしまうため，このような性質が現れるものと考えられる．
(5) 二液の混合比がラフにできる．二液主剤形であり，その重合の原理から，A 液と B 液との混合比はおおよそ等量であれば重合が完了する．

2.5 耐熱性接着剤

図 2.7 には各種接着剤の耐熱性を示す[7]．耐熱性が優れているのはシリコーン系およびポリイミド系接着剤などである．

2.6 吸油性接着剤

図 2.8 のようなメカニズムにより，接着剤またはプライマーが油を吸収する特性をもつため，油が付着した面の接着が可能な接着剤が開発されている[13,14]．

種類としては，クロロプレンゴム系 (マスチック形)，塩ビ樹脂系 (プラスチゾル形)，エポキシ樹脂系，SGA 系，嫌気性アクリレート系，シアノアクリレート系，およびポリウレタン系があり，特に SGA はその最先端を行っている．

図 2.7　各種接着剤の耐熱性[7]

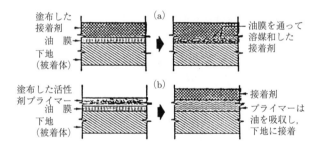

図 2.8　吸油性接着剤の2つのメカニズム[13, 14]

2.7　紫外線硬化形接着剤

この接着剤には以下の特徴がある[15].

(1) 熱硬化性樹脂の一種である.
(2) 硬化には250–450 nm の紫外線が有効である.
(3) ラジカル重合タイプ (主成分はアクリレート化合物) とカチオン重合タイプ (主

32   2. 接着剤の種類と特徴および最適接着剤選定法

成分はエポキシ化合物またはオキセタン化合物) があるが，前者の方が主流である．

(4) 長所として室温で瞬時に硬化させることができる．

(5) 問題点は紫外線が当たらない部分を硬化できないので，熱硬化触媒，嫌気性硬化触媒などを併用する必要がある．

(6) 短波長域の紫外線ほど表面硬化性に有効であり，長波長域の紫外線ほど深部硬化性に有効である．

2.8　シリコーン系接着剤[16]

シリコーン系接着剤は，オルガノポリシロキサンを主成分とする接着剤で，耐熱性，耐寒性，電気絶縁性，耐候性に優れた構造をしている．特に広い温度範囲でゴム弾性を保つことから，建築用シーリング材をはじめ，電気・電子部品の接着，ポッティング用途，導電性・熱伝導性接着剤として，幅広く用いられている．

縮合硬化形と付加硬化形がある．

縮合硬化形は，末端に水酸基をもつオルガノポリシロキサンと架橋剤を混合した液状またはペースト状である．塗布後に空気中の水分と反応して表面から硬化が始まり，最終的にはゴム弾性を有した硬化層を形成する．

縮合反応時に発生する遊離ガスの種類によって分類され，それぞれ使用状況に応じた種類を選ぶ必要がある．形と主な用途は，脱オキシム形 (建築用，一般工業用)，脱酢酸形 (建築用，ガラス接着用)，脱アルコール形および脱アセトン形 (電子・電気用)，アミド形 (建築用) などがある．

図 2.9 は縮合硬化形シリコーン接着剤の重合後の分子構造である[16]．

付加硬化形は，末端にビニル基をもつオルガノポリシロキサンと架橋剤とに分けた二液形である．触媒を使用し加熱することで硬化，接着する．縮合硬化形より硬化速度が速く，遊離ガスの発生もない．

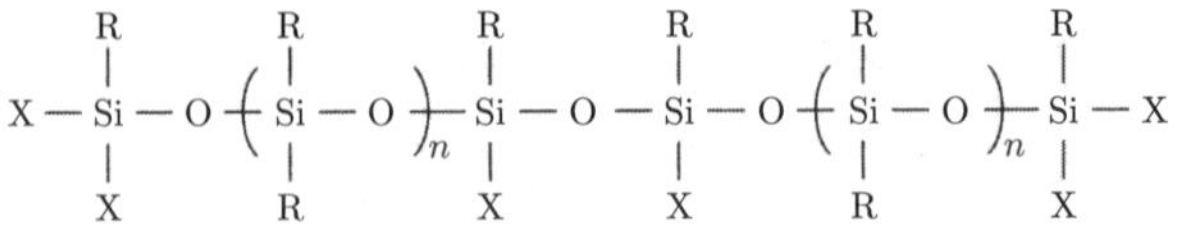

$$
X-\underset{\underset{X}{|}}{\overset{\overset{R}{|}}{Si}}-O\left(\underset{\underset{R}{|}}{\overset{\overset{R}{|}}{Si}}-O\right)_{n}\underset{\underset{X}{|}}{\overset{\overset{R}{|}}{Si}}-O-\underset{\underset{X}{|}}{\overset{\overset{R}{|}}{Si}}-O\left(\underset{\underset{R}{|}}{\overset{\overset{R}{|}}{Si}}-O\right)_{n}\underset{\underset{X}{|}}{\overset{\overset{R}{|}}{Si}}-X
$$

図 2.9　縮合硬化形シリコーン接着剤の重合後の分子構造[16]

2.9 変成シリコーン系接着剤

変成シリコーン系接着剤は，メチルジメトキシシリル基を末端にもつポリプロピレンオキシド (変成シリコーン) を主成分とする接着剤である．

この末端のシリル基が触媒存在下で湿気により架橋反応を起こし，硬化する．主鎖に剛直なセグメントをもたず，分子量が比較的高くてもポリマー粘度は低い．高い強度をもちつつ −50°C から 80°C までほとんど変化のないゴム弾性をもつため[17]硬化時に発生するひずみを解消することができる．衝撃に強く，自動車，鉄道車両，建築分野，日常家庭等で主にシーリング材として広く使用されている．図 2.10 に変成シリコーン系接着剤の分子構造[17, 18]を示す．

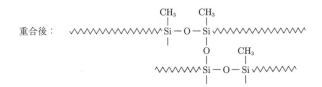

図 2.10　変成シリコーン系接着剤の分子構造[17, 18]

一液形は，変成シリコーン系，エポキシ・変成シリコーン系，アクリル・変成シリコーン系に分けられる．それぞれせん断強さやはく離強さなどについて異なる特徴をもっており，用途に応じた選択ができる．

二液形は，エポキシ樹脂と有機スズ触媒を A 剤，変成シリコーン樹脂とエポキシ樹脂用硬化剤を B 剤とする．混合比を変えることで硬度を調整できる．

変成シリコーン系接着剤は，低分子環状シロキサンを含有しないため接点障害を起こさず，さらに塗装が可能という，シリコーン系接着剤にはない特長がある．

2.10 シリル化ウレタン系接着剤[19]

シリル化ウレタンとは，1分子内にウレタン結合 (–NH–CO–) とシリル基 (加水分解性ケイ素，–SiR$_3$) を有するポリマーの総称である．このシリル化ウレタンは，ウレタン系ポリマーと同等の特性が期待できる上に，イソシアネートの毒性の問題もないため，応用範囲が広いが，価格はシリル化剤が一般的に高価なため，最終製品が高価になる．

図 2.11 は，シリル化ウレタンポリマーの製造方法の一般的手法である[19]．

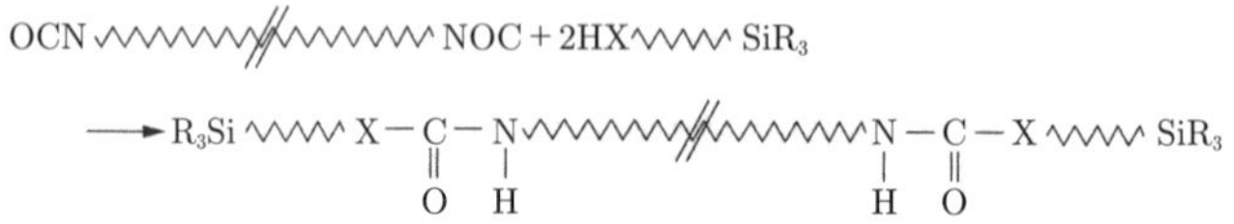

OCN 〜〜〜〜〃〜〜〜 NOC + 2HX 〜〜〜 SiR$_3$

⟶ R$_3$Si 〜〜〜 X–C–N 〜〜〜〃〜〜〜 N–C–X 〜〜〜 SiR$_3$
　　　　　　　‖　|　　　　　　　　|　‖
　　　　　　　O　H　　　　　　　 H　O

図 2.11 シリル化ウレタンポリマーの製造方法の一般的手法[19]

シリル化ウレタンは，ウレタン結合を有するため，自着性を有すること，極性基 (ウレタン結合) のため強靭な皮膜をつくりやすい，種々のシリル化剤を使用できるため硬化時間が広範囲に変えられる，などの特長がある．

また，シリル化剤やポリマーを変成することにより，ゴム系接着剤のようなコンタクト接着 (初期粘着性接着) が可能となり，一液で湿気硬化するため従来のシリコーン系および変成シリコーン系と同様に取り扱うことができるという特長も有する．

2.11 ポリオレフィン系樹脂用接着剤

ポリオレフィンであるポリプロピレン (PP) は，自動車に使用されている樹脂の中で最も使用量が多く，軽量化に寄与しており[23]，さらに今後 CFRTP のマトリックス樹脂としても有望であるため，PP どうしおよび PP と金属との接合は重要な課題である．

そこでポリオレフィン用接着剤について以下に紹介する．

図 2.12 のように，アルキルボラン–アミン錯体化することにより安定化され，一般に流通することができるようになったアルキルボランをラジカル発生剤として用いて，ポリオレフィン用接着剤が開発・実用化され[24, 25]，市販されている．

2.11 ポリオレフィン系樹脂用接着剤　　35

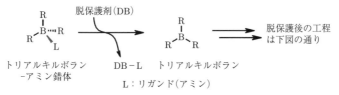

(a) アルキルボラン-アミン錯体の脱保護工程 (接着材の硬化反応開始機構)

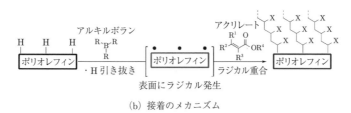

(b) 接着のメカニズム

図 2.12　アルキルボランをラジカル発生剤として用いた接着機構[24]

　この接着剤においては，A 液にアクリレート＋トリアルキルボラン−アミン錯体，B 液にアクリレート＋脱アミン剤 (DB) の二液性接着剤とし，使用直前に混合して使用する．混合後発生したアルキルボランは，図 2.12b のようにポリオレフィンの水素原子を引き抜き表面にラジカルを発生させ，そこにアクリレートがグラフトすることによって，被着材どうしを接着させることができる[24, 25]．

　この接着機構によれば，C-H 結合を有する樹脂であれば任意のものに適用することができるため，下記の比較的接着が容易な (樹脂 A× 樹脂 A の任意の組合せ) および (樹脂 A× 材料 C の任意の組合せ) の接合が可能となるばかりでなく，接着がより難しい (樹脂 B× 材料 C の任意の組合せ) の接合にも適用できるため[24]，自動車の樹脂化の流れに沿うものと考えられる．

- A (比較的容易に接着が可能な樹脂)：PS, PBT, ABS, PU, PMMA, PES, CFRP

- B (接着がより難しい樹脂)：PE, PP, PDMS (ポリジメチルシロキサン), CR, PA

- C (その他の材料)：セラミックス，ガラス，ガラス繊維，アルミニウム，SUS，成形材，木材

2.12 種々の接着剤の接着強度試験結果

2.12.1 接着強度および変動係数

表 2.1 の米国耐熱性航空機構造用接着剤の品質規格 (FS MMM-A-132A) のタイプ I クラス 2 (準構造用) の一部で，室温，82°C，湿潤条件 (49°C，95% RH 中に 30 日保持後室温) における引張せん断接着強度 (被着材：SUS304，1.5 mm 厚) および T 形はく離強度 (被着材：SUS304，0.4 mm 厚) の実験結果を，図 2.13 (室温硬化形接着剤および高性能両面接着テープの場合) および図 2.14 (一液性加熱硬化形エポキシ系接着剤の場合) に示す[20]．

各接着強度は，接着剤の種類が異なる場合だけでなく，同一種類の接着剤間でも，高温 (82°C)，湿潤 (耐久性試験)，T 形はく離 (接着剤の延性などの影響を受けやすい) において差がみられる．

また，表 2.3 および表 2.4 には，図 2.13 および図 2.14 の引張せん断接着強度平

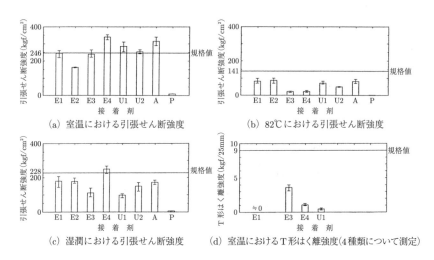

図 **2.13** 室温硬化形接着剤の性能試験結果[20]．接着剤 E1–E4：二液性室温硬化形エポキシ系，接着剤 U1, U2：二液性室温硬化形ポリウレタン系，接着剤 A：SGA，接着剤 P：高性能両面接着テープ，湿潤条件：49°C，95% RH 環境に 30 日間保持後室温で測定．

表 2.3 室温硬化形接着剤の引張せん断接着強度平均値 μ_R および変動係数 η_R

種類	記号	室温 μ_R	室温 μ_R平均値	室温 η_R	室温 η_R平均値	82°C μ_R	82°C μ_R平均値	82°C η_R	82°C η_R平均値	湿潤 μ_R	湿潤 μ_R平均値	湿潤 η_R	湿潤 η_R平均値
二液性室温硬化形エポキシ系	E1	244	247	0.067	0.043	82	53	0.121	0.142	180	180	0.115	0.096
	E2	163		0.013		87		0.123		178		0.057	
	E3	239		0.063		22		0.137		111		0.151	
	E4	340		0.029		22		0.188		250		0.062	
二液性室温硬化形ポリウレタン系	U1	286	270	0.073	0.053	71	60	0.093	0.060	98	125	0.096	0.109
	U2	254		0.033		49		0.027		151		0.121	
二液性アクリル系 (SGA)	A	316	—	0.052	—	81	—	0.127	—	173	—	0.059	—
高性能両面接着テープ	P	9	—	0.042	—	2	—	0.051	—	6	—	0.077	—

接着材：SUS304, 1.5 mm 厚. MEK を用いて超音波洗浄 3 回実施. 試験片幅 25 mm, ラップ長さ 12.7 mm, 試験片数 5 本.

表 2.4 一液性加熱硬化形接着剤の引張せん断接着強度平均値 μ_R，変動係数 η_R および凝集破壊率

接着剤 a)	接着剤番号	試験条件								
		室温			82°C			湿調 b)		
		μ_R (kgf/cm²)	η_R	凝集破壊率 (%)	μ_R (kgf/cm²)	η_R	凝集破壊率 (%)	μ_R (kgf/cm²)	η_R	凝集破壊率 (%)
C	1	284	0.042	0	214	0.079	0	153	0.037	0
	2	271	0.038	100	187	0.058	48	244	0.016	28
	3	298	0.039	0	225	0.074	0	212	0.042	0
	4	231	0.035	0	183	0.031	0	178	0.015	0
	5	326	0.032	0	233	0.039	0	211	0.069	0
	6	278	0.088	0	246	0.036	0	176	0.026	0
	7	277	0.018	100	243	0.038	98	223	0.010	100
	8	289	0.037	0	215	0.018	0	175	0.029	0
	9	344	0.076	16	252	0.046	24	209	0.042	15
A	10	303	0.015	10	239	0.023	10	236	0.022	12
	11	305	0.013	70	206	0.023	9	223	0.047	23
	12	294	0.044	52	196	0.015	3	229	0.076	14
	平均値	292	0.040	29	220	0.040	16	206	0.036	16

a) 7.3.3 頁の Sustained Load Test における接着剤の記号
b) 49°C，95% RH 雰囲気中に 30 日間保持後室温で測定．

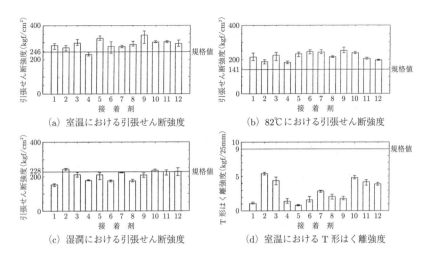

図 **2.14** 一液性加熱硬化形エポキシ系接着剤の性能試験結果[20]. 加熱硬化条件：120°C/1 h, 湿潤条件：49°C, 95% RH 環境に 30 日間保持後室温で測定.

均値 μ_R, 変動係数 η_R (標準偏差/平均値) および破面の凝集破壊率を示す.

表 2.3 の室温硬化形接着剤の場合，各接着剤とも変動係数は，室温においては 7% 以下と比較的小さいが，82°C においては 12% を超えるものが多くなり，また，湿潤条件は一種の耐久性試験であるが，その変動係数平均値は，室温時に比べて，エポキシ系の場合 2.2 倍，ポリウレタン系の場合 2.1 倍と室温時より確実に増大しているので，故障確率を推定する場合は，そのことを十分考慮する必要がある.

一方，表 2.4 はすべて一液性 120°C/1 時間加熱硬化形エポキシ系接着材であり，その接着強度は，室温，82°C，および湿潤の順に低下しているが，室温時の接着強度に対する強度保持率は，82°C：75%，湿潤：71% と表 2.3 の室温硬化形接着剤の場合に比べて大きい.

また，接着強度の変動係数平均値は，室温，82°C，および湿潤ともにまったく変わらず，4% 以下と非常に小さい．これらは，加熱硬化により接着剤内の三次元網状構造密度が増加するとともに，接着剤と被着材間の水素結合およびいくらかの化学結合が確実に生じるためと考えられる.

ステンレス鋼の表面の不動態膜は 1–3 nm という非常に薄い酸化クロム膜であるが [27]，その主成分は正確には水和オキシ酸化物 $[CrO_x(OH)_{2-x} \cdot nH_2O]$[28] である.

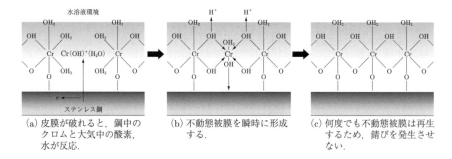

図 2.15　ステンレス鋼の再不動態化のメカニズム[27, 29]

また，図 2.15 はステンレス鋼の不動態皮膜の再不動態化のメカニズムである[27, 29]．このように，ステンレス鋼表面には，OH 基を多く含むため，2.2 節および 2.3 節で述べたように，水素結合が発生するエポキシ系およびポリウレタン系接着剤などを用いれば，大きな接着強度および耐久性が期待できる．

2.12.2　凝集破壊率と接着強度との関係

表 2.4 には，各接着剤の継手破面の凝集破壊率を併記した．

ここで，界面破壊または凝集破壊が生じる理由について，図 2.16 を用いて考察する．

なお，実際の強度と理想強度との比の値 (表 1.5 参照) は，接着剤自身の強度および接着強度に関して，両者は等しいと仮定する．

(1) 被着材表面がまったく平滑な場合

この場合，実質接着面積＝接着面の幾何学的面積 であり，また表 1.1 に示したように接着力の主な要因であるファン・デル・ワールス結合および水素結合のポテンシャルエネルギーは共有結合のおよそ百分の 1 および十分の 1 であるため，図 2.16a のように界面引張強度 σ_{ad} および界面せん断強度 τ_{ad} と接着層の引張強度 σ_c および接着層せん断強度 τ_c との関係が，

$$\sigma_c > \sigma_{ad}, \qquad \tau_c > \tau_{ad} \tag{2.1}$$

となり，接着部に引張荷重を加えた場合もせん断荷重を加えた場合も，基本的には界面破壊が生じるものと考えられるため，接着強度および耐久性向上のためには，次項のようにして実質接着面積をできるだけ増加させることが必須である．

2.12 種々の接着剤の接着強度試験結果

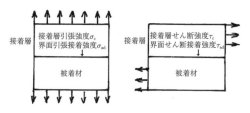

(a) 被着材表面がまったく平坦な場合

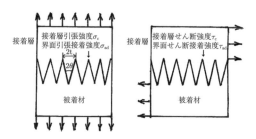

(b) 被着材表面に微細な凹凸を多数つくり，実質接着面積を増加させた場合

図 2.16 界面破壊または凝集破壊が生じる理由．(a) 通常 $\sigma_c > \sigma_{ad}$, $\tau_c > \tau_{ad}$ のため，界面破壊が生じる．(b) $\sigma_c \leq \sigma_{ad}$, $\tau_c \leq \tau_{ad}$ となって凝集破壊が生じる．

(2) 被着材表面に微細な凹凸を多数つくり，実質接着面積を増加させた場合

凹凸を図 2.16b のようにスカーフ継手状 (図 4.57a) に単純化して，σ_{ad} を斜面が支える引張荷重に垂直な単位断面積あたりの最大荷重，τ_{ad} を斜面が支えるせん断荷重に平行方向の単位面積あたりの最大荷重とすれば，図の θ をある程度小さくして実質接着面積を増加させて，

$$\sigma_c \leq \sigma_{ad} \tag{2.2}$$

$$\tau_c \leq \tau_{ad} \tag{2.3}$$

となるようにすれば，凝集破壊が生じることになる．

上記の通り，破面の凝集破壊率は，同一接着剤に関しては，単に接着剤自体の強度と接着剤と被着材間の接着強度の相対的関係により決まるものであるため，室温時凝集破壊率が 10% の No. 10 接着剤 (7.3.3 項の図 7.17 の接着剤 A と同一) の，室温，82°C，および湿潤条件下の接着強度は，室温時凝集破壊率が 100% の接着剤 No. 2 (7.3.3 項の図 7.18 の接着剤 C と同一) および No. 7 に比べて同等以上の優れた性能

42 2. 接着剤の種類と特徴および最適接着剤選定法

表 2.5 接着剤の選定早見表[21]

接着する材料A	接着する材料B	皮革	繊維質系		木質系		木毛セメント板	断熱材				プラス			
			一般紙	天然繊維	合板・木材・竹	ハードボード		ロックウール・グラスウール	発泡スチロール	発泡塩ビ	発泡ウレタン	ABSスチレン樹脂	ポリカーボネート	軟質塩ビ	硬質塩ビ
金属	金属箔	11,19,39	19,39	19,39	19,39	19,20	19,20	19,20	1,38	20,38	19	19,38	16,38,39	20,37	16,19,20,38,39
	金属	11,19,25,39	19	11,19,39	16,19,38,39	1,19	1,19	19,38,39	38,39	20	19,39	16,28,38,39	16,28,38,39	4,11,20,39	16,28,29,30,38,39
無機質	ガラス	11,19,39	1	11,19,39	11,16,37,38,39	1,16	16	1,19	1	20	19,39	16,38,39			16,28,38,39
	モルタル・コンクリート	11,19,39	1,20	1,19,38	1,19,38	1,38	1,38	1,19,22	1,38	1,20,38	1,19,38	16,19,38,39	16,38,39		16,20
	石材・陶磁器	11,19,39	0,20	1,19	1,19	1	1	1	1,20	1,19		16,19		20	16,20
	大理石	11,19,39	0,2	11,39	0,2,29,30,38,39	38	38	1	38,39	1,38	1,19,38				
ゴム	天然ゴム・SBR	18,19,28,39	39	11,19,39	19,28,39	19,38	19,38	19,39	38,39	38,39	19,39	16,38,39	28,39	20,39	19,28,38,39
	ニトリルゴム	20,28,39	39	11,19,39	20,39	19,38	19,38	19,20,39	38,39	38,39	20,39	28,39	28,39	20,39	20,28,39
	クロロプレンゴム	11,19,28	19,28	11,19	19,28	19,38	19,38	19	38,39	20,38	19	28	28	20	19,28
	シリコーンゴム	39	39	39	38,39	38,39	38,39	38,39	38,39	38,39	38,39	39	39	39	38,39
	EPDM	28,39	39	39	28,38,39	38	38	19,38	38,39	38,39	19,28	28,39	28,39	38,39	28,39
プラスチック	FRP	2,5,11,19,39	38,39	38,39	16,19,38,39	16,38	16,19,38	19,38,39	16,38	16,38	19,38	16,39	16,39	20,39	16,19,39
	エポキシ・フェノール	11,19,39	19	19,20	12,19,20	16,19	16,19,20	19,20	1	20	19	16		20	16
	セルロースアセテート	39	0	1	0,1	1	1	1	1	20	19	19			20
	アクリル	2,25,39	0	11	0,16			1	1	20	19	16			16
	ナイロン	39							1						
	硬質ポリ塩化ビニル	2,11,19,39	20	20	5,16,19	20		20			20	11,20		20	16,20
	軟質ポリ塩化ビニル		20	20	20	20	20	20			11			20	
	ポリカーボネート														
	ABS・ポリスチレン		0,19	19	0,19	19					19	16,19			
断熱材	ポリウレタンフォーム	11,19,21,26		19	0,1,19	1,19,20	1					11			
	ポリ塩化ビニルフォーム		20	20	20	20	20			20					
	ポリスチレンフォーム		1	1	1	1	1		1						
	ロックウール・グラスウール	1,19,22	0	0	1	1	1	1							
木毛セメント板			0,2	0	1	1	1								
木質	ハードボード・テックス	11,19,25	0	0	1,19	1,19									
	合板・木材・竹	11,19,39	0	0	0,1,12,19,16,15										
繊維	天然繊維	11,19,39	0	0,2											
	一般紙	2,3,11,19	0												
皮革		10,11,19,25													

表 2.5　(続き)[21]

チック							ゴム					無機質				金属	
ナイロン	アクリル	ポリアセタール	エポキシ	メラミン	フェノール	FRP	EPDM	シリコーンゴム	クロロプレンゴム	ニトリルゴム	天然ゴム・SBR	大理石	石材・陶磁器	コンクリートモルタル	ガラス	金属	金属箔
38,39	16,29,39	19	16,19,29,38,39	16,38,39	28,38,39	39	19,28	20,28,39	19,28,39			29,38	16,20,38,39	16,19,20,38,39	16,29,32,38,39	16,19,29,38,39	1,16,29
38,39	28,39		16,19,29,30,38,39	16,38,39	28	39	19,28	20,28,39	19,28,39			29,38,39	16,38,39	16,25,38,39	16,29,30,32,39	7,16,29,30,33,34,35,38,39	
16,28,38,39	28,39		16,19,29,30,39	16,39	28	39	19,28	20,28,39	19,28,39			38,39	16,38,39	16,38	16,32		
16,38,39	16,38,39	16,38,39	1,16,19,38	16,38,39	28,38,39	38,39	19,28	20,28,39	19,28,39			38	1,16,38,39	1,16,38			
16	16	16											1,16				
28,39	28,39	38,39	19,28,39	19,28,39	28	39	19,28	20,28,39	19,28,39								
28,39	28,39	39	20,28,39	20,28,39	28	39	19,20,28	20,28,39									
19,28	28	28	19,28	19,28	28	39	19,28										
39	39	39	39	39	39	39											
28,39	28,39	28,39	28,39	19,28	28												
39	38,39	38,39	16,19,38,39	11,16,38													
16	16	16,28															
16																	
16																	

0. 酢酸ビニル樹脂EM
1. 酢酸ビニル樹脂
2. アクリル樹脂EM
3. 酢ビ・アクリル樹脂
4. 酢ビ・塩ビ樹脂
5. エチレン・酢ビ樹脂EM
6. エチレン・アクリル樹脂
7. ポリアミド樹脂
8. ポリビニルアセタール樹脂
9. ポリビニルアルコール
10. ポリエステル
11. ポリウレタン樹脂
12. ユリア樹脂
13. メラミン樹脂
14. フェノール樹脂
15. レゾルシノール樹脂
16. エポキシ樹脂
17. ポリイミド
18. 天然ゴム
19. クロロプレンゴム
20. ニトリルゴム
21. ウレタンゴム
22. SBR
23. 再生ゴム
24. ブチルゴム
25. SBS・SIS
26. 水性ビニルウレタン
27. α-オレフィン
28. シアノアクリレート
29. SGA(変性アクリル樹脂)
30. マイクロカプセル(変性アクリル樹脂)
31. 嫌気性(変性アクリル樹脂)
32. UV硬化形(変性アクリル樹脂)
33. エポキシ・フェノール
34. ブチラール・フェノール
35. ニトリル・フェノール
37. 弾性接着剤(変成シリコーン)
38. 弾性接着剤(エポキシ変成シリコーン)
39. 粘接着剤(アクリル変成シリコーン)

36：欠番

44　　　2. 接着剤の種類と特徴および最適接着剤選定法

表 2.6　室温における各種接着剤のせん断およびはく離接着強さ[22]. 良好な順序を
◎ > ○ > △ > × で示す.

分類	接着剤 (主成分)	せん断	はく離
熱硬化系	フェノール樹脂	◎	×
	レゾルシン樹脂	○	×
	ユリア樹脂	○	×
	メラミン樹脂	◎	×
	変性エポキシ	○	○
	ポリウレタン	△	○
熱可塑系	ポリ酢酸ビニル (無可塑)	◎	×
	ポリ酢酸ビニル (可塑化)	△	△
	塩酢ビ共重合樹脂	△	△
	エチレン–酢ビ共重合樹脂	△	△
	ポリメチルメタクレート	○	△
	ポリアクリル酸–ポリメタクリル酸エステル	×	△
	シアノアクリレート	○	×
	ジアクリレート系	○	△
	ポリビニルホルマール	○	◎
	ポリビニルブチラール	△	◎
	ポリビニルエーテル	×	△
	ナイロン	◎	◎
	ポリアミド	△	△
ゴム	天然ゴム, 合成ゴム	×	△
複合系	フェノール エポキシ } + { ナイロン / ホルマール / ブチラール / ニトリルゴム / シリコーン	◎	◎

を示している. また, 接着強度のばらつきを表す変動係数 η_R の値も, No. 10 接着
剤は, 10 種類の接着剤中では小さな値を示している.

　さらに後の 7.3.3 項において, 図 7.17 の接着剤 A (表 2.4 の接着剤 No. 10, 凝集
破壊率 10%) の方が図 7.18 の接着剤 C (表 2.4 の接着剤 No. 2, 凝集破壊率 100%)
より耐久性が優れている.

　したがって, この例のように企業の生産部門の要望で溶剤脱脂のみに限定され, 被
着材の実質表面積が大きくとれない場合, 各接着剤の性能を破面の凝集破壊率のみ
を用いて比較することは合理的ではなく, あくまでも各種接着強度試験および耐久
性試験を行って, より優れた接着剤を選定するべきであることがわかる.

　図 2.17 は, 図 2.13 および図 2.14 で被着材として用いた SUS304 と同様な No. 2B
仕上げの SUS 材表面の SEM 写真[30]であるが, 冷間圧延により平坦で, 結晶粒界

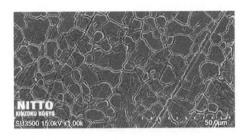

図 **2.17**　No. 2B 仕上げの SUS 材の表面[30]

が少し凹んだ状態となっているだけであるため，実表面積は大きくはないことがわかる．

なお，同一被着材，同一接着剤の継手に関しては，接着性能向上のため凝集破壊率をできるだけ大きくするような表面処理を行うべきであることは当然である．

2.13　各種被着材に適した接着剤の選び方

表 2.5 は各種被着材に適した接着剤の組合せ表である[21]．また，表 2.6 には室温における各種接着剤のせん断およびはく離接着強さを示す[22]．これらによって接着剤の種類など大まかな選定を行い各接着剤メーカーの多数の製品の中から複数の接着剤を選出するとともに，次の第 3 章によって最適と考えられる表面処理法を選択し，第 7 章で詳述するような実際の使用条件に近い適切な耐久性試験を実施して，使用目的に適合する接着剤を選択する．

文　　献

[1] Federal Specification MMM-A-132A, Adhesive, Heat Resistant, Airframe Structural, Metal to Metal (1981).
[2] 永田宏二：鉄と鋼，**70**，172 (1984).
[3] 中村裕之：接着の技術，**27**，No.1，26–32 (2007).
[4] 大坪 悟：接着ハンドブック，第 3 版，日本接着学会 編 (日刊工業新聞社，1996) pp. 595–601.
[5] 藤並明徳，今中 誠，鈴木靖昭：材料，**48**，512–519 (1999).
[6] 扇澤敏明：高分子の基礎知識，東京工業大学 国際高分子基礎研究センター 編 (日刊工業新聞社，2013) pp. 176–181.
[7] I. J. Licari: Prod. Eng., **35**, 102 (1964).

46   2. 接着剤の種類と特徴および最適接着剤選定法

[8] J. Glazer: J. Polymer Sci., **13**, 355 (1954).

[9] 中塚康男：接着ハンドブック, 第4版, 日本接着学会 編 (日刊工業新聞社, 2007) pp. 837–840.

[10] 永易 克：接着ハンドブック, 第4版, 日本接着学会 編 (日刊工業新聞社, 2007) pp. 330-333.

[11] 永田宏二：表面技術, **40**, 1171 (1989).

[12] 依田公彦：プロをめざす人のための接着技術教本, 日本接着学会 編 (日刊工業新聞社, 2009) pp. 136–139.

[13] J. A.Graham, Machine Design, **49**–28, 184 (1977).

[14] 中島常雄：日本接着協会誌, **17**, 114 (1981).

[15] 飯田隆文：接着ハンドブック, 第4版, 日本接着学会 編 (日刊工業新聞社, 2007) pp. 447–458.

[16] 木村恒雄：接着ハンドブック, 第4版, 日本接着学会 編 (日刊工業新聞社, 2007) p. 526.

[17] 秋本雅人：接着ハンドブック, 第4版, 日本接着学会 編 (日刊工業新聞社, 2007) pp. 531–536.

[18] 若林 宏：日本接着学会誌, **30**, 29 (1994).

[19] 佐藤慎一：接着ハンドブック, 第4版, 日本接着学会 編 (日刊工業新聞社, 2007) pp. 536–541.

[20] 鈴木靖昭, 石塚孝志, 水谷裕二, 垣見秀治, 三木一敏, 石榑清孝, 渡辺慶知：にっしゃ技報, **40**–2, pp. 50–60 (1993).

[21] 新井康男：接着ハンドブック, 第4版, 日本接着学会 編 (日刊工業新聞社, 2007) pp. 868–869.

[22] 若林一民：新版接合技術総覧, 西口公之 編 (産業技術サービスセンター, 1994) pp. 551–560.

[23] 長岡 猛：次世代自動車地域産学官フォーラム主催 CFRTP の加工技術に関する講演会および見学会講演要旨集 (2014 年 2 月 21 日).

[24] BASF ジャパン (株)：日本接着学会関東支部 2014 年度構造接着委員会報告 (2015.5.22) pp. 17–21.

[25] ナショナル スターチ アンド ケミカル インベストメント ホールディング コーポレーション：アクリル接着剤組成物, 特公平 7-72264.

[26] 尾形陽一：接着ハンドブック, 第4版, 日本接着学会編 (日刊工業新聞社, 2007) pp. 441–442.

[27] 平松博之 監修：NIPPON STEEL MONTHLY, Vol. 153 (2005)

[28] 成瀬金属 (株)HP, http://www.narusekinzoku.co.jp/aboutSUS_2.html

[29] G. Okamoto: Corrosion Science, **13**, 471 (1973).

[30] 日 東 金 属 工 業　(株)HP, https://www.nitto-kinzoku.co.jp/archives/technic/surface-sem/

3

被着材に対する表面処理法

接着強度を向上させるためには，第1章で述べた原理にもとづいて第2章により適切な接着剤を選定するとともに，被着材に対し適切な表面処理を行う必要がある．この章では各種表面処理法について解説する．

表 3.1 には，金属，セラミックス，および樹脂に対する主な表面処理法およびその特徴を示す．

3.1　金属の表面処理法

金属およびプラスチックの被着材表面は，表 3.2 のように各種異物によりおおわれている[1]．特に，金属材料の表面は図 3.1 のように，必ず酸化物層および汚染物質によりおおわれている[2]．

また，図 3.2 は金属表面の化学構造模式図であり，金属結晶層はまず酸化物層，次いでその酸化物層が大気中の水と反応してできた水酸基におおわれていて，その上には何層にもわたって水素結合により水におおわれている[3]．

したがって，金属の接着に際しては，酸化物層がち密で接着に好ましい場合には汚染物質，吸着ガス層，および水分を除去すればよいが，ぜい弱な場合は酸化物層

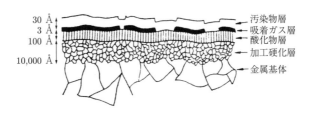

図 3.1　金属の表面[2]

表3.1 各種表面処理法およびその特徴

区分	処理法	備考	適用可 金属	適用可 セラミックス	適用可 樹脂	処理時間例（秒）	設備費（概算）	運転費	必要原料	排出有害物
乾式処理	コロナ放電処理	大気中、フィルム・シートに適用可	○	○	○	放電量 $2\times10^4\,\mathrm{J/m^2}$	中	なし	なし	なし
	低圧プラズマ放電処理	減圧チャンバー、表面洗浄可	○	○	○	20–300	高	中	He, Ne, Ar, O$_2$, N$_2$, NH$_3$ など	廃ガス（わずか）
	大気圧プラズマ放電処理	表面洗浄可	○	○	○		中	中	He, メタン, N$_2$	なし
	火炎処理	複雑形状物処理可能	○		○	処理速度 50 m/min	低	低	メタンなど	なし
	UV/オゾン	低圧水銀ランプ、装置大型、処理物要冷却	○	○(洗浄)	○	300–600	中		なし	なし
	エキシマ UV/オゾン	低温処理、長寿命、省エネルギー	○	○(洗浄)	○	300–600	中		なし	なし
	サンドブラスト		○	○	○		中		川砂	なし（砂じん）
	ショットブラスト		○	○	○		中		鋼球、セラミックス球	なし
	グリットブラスト		○	○	○		中		金属粒、セラミック粒	なし（粉じん）
湿式処理	クロム酸混液処理		Al		○	15–30 分	中	中	重クロム酸・硫酸	重クロム酸・硫酸廃液、廃水
	リン酸陽極酸化処理	Al 用	○		○	25 分	中	中	リン酸	リン酸廃液、廃水
	クロム酸陽極酸化処理	Al 用	○			55 分	中	中	重クロム酸	重クロム酸廃液、廃水
	化学的粗面化（ケミカルブラスト, NMT など）		○				中		樹脂皮膜、エッチング液	処理液廃液、廃水
	プライマー処理		○	○	○		低		各種プライマー	なし
	テトラエッチ液（潤工社）処理	フッ素樹脂用	○		○	1–60 分	低		テトラエッチ液	処理液廃液、廃水
	ナトリウム/ナフタリン/THF 処理	フッ素樹脂用			○		低		ナトリウム/ナフタリン/THF	ナトリウム/ナフタリン/THF 廃液、廃水
	湿式ブラスト		○		○		中		研磨材	廃水
	溶剤脱脂		○	○	○		中		有機溶剤	廃溶剤
	アルカリ脱脂		○	○	○		中		アルカリ液	アルカリ廃液、廃水
	酸洗		○	○	○		中		酸	酸廃液、廃水

表 3.2　金属およびプラスチック表面に存在する異物[1]

金　属	プラスチック
汚染物	汚染物
吸着ガス	吸着ガス
機械加工油	離型剤
炭化物	低分子量のポリマー
水酸化物	低分子量の添加剤
酸化物	(酸化防止剤)
加工変質層	(可塑剤)

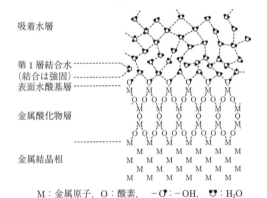

図 3.2　金属表面への水酸化物層および吸着水層の構成模式図 [3]

も除去する必要がある.

　JIS K6848-2-2003 (ISO4588 に一致) には，金属の表面調整方法が記されており，化学的観点から詳細な注意事項が記述されている．それらの項目を表 3.3 に示す[4].

　この規格には，表 3.3 の項目の一般的な表面調整法に加えて，特定金属すなわちアルミニウムおよびアルミニウム合金，クロム，銅およびニッケル，並びにその合金，マグネシウムおよびマグネシウム合金，鋼 (軟鋼)，ステンレス鋼，スズ，亜鉛および亜鉛合金のエッチング法が記されている．

3.1.1　洗浄および脱脂法

　表 3.3 の項目の JIS 規格には，予備洗浄法，洗剤脱脂法，アルカリ脱脂法，および超音波脱脂法が注意事項とともに示されている．有機溶剤脱脂法については特に記されてはいないが，煮沸洗浄槽，超音波洗浄槽，蒸気洗浄槽，および乾燥槽を備

表 3.3 金属の表面調整法 (JIS K6848-2-2003: ISO4588) の項目[4]

取扱いおよび保管	取扱い		
	保管条件	試験室	
		工業的生産設備	
初期調整	清浄さ		
	予備洗浄		
	脱脂	洗剤脱脂	
		アルカリ脱脂	強アルカリ洗剤
			弱アルカリ洗剤
		超音波脱脂	
		有機溶剤脱脂	
研磨	予備処理		
	乾式ブラスト法		
	湿式ブラスト法		
	手研磨法		
	シラン処理	シラン被覆コランダム	
		火炎処理	
	湿式研磨法		
エッチング	一般		
	装置, 材料, および手順	装置	
		水	
		エッチング溶液のモニタリング	
		水洗	

えた有機溶剤洗浄装置[5]が市販されている.

図 3.3a, b は, それぞれステンレス鋼に対する各種洗浄法と接触角との関係および接着強さとの関係である[6]. 未処理の場合に比べて, 洗浄の効果が明確に現れて

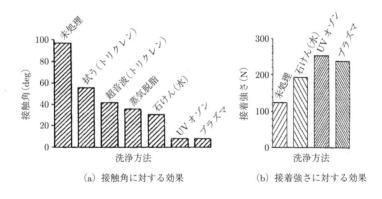

(a) 接触角に対する効果　　(b) 接着強さに対する効果

図 3.3　接触角および接着強さへの洗浄方法の効果[6]

いる. UV オゾン法およびプラズマ法は洗浄 + 表面改質により, 効果が顕著である.

3.1.2 ブラスト法

表 3.3 におけるブラスト法とは, 投射材と称する粒体を加工物 (ワーク) に衝突させて, その表面の加工を行う方法で, 主に空気式と湿式がある. 加工物は金属だけでなく, セラミックス, ガラス, プラスチック, ゴム (冷却硬化させて処理) などがある. 目的は, バリ取り, 表面研削, 梨地加工, ショットピーニングなどである. 加工物表面に二硫化モリブデンなどの投射材素材を転写する改質コーティング法もある.

a. 空気式

圧縮空気により投射材を投射するもので, 大別すれば, 鋼球やセラミックス球を投射する「ショットブラスト」, 川砂を投射する「サンドブラスト」, および多角形, 無定形など鋭利な角を有する金属, セラミックスなどの投射材を用いる「グリットブラスト」がある.

投射材には, そのほかガラスビーズ, ナイロン, ポリカーボネート, 木材チップなどが用いられている.

b. 湿式

水に投射材を混合し, 噴射して加工を行う研磨法である. 乾式の場合に起こる粉じん爆発の危険性がない.

表 3.4 は鋼板 (SPC1) の研磨条件と接着強さとの関係である[7].

一般的に, 手動研磨 (サンディング) よりサンドブラストの方が, 粒子のメッシュは粗い方が, より大きい接着強度が出ている. これは, 使用された接着剤が凹凸の谷の部分まで十分侵入していることが推定されることと, 手動研磨よりサンドブラストの方が, また粒子のメッシュの粗い方が, 表面粗度 (谷の深さ) が大きいため,

表 3.4 鋼板 (SPC1) の表面処理条件と接着強さ[7]

条　件	手　動　研　磨									機　械　研　磨		
	引張方向と垂直					未研磨	渦巻	平行	斜め	サンドブラスト		
メッシュ	# 30	# 80	#120	# 240	# 400		#120			#80	#120	#240
$\bar{x}$ (kgf/cm^2)	164	159	153	135	122	111	123	126	142	198	188	174
σ (kgf/cm^2)	12.2	17.1	17.7	12.9	13.4	12.4	12.8	14.6	12.3	10.2	13.3	14.7
変動係数 η	0.074	0.108	0.116	0.096	0.110	0.112	0.104	0.116	0.087	0.052	0.071	0.084
Cr (%)	7.4	10.8	11.6	9.6	11.0	10.9	10.4	11.6	8.7	5.2	7.1	8.4

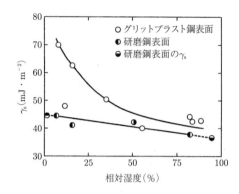

図 3.4 表面処理鋼板の表面自由エネルギーの相対湿度依存性[8]

実質の接着面積が大となりアンカー効果および接着力がより大きく生じたことによると考えられる.

図 3.4 は研磨およびグリットブラストされた軟鋼の表面エネルギーと相対湿度との関係である[8].

相対湿度 0% 付近の表面自由エネルギーの値は,研磨鋼表面に比べてグリットブラスト鋼表面の方が大きいが,後者は相対湿度の増加により大きく減少し,研磨鋼表面の値に近づいている.したがって,研磨後は速やかに接着する必要がある.

3.1.3 アルミニウムおよびその合金のエッチング法

アルミニウム合金表面に自然にできた酸化皮膜はぜい弱であるため,除去する必要がある.通常は炭素鋼の場合と同様に手研磨法またはブラスト法が用いられるが,航空機など大きな接着強度および耐久性が要求される場合は以下のエッチング法が用いられる.

a. JIS K6848-2-2003 の方法 (概要)[4]

(i) 陽極酸化処理材料 クロム酸陽極酸化処理 (CAA 法) またはリン酸陽極酸化処理 (PAA 法) 材料は,陽極酸化工程終了後ただちに接着のための最適表面性状をもつ.陽極酸化の 2–3 時間以内に材料を接着しなければならない.あるいは適切なプライマーを塗布する必要がある.

(ii) 無陽極酸化処理材料 表 3.3 の項目の初期調整に従って脱脂した後,硫酸・重クロム酸溶液でエッチングを行う (FPL 法). および/またはプライマーを用いる.

表 3.5　アルミニウムの各種酸化処理法[9]

酸化処理法	溶　　　液	処　理　条　件
PAA	H_3PO_4	20–25°C, 25 min, 10 V
CAA	H_2CrO_4	32–38°C, 8 V/min $\rightarrow$ 40 V, 55 min 保持
BSAA	$H_2SO_4 + B_2O_3 + H_2O$	25–30°C, 15 V まで増加, 20–25 min 保持
FPL	$Na_2CrO_7 \cdot 2H_2O + H_2SO_4 + H_2O$	68°C, 15–30 min
P2	$FeSO_4 + H_2SO_4 + H_2O$	60–70°C, 8–15 min

硫酸・重クロム酸によるエッチング (FPL 法) の場合，次の組成の溶液を使用する．

水	30 質量部
濃硫酸 ($\rho \approx 1.84\,\mathrm{g/m}l$)	10 質量部
重クロム酸ナトリウム	2 質量部

b.　各種酸化処理法

表 3.5 は，アルミニウムの各種酸化処理法である[9]．BSAA 法は，ホウ酸・硫酸陽極酸化法である．

また，P2 法は硫酸第 1 鉄・硫酸酸化法であり，重クロム酸・硫酸酸化法 (FPL 法) と類似の構造の酸化皮膜を与え，接着継手の強度試験では FPL 処理継手と同等の強度を示す[9]．P2 法では，FPL 処理法における有毒な重クロム酸のかわりに硫酸第 1 鉄を酸化剤として用いている[9]．

c.　アルミニウムのエッチングにより生成した酸化皮膜

図 3.5 は，アルミニウムの重クロム酸・硫酸酸化処理 (FPL 法)，リン酸陽極酸化処理 (PAA 法)，およびクロム酸陽極酸化処理 (CAA 法) により生成した酸化皮膜の立体超高分解能 SEM による微細構造である[10, 11]．(a) FPL 法および (b) PAA 法の図において，垂直に立っているひげ状物は生成した Al_2O_3 ウィスカーであり，このような複雑な酸化皮膜中に接着剤が十分侵入して硬化することにより，強固な接着層が生成され大きなアンカー効果が生じるものと考えられる．

これらの内，ボーイング社で開発された (b) PAA 法が最も大きな接着強度を与えるといわれ，現在航空機の接着における表面処理法の主流をなしており[10, 11]，ASTM D3933 にも採用されている．

接着層のはく離は，被着材との界面に水が侵入し，界面付近の接着剤を可塑化，膨潤させ (その結果，接着面に亀裂が発生することもある)，加水分解反応を引き起こし，あるいは接着剤および被着材表面を酸化劣化させることにより生じるが，接着

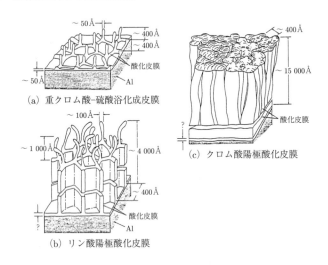

図 3.5　種々のアルミニウム酸化皮膜の微細構造[10, 11]

剤がこのような微細な隙間へ侵入し複雑な界面構造を形成し大きな実質接着面積となることにより，水の侵入および接着層の劣化速度がかなり小さくなり耐久性が向上するとともに，接着面積の増加およびアンカー効果により接着強度も飛躍的に向上するものと考えられる．

3.1.4　鋼 (軟鋼材) の表面処理法

炭素鋼の表面は化学的に活性で，基本的には研磨することにより接着強度が得られる．処理法としては，(1) 240 番の研磨紙で研磨後脱脂する方法，(2) 有機溶剤で脱脂後，グリット，ショット，またはサンドブラスト処理する方法がある．

JIS K6848-2-2003[4]による方法 (概要) は，表 3.3 の初期調整に従って脱脂する．次いで，シラン処理および湿式研磨法に示した方法に従って研磨するかエッチングする．

エッチングの場合は，以下の溶液を使用する．

$$\text{工業用メチルアルコール} \quad 2\,l$$
$$\text{オルトリン酸}\ (\rho \approx 1.7\,\text{g/m}l) \quad 1\,l$$

60°C で 10 分間浸せきし，次いで，溶液からきれいな冷流水に移す．きれいな硬い毛のナイロンブラシで黒く固着したものを取り除く．工業用アルコールまたはイソ

プロピルアルコールを染み込ませた布でこすりつけることによって残りの水を吸収する. 120°C で 1 時間加熱する.

3.1.5　鋼 (ステンレス鋼) の表面処理法

ステンレス鋼の場合も炭素鋼の (1) または (2) の方法が適用されるが, 炭素鋼の場合より接着性が悪いので, さらに接着強度を高めるためにはエッチングを行う.

JIS K6848-2-2003[4]による方法 (概要) は, 表 3.3 の項目の初期調整に従って脱脂し, 次にシラン処理および湿式研磨法で示した方法に従って研磨するか, 55°C から 65°C で 5 分間から 10 分間エッチングする. 最適な浸せき条件およびエッチング溶液の組成を確立するため予備試験を行うことを推奨する. 予備試験を行わない場合は, 次の組成をした溶液を用いる.

水	3.5 l
シュウ酸 [(COOH)$_2 \cdot$ 2H$_2$O]	0.5 l
濃硫酸 ($\rho \approx 1.84$ g/ml)	1.6 l

きれいな冷流水で洗浄し, 次いで, 3.1.3 項の a の (ii) で述べた硫酸・重クロム酸ナトリウム (またはクロム酸) 溶液に 60°C から 65°C で 5 分間から 20 分間浸せきして黒い析出物を取り除く.

または, 堅い剛毛のナイロンブラシを用い, きれいな冷流水の下でブラッシングすることによって黒い析出物を取り除き, 温風で乾かす. 高強度の接着強さは, 上記で述べた化学処理によって黒い析出物を除去した後で得られる.

3.1.6　各種エッチング法

最近の熱可塑性樹脂の射出一体成形法およびレーザー接合法に対応する微細凹凸形成のための湿式エッチング法およびレーザー処理法は, 第 4 章において紹介する.

3.1.7　銅およびニッケル箔の表面処理状態とはく離エネルギーとの関係

表 3.6 は銅またはニッケル箔をエポキシ系接着剤でガラス–エポキシ基盤に貼り合わせたときのはく離エネルギーと各種表面処理方法との関係を示す[12, 13]. 接着面積およびアンカー効果が大きくなるほど, 界面における接着剤の塑性変形を増加させ, それがはく離エネルギーの増加につながっているものと考えられる[14].

56   3. 被着材に対する表面処理法

表 3.6 銅またはニッケル箔をエポキシ系接着剤でガラス–エポキシ基盤に貼り合わせたときのはく離エネルギー[12, 13]

金属箔の表面形態 [a]	模式図	はく離エネルギー[b] (J/m^2)
平滑面		657
0.3 μm 樹状突起		666
0.3 μm 樹状突起＋酸化物		769
3 μm ピラミッド		1034
2 μm 丘陵起伏＋ 0.3 μm 樹状突起		1284
2 μm 丘陵起伏＋ 0.3 μm 樹状突起＋酸化物		1539
3 μm ピラミッド＋ 0.3 μm 樹状突起＋酸化物		2372
円丘こぶ状のニッケル箔		2283

a) 表面形態は電鋳条件を変化させて調製，最下段以外は銅箔.
b) はく離エネルギー$(1J/m^2)$＝はく離強さ(約 1.02gf/cm)

3.2 プラスチックの表面処理法

　プラスチックの中で，熱硬化性のエポキシ樹脂，フェノール樹脂，メラミン樹脂，不飽和ポリエステル樹脂などは比較的極性が大きく，接着しやすい．しかし，結晶性の熱可塑性樹脂であるポリエチレン，ポリプロピレンなどの汎用プラスチックや，テフロン，ポリカーボネート，ポリアセタール，ナイロン，ポリエステルなどのエンジニアリングプラスチックは比較的接着性が悪いため，大きな接着強度を得るためには適切な表面処理を必要とする．

　表 3.7 は JIS に規定されている一般プラスチックの表面調整法である[15]．

　以下にはプラスチックに対する主な表面処理法について解説する．

3.2.1 洗浄および粗面化

　プラスチックの表面には，表 3.2 のように，離型剤，油脂類の付着，および可塑剤のブリードがあるため，接着に当たっては，それらの異物を有機溶剤，酸，アルカリ，および洗浄剤によって洗浄することがまず必要である．また，サンディングなどによる粗面化も異物の除去，接着面積の増加，およびアンカー効果の発現に役立つ．

表 3.7 一般プラスチックの表面調整法[15]. ○ は適用可を示す.

ポリマー	無処理	洗浄	粗面化	プラズマ		火炎	シラン化	クロム酸	ナトリウムナフタレン	トルエンスルホン酸	レゾルシノール
				常圧	低圧						
アクリロニトリル/ブタジエン/スチレン (ABS) 共重合体	○	○	○					○			
セルロースエステル類 a)	○	○	○								
エポキシ樹脂系プラスチックおよび複合材料	○	○	○								
メラミン系プラスチック	○	○	○	○	○						
フェノール系プラスチックおよび複合材料	○	○	○								
ポリアセタール	○	○	○	○	○				○	○	
ポリアリルフタレート	○	○	○	○	○						
ポリアミド b)	○	○	○	○	○						○
ポリブチレンテレフタレート	○	○	○	○	○		○				
ポリエチレンテレフタレート	○	○	○	○	○		○				
ポリカーボネート	○	○	○	○	○						
ポリ塩化エーテル類								○			
ポリエステル熱可塑性プラスチック	○	○	○	○	○	○					
ポリエステル熱硬化系	○	○	○								
ポリエーテルエーテルケトン				○	○						
ポリエチレン				○	○				○		
ポリイミド				○	○						
ポリメタクリル酸メチル	○	○	○	○	○						
ポリフェニレンエーテル	○	○	○	○	○						
ポリフェニレンスルフィド	○	○	○	○	○						
ポリプロピレン	○			○	○	○	○	○	○		
ポリスチレン	○	○	○								
ポリスルホン	○	○		○	○						
ポリテトラフルオロエチレン				○	○					○	
ポリウレタン	○	○	○	○	○						
ポリ塩化ビニル	○	○	○								
ユリア系プラスチック	○	○	○	○	○						

a) エポキシを使用するために調整する場合は，プラスチック部品を 93°C で 1 時間加熱し，部品が温かい間に接着剤を適用する．エポキシ接着剤は，この温度使用のために早期硬化しないことを確かめておくこと．
b) 表面の吸収水分は確実に追い出しておくこと．

3.2.2 コロナ放電処理法

大気がある程度以上の電位差にさらされると放電現象が発生し，気体の圧力と電流密度によってグロー放電，アーク放電，コロナ放電に分類される[16].

58 3. 被着材に対する表面処理法

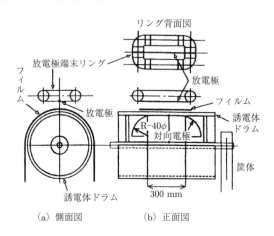

図 3.6 フィルムおよびシート用の安定パルスコロナ放電処理装置[17]

　コロナ放電は 10^{-6}A 以下の電流下で，高熱を生じることなく，青白い光を伴って生じる放電である．電位差をさらに大きくすると電子のなだれ現象が起きてアーク放電の状態になるが，電極間にシリコーンゴムなどの誘電物質が存在すると，良好なコロナ放電が継続する[16]．

　コロナは解離した酸素や窒素の中性原子，ラジカルのほかに陽イオンとこれとほぼ同数の陰イオンまたは電子を含んだ一種のプラズマ状態である[16]．この高エネルギーの粒子が物質の表面に作用して，化学的または物理的に改質をする．各種樹脂，ゴム，および金属 (Al，SUS) にコロナ放電処理を行った後のぬれ張力 [表面に塗布し，ちょうど材料をぬらすと判定された JIS K 6768 ぬれ張力試験用混合液の表面張力の数値 (dyn/cm)] は，PTFE: 56，POM: 64，CR: 62 であるが，それ以外の材料については 70 となって向上している[16]．

　電極間距離は通常 10 mm 以下で，フィルムやシート状のものが 100–200 m/min の高速で処理できる．

　図 3.6 はパルス放電させることで，100 kV 程度の高電圧をかけてより高速処理を可能としたフィルムおよびシート用の安定パルスコロナ放電処理装置[17]) である．

　このパルス放電により電極間距離を広げた自動車のバンパーの塗装前処理用安定パルスコロナ放電装置が開発されており，それを用いて表面処理することにより，自動車の PP 製バンパーに対する二液性ポリウレタン上塗り塗料のはく離強度が，未

処理の場合50gf/cm未満であったものが，1050–1310gf/cmと大きく改善されている[17]．

コロナ放電処理法は，現在工業的に最も普及している方法であり，プラスチック，紙，金属，木材，セラミックスなどほとんどあらゆる材料に適用されている．通常，大気中で行われるので，湿度にはある程度影響を受ける．

3.2.3 プラズマ処理法

気体分子に電場をかけた時，気体中に少量存在する自由電子が加速されて気体分子に衝突し，気体分子が解離することにより，電子，イオン，ラジカル，励起分子など，様々な化学種が共存する電気的には中性の状態をプラズマという[18]．低圧プラズマ(減圧プラズマ)と常圧(大気圧)プラズマがある．数Torr以下の低圧状態に高分子材料を置き，グロー放電などによりプラズマを発生させて高分子材料を改質するのが低圧プラズマ処理法であり[18]，被処理材が入る大きさの減圧チャンバーを必要とするが，枚葉処理を採用することで全自動化された処理装置も市販されている．また，大気圧プラズマはチャンバーを必要としない．

プラズマ処理により，高分子表面には，アミド基(CONH)，カルボニル基(CO)，カルボキシル基(COOH)などの極性基が生成し，接着性が向上する．

低圧プラズマには，2.45GHz(電子レンジの周波数)のマイクロ波を用いたマイクロ波プラズマおよび13.56MHzのラジオ波を用いた高周波プラズマがある．気体と

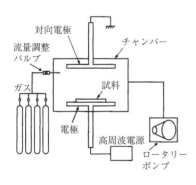

図 3.7 低圧プラズマ処理装置の例[19]

表 3.8 低圧プラズマ処理と接着強さの変化[20]

ポリマー	接着強さ (MPa)	
	処理なし	処理あり
PI (PMR®–15)/グラファイト	2.9	17.9
PPS (Ryton® R–4)	2.0	9.4
PES (Victrex® 4100G)	0.9	21.6
PE/PTFE (Tefzel®)	微小	22.1
HDPE	2.2	21.5
LDPE	2.6	10.0
PP	2.6	21.2
PC (Lexan®)	2.8	6.4
PA (Nylon)	5.9	27.6
PS	3.9	27.6
PET (Mylar A®)	3.7	11.4
PVDF (Tedlar®)	1.9	9.0
PTFE	0.5	5.2

60　3. 被着材に対する表面処理法

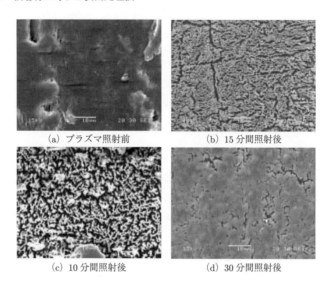

(a) プラズマ照射前　　(b) 15 分間照射後

(c) 10 分間照射後　　(d) 30 分間照射後

図 3.8　アルゴンプラズマエッチング PTFE 表面の SEM 写真[21]．アルゴン圧力 5 Pa，電極温度 200°C．

しては，アルゴン，空気，酸素，窒素，アンモニアなどが用いられる．図 3.7 は低圧プラズマ処理装置の例である[19]．

表 3.8 は各種ポリマーに対して低圧プラズマ処理を行った場合の接着強さの変化である[20]．プラズマ処理前に対する処理後の接着強度比は，ポリカーボネートが最も小さく 2.3 倍であるが，その他のポリマーについては 5–24 倍とプラズマ処理の効果がかなり大きい．

図 3.8 は，アルゴン圧力 5 Pa，電極温度 200°C の条件でプラズマ照射した PTFE サンプル表面の電子顕微鏡写真である．PTFE 表面は多孔質状にエッチングされており，接着力が最大となる 15 分間までは，時間の経過とともに表面の多孔質形状がより細密化しているが，接着力が低下する 15 分以上のプラズマ処理では，PTFE 表面の多孔質形状が崩れ，起伏の少ない平滑な表面状態となっている[21]．表 3.8 のように，減圧プラズマ処理による接着力の向上が著しいのは，表面が酸化されてカルボニル基などの極性基が生じることだけでなく，このようにエッチングにより実質表面積の増加およびアンカー効果の発現が大きく作用しているものと推定される．

図 3.9 は最も高い接着性が得られた条件でプラズマ処理した PTFE に関し，エポ

3.2 プラスチックの表面処理法　　61

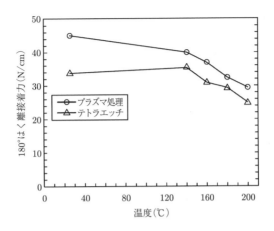

図 3.9　アルゴンガス中でプラズマ処理した PTFE の接着強度と温度との関係[21]．アルゴン圧力 5 Pa，電極温度 200°C，プラズマ照射時間 15 min．被着材 1：PTFE 1 mm 厚 (ガラス繊維および MoS$_2$ 配合・焼結)，被着材 2：SPC 1.5 mm 厚 (表面：リン酸亜鉛皮膜処理)，接着剤：エポキシ変性ポリイミド (エポキシ樹脂：ビスアリルナジイミド =100：20)．

キシ変性ポリイミド接着剤による 180° はく離接着強度 (JIS K6854) の温度依存性である[21]．200°C までの温度雰囲気では，いずれもテトラエッチ液処理 [(株) 潤工舎] した PTFE を上回る大きな接着力が得られている．

一方，大気圧プラズマには，誘電体を平行に設置した一対の電極間にヘリウム，アルゴン，窒素などの不活性ガスに反応性ガスを少量添加した混合ガスを流通させ，高周波 (MHz) を用いてグロー放電させる方法[22]と，ガスに高電圧短パルスを電極

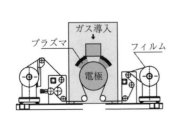

図 3.10　大気圧プラズマダイレクト方式処理装置[22, 23]

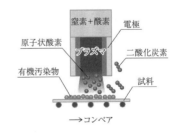

図 3.11　大気圧プラズマリモート方式処理装置[22, 23]

62   3. 被着材に対する表面処理法

表 3.9　大気圧プラズマ処理による結晶性プラスチックの接着強度の向上の効果[24]．接着剤：一液性エポキシ系．

プラスチック	引張せん断接着強度 JIS K6850 (MPa)	
	処理なし	処理あり
PPS	1.4	5.2
PP	0.3	4.6
PA66	1.6	4.9
HDPE	0.4	6.4
PBT	5.9	10.1

に加えてプラズマを生成させる方法[19]とがある．

図 3.10 は，フィルムなどの被処理物を直接プラズマにさらして処理するダイレクト方式で，電極間距離が 5–10 mm と狭いので被処理物の厚さに制限を受ける[22, 23]）．

一方，図 3.11 は，電極間にガスを送入しながら高電界を印加してプラズマを発生させ，電極下端から吹き出させて被処理材表面を洗浄，改質するリモート方式で，被処理材の形状には制約を受けない[22, 23]．

表 3.9 は，大気圧プラズマ処理による結晶性プラスチックの接着強度の向上の効果[24]であり，無処理材に対するプラズマ処理材の接着強度の比は，1.7 倍 (PBT) から 16 倍 (HDPE) とプラズマ処理の効果があり，無処理材の接着強度が小さい PP

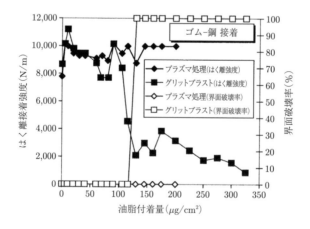

図 3.12　2 種類の表面処理法によるゴム–鋼接着接合部のはく離強度と油脂付着量との関係[25]

およびHDPEはプラズマ処理による接着強度の向上比が大きい.

また,ポリイミドフィルムと銅箔の接着強度は,大気圧プラズマ処理直後接着100%に対し,処理1か月後に接着92%,処理2か月後に接着73%という結果が出ており,プラズマ処理の効果保持時間は比較的長いと考えられる[22].

プラズマは,被着材の洗浄にも用いることができる.図3.12は,2種類の表面処理法によるゴム–鋼接着接合部のはく離強度と油脂付着量との関係であるが,プラズマスプレー洗浄法が油脂汚染に対し顕著な許容性を示している[25].

高はく離強度および凝集破壊を保持する油脂付着量は,グリットブラスト表面の場合に比べてプラズマスプレー表面の場合は2倍以上となっている.これは,おそらく,前者に比べて後者のより大きな表面粗さおよび複雑さによるものと考えられる[25].大量生産時には,コイル状鋼板に付着した油分の入念な脱脂は困難または不可能であるため,プラズマスプレーの応用が考えられる.

3.2.4 火炎処理法(フレームプラズマ処理法)

LPG,メタンなどのガス状燃料を完全燃焼させた時に生じる火炎の温度は1 800–3 000°Cに達し,炎中には酸素,窒素,および炭化水素から生じた電子,イオン,ラジカル,励起状態の分子などが混在するプラズマとなるため,火炎を試料に当てることにより,これらが樹脂表面に作用してカルボニル基,カルボキシル基,水酸基などの極性基をつくり,樹脂の表面自由エネルギーを向上させ改質できる.火炎ノズルと試料との距離は250 mm程度とれるため,自動車部品など複雑な凹凸のある

図 **3.13** ロボットアームに取り付けられた火炎ノズル[26]

64   3. 被着材に対する表面処理法

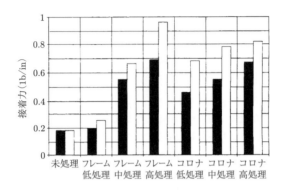

図 **3.14**　火炎 (フレーム) およびコロナ放電による表面処理箔と未処理箔の LDPE との接着力[27]．■は初期，□はエージング後．

形状のプラスチック材料も処理可能で，図 3.13 のように，火炎ノズルをロボットアームに取り付けてティーチングにより自動処理することもできる[26]．処理速度が速く改質処理後の効果持続時間が 1 週間以上と長いことも特長である．

図 3.14 は，LDPE に関する火炎およびコロナ放電による表面処理箔と未処理箔の接着力[27]の比較であり，火炎処理法はコロナ放電処理法と同等の効果が得られている．

また，ポリレフィン，シリコーンゴムなど難接着性材料の接着性を向上させる火炎処理法の応用法であるイトロ処理法がある．

イトロ処理とは，Si 系特殊改質剤化合物を火炎中に微量添加投入し，当火炎中に

(a) イトロ未処理 PP シート表面

(b) イトロ処理済 PP シート表面

図 **3.15**　イトロ未処理およびイトロ処理済 PP シート表面の SEM 写真[28]

て酸化，還元，重合反応の基に生成されるナノ単位レベルの酸化ケイ素粒子を均一に付着させることにより，基材表面に SiO_2 (易接着性物質) を積極的に付加させることで，接着力の向上をはかり，ポリオレフィン，シリコーンゴムなどの難接着性材料，FRP，CFRP，ガラス，セラミックスの接着性を向上させる表面処理法である[28, 29].

図 3.15 は，イトロ未処理および処理済 PP シート表面の SEM 写真である[28].

3.2.5 UV オゾン処理法

紫外線は電磁波の一種であり，そのエネルギーの値は式 (3.1) のように波長 λ の逆数に比例する．ここで，h はプランクの定数，c は光速である．

$$E = hc/\lambda \tag{3.1}$$

光源としては，低圧水銀ランプおよび Xe_2, KrCl, XeCl などの励起二量体 (Excited Dimer: Excimer) の発光を用いたエキシマランプがある．

低圧水銀ランプではランプ灯数が多く必要で，冷却装置を要し，装置が大型になるが，エキシマランプの場合はほとんど温度上昇しないのと点滅点灯が可能なため，必要な時のみ点灯すればよく，長寿命，省エネルギーとなる[30].

低圧水銀ランプの発光スペクトルの主な共鳴線の波長は，185, 254, および 365 nm であり，185 と 245 nm の UV が次式により活性酸素原子 O (^{1}D) をつくる[30]. この 2 本の共鳴線の合計は，全放射エネルギーの 80% 以上を占める[31].

$$O_2 + 185\,nmUV \rightarrow O_3 + 254\,nmUV \rightarrow O(^1D) \tag{3.2}$$

一方，エキシマ UV の 175 nm 以下の UV は直接酸素を分解し，活性酸素原子 O (^{1}D) をつくる能力があり，次の 2 つの経路の生成過程が考えられている[30].

$$O_2 + 172\,nmUV \rightarrow O(^1D) \tag{3.3}$$

$$O_2 + 172\,nmUV \rightarrow O_3 + 172\,nmUV \rightarrow O(^1D) \tag{3.4}$$

エキシマ UV は大気中における減衰が大きいため，被処理物との距離を数 mm に近づける必要があるが，低圧水銀ランプの場合は，被処理物に数十 mm の凹凸があっても大気中の処理が可能である．

66   3. 被着材に対する表面処理法

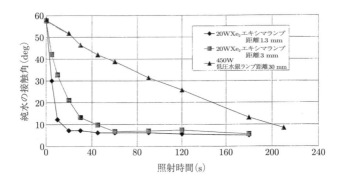

図 3.16 低圧水銀ランプおよびエキシマ光照射装置による照射時間と接触角との関係[30]

プラスチック表面に紫外線を照射すると，式 (3.2)–(3.4) により生成した活性酸素原子 O (^{1}D) の強い酸化力により，極性の大きな OH, C–O, C=O, COO, COOH などの官能基が形成される[32].

図 3.16 は低圧水銀ランプおよびエキシマ光照射装置による照射時間と接触角との関係[30]であり，後者による場合は，被処理材との光源間の距離が短いため，40 秒以下でかなりの改質効果が出ている.

また，図 3.17 は，PPS および PPT について低圧水銀ランプによる紫外線照射時

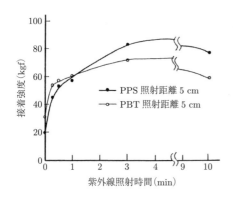

図 3.17 低圧水銀ランプによる紫外線照射時間と二液性エポキシ系接着剤による接着強度との関係[32]

表 3.10 エポキシの接着性に関するポリエチレン表面への化学基付与の効果[33]

表面化学機能	突合せ接着強度 (MPa)
–CH$_2$–	1.4
–CH$_x$CBr$_y$–	6.7
–CH=CH–	3.7
–CH$_2$–HC–OH	4.6
–CH$_2$–C–OH ∥ O	11.3
–CH$_2$–C–CH$_2$ ∥ O	15.7

間と二液性エポキシ系接着剤による接着強度との関係である[32]. 接着強度は，紫外線照射により急速に向上するが，照射時間には適正値があり，照射しすぎても逆に接着強度が低下している. これは，1.8.2 項の式 (1.9) および図 1.13 において示した，被着材と接着剤との SP 値が近い場合の方が両者の相溶性が増加するとともに接着強度も大きくなることと一致する.

表 3.10 は，ポリエチレンの表面に各種化学基を生じさせた場合のエポキシ系接着剤による突合せ接着強度の相違である[33]. 通常のポリエチレンの接着強度はわずかであるが，極性の大きいカルボキシル基またはカルボニル基の導入により，接着強度が非常に向上している.

3.2.6 各種表面処理方法

a. JIS K6848-3-2003 による表面処理法

表 3.11 には，JIS K6848-3-2003[15] に規定されているクロム酸処理，ナトリウム–ナフタレン処理，トルエンスルホン酸処理，レゾルシノール処理および適用可能なプラスチックの種類を示す.

表 **3.11** プラスチックの化学的表面調整法 (JIS K6848-3-2003)[15]

処　理　液	方　　法	適用可能プラスチック
クロム酸エッチング溶液	下記処理液に，室温/15 分浸せき，室温蒸留水洗浄，55°C 蒸留水で洗浄，55°C 温風乾燥後 1 分以内に接着する. 処理液：重クロム酸カリウムまたは重クロム酸ナトリウム/濃硫酸/蒸留水を重量比 1/10/30 で混合	ABS, POM, PE, PP, ポリ塩化エーテル類
ナトリウム–ナフタレン溶液	市販のナトリウム–ナフタレン溶液に，指示書に従って，通常 5–10 秒浸せき，水洗，乾燥する.	PE, PP, PTFE
トルエンスルホン酸溶液	下記処理液 (94°C) に，8 秒浸せきし，110°C の炉中で 45 秒加熱，蒸留水 (55°C) で洗浄，温風 (55°C) で乾燥後 1 分以内に接着する. 処理液：パークロルエチレン/ジオキサン/p–トルエンスルホン酸を重量比 96.0/3.7/0.3 で混合	POM
レゾルシノール溶液	下記処理液に，8 秒浸せきし，室温で 30 分乾燥後ただちに接着する (処理液から取り出し後 15–30 分以内). 処理液：酢酸エチル/レゾルシノールを重量比 91/9 で混合	PA

b. フッ素樹脂に対するテトラエッチ液による表面処理法

テトラエッチはフッ素原子を含むポリマーからフッ素原子をはぎ取り，炭素原子を一時的に電子不足の状態する. その後ポリマーをエッチング浴から取り出し空気

68   3. 被着材に対する表面処理法

にさらすと，酸素，水素，および水蒸気が，不足した電子を補って，水酸基，カルボニル基，カルボキシル基，などの活性基が，露出した炭化水素鎖上に形成され，接着が可能となる[34]．フッ素ポリマー FEP や PFA の場合，炭素とフッ素原子の長い鎖 (主鎖) に多くの側鎖があり，エッチング作用時間にずれが生じるため，処理時間が PTFE の場合より長くなる[34]．

表 3.12　PTFE および PVF のテトラエッチ処理時間と被着材表面組成および単純重ね合せ接着継手の破断荷重との関係[35]

ポリマー/処理時間	XPS 分析結果 (at%)			破断荷重 (N)
	C	F	O	
PTFE/無処理	38.4	61.6	—	420
PTFE/10 s	37.6	0.8	11.6	4 280
PTFE/1 min	82.2	0.9	16.9	4 260
PVF/無処理	70.4	28.8	0.8	360
PVF/10 s	72.4	26.7	0.9	800
PVF/1 min	75.4	23.0	1.6	2 080
PVF/60 min	87.3	11.4	1.3	3 020

表 3.12 は，テトラエッチ法による PTFE および PVF の処理時間とフッ素原子の除去および重ね合せ接着継手の破断荷重の増加の状況である[35]．十分な処理効果が得られる時間は，PTFE の場合 1 分であるが，PVF の場合 60 分を要している．

3.3　プライマー処理法

プライマーは，表面処理後の金属表面の吸湿防止・保護のために塗布する場合もあるが，主には被着材および接着剤の双方に親和性または反応性を有する 2 つの官能基をもち，接着性を改善する目的で被着材に塗布される材料である．

表 3.13 には，各種被着材および接着剤に使用されているプライマーを示す[36]．

結晶性プラスチックである PA は接着性が劣るが，PA–Al 接着継手において RF 樹脂あるいはフェノール類プライマーを使用することにより，PA が母材破断するほど接着性が向上する[36]．

また，プライマーの一種として，カップリング剤すなわち被着材と接着剤の双方に反応性または親和性のある低分子量金属化合物があり，シラン系，チタネート系，アルミニウム系，ジルコニウム系などがある．

最もよく用いられるシランカップリング剤の作用機構を図 3.18 に示す[37]．

3.3 プライマー処理法

表 **3.13**　表 3.13 プライマーの種類と用途[36]

プライマー	被着材	接着剤
シラン化合物	ガラス繊維	エポキシほか
シラン化合物	シリカ粉末	エポキシほか
チタネート	無機粉末	エポキシほか
エポキシ樹脂	TFS	PA 系 HMA
アミノシラン	鋼板	エポキシほか
エポキシベースレジン	鋼板, SUS	エポキシ樹脂
メルカプトシラン	銀めっき, リードフレーム	エポキシ成形材料
電解重合膜	SUS	エポキシ
含水有機リン酸化合物	SUS	アクリル (SGA)
RF ラテックス	ナイロン繊維	ゴム
RF レジン	ポリアミド	エポキシ
フェノール類	ポリアミド	エポキシほか
ポリウレタン	軟質 PVC	エポキシ
金属キレート	PP など	シアノアクリレート
アクリルグラフト CR	軟質 PVC	CR
ポリウレタン	FRP	ポリウレタン
シラン化合物	プラスチック	シリコーン

シランカップリング剤は，水または水とアルコールの混合溶剤により，濃度 0.1–2.0% の溶液として用いる[37]．図 3.18 のように，被着材表面に塗布されたシランカップリング剤 X–Si–(OR)$_3$ の中の OR 基は，加水分解してシラノール基 SiOH を生成するとともに脱水縮合する．その後 OH 基が被着材である無機材料表面または金属表面の OH 基 (酸化物と空気中の水分から生成) との水素結合により吸着し，それを加熱乾燥処理 (100–110°C) することにより脱水縮合反応して強固な化学結合と

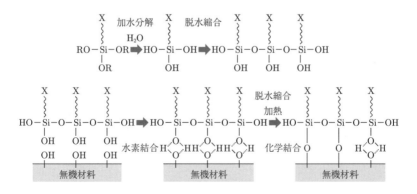

図 **3.18**　シランカップリング剤の作用機構[37]

表3.14 シランカップリング剤の有機官能基と適用樹脂[37]

有機官能基	熱可塑性樹脂										熱硬化性樹脂										エラストマー・ゴム									
	ポリエチレン	ポリプロピレン	ポリスチレン	アクリル	ポリ塩化ビニル	ポリカーボネート	ナイロン	ウレタン	PBT・PET	ABS	メラミン	フェノール	エポキシ	ウレタン	ポリイミド	ジアクリレート	不飽和ポリエステル	フラン	ポリフェニレンサルファイド	ポリウレタン	EPM S架橋	EPDM P架橋	SBR	ニトリルゴム	エピクロルヒドリンゴム	ネオプレンゴム	ブチルゴム	ポリサルファイド	ウレタンゴム
ビニル	◎	◎	○													○	○				○	◎							
エポキシ	○	○	○	○	○						○	○	○	○	○			○											
スチリル			◎	○						◎																			
メタクリル	◎	◎	○	○						◎						○	◎				○	◎							
アクリル	○	○	○	◎												○	◎				○	◎							
アミノ					◎	○	◎	◎	○	○	○	◎	◎	○	○			◎	○	○		○	○	○	○		○	○	◎
ウレイド					○		◎	○																					
メルカプト												○	○		○						◎	○	○	○	○	○	○		
スルフィド																					◎		○	○	○	○		◎	
イソシアネート						○		◎	○	○	○	○	○	◎				○											○

◎：優れた効果がある，○：効果がある．

(注意) 各官能基のすべてが当該樹脂にカップリングできるわけではない．これはあくまで目安である．

表 3.15 エポキシ系およびアミノ系シランカップリング剤の例[37]

官能基	化学名	構造式
エポキシ	2-(3,4-エポキシシクロヘキシル)エチルトリメトキシシラン	$(CH_3O)_3SiC_2H_4$-◇O
	3-グリシドキシプロピルメチルジメトキシシラン	CH_3 / $(CH_3O)_2SiC_3H_6OCH_2CH-CH_2$ (O)
	3-グリシドキシプロピルトリメトキシシラン	$(CH_3O)_3SiC_3H_6OCH_2CH-CH_2$ (O)
	3-グリシドキシプロピルメチルジエトキシシラン	CH_3 / $(C_2H_5O)_2SiC_3H_6OCH_2CH-CH_2$ (O)
	3-グリシドキシプロピルトリエトキシシラン	$(C_2H_5O)_3SiC_3H_6OCH_2CH-CH_2$ (O)
アミノ	N-2-(アミノエチル)-3-アミノプロピルメチルジメトキシシラン	CH_3 / $(CH_3O)_2SiC_3H_6NHC_2H_4NH_2$
	N-2-(アミノエチル)-3-アミノプロピルトリメトキシシラン	$(CH_3O)_3SiC_3H_6NHC_2H_4NH_2$
	3-アミノプロピルトリメトキシシラン	$(CH_3O)_3SiC_3H_6NH_2$
	3-アミノプロピルトリエトキシシラン	$(C_2H_5O)_3SiC_3H_6NH_2$
	3-トリエトキシシリル-N-(1,3-ジメチル-ブチリデン)プロピルアミン	$(C_2H_5O)_3SiC_3H_6N=C\langle{}^{C_4H_9}_{CH_3}$
	N-フェニル-3-アミノプロピルトリメトキシシラン	$(CH_3O)_3SiC_3H_6NH$-◯
	N-(ビニルベンジル)-2-アミノエチル-3-アミノプロピルトリメトキシシランの塩酸塩	有効成分40% メタノール溶液

なる[37].

図 3.18 のシランカップリング剤の官能基 X には，ビニル基，エポキシ基，スチリル基，メタクリル基，アクリル基，アミノ基，イソシアヌレート基，ウレイド基，メルカプト基，スルフィド基，イソシアネート基などがある．表 3.14 は，それらのシランカップリング剤の有機官能基と適用樹脂である[37]．また，表 3.15 は，エポキシ系およびアミノ系シランカップリング剤の例[37]である．接着剤として，たとえばアミン系硬化剤によるエポキシ系を用いる場合，官能基としてエポキシ基またはアミノ基をもったシランカップリング剤を使用すれば，前者は接着剤中の硬化剤と，後者は主剤と化学反応するため，結果的に接着剤はシランカップリング剤を介して被着材と化学結合することになる．

文　献

[1] 柳原榮一：接着ハンドブック，第 3 版 (日刊工業新聞社，1996) p. 970.

[2] 永田宏二：接着の技術，**1**，7 (1981).

[3] J. G. Bolger: *Acid Base Interactions between Oxide and Polar Organic Compounds, Adhesion Aspects of Polymeric Coating*, ed. by K. L. Mittal (Plenum Press, 1981).

[4] JIS K6848-2-2003 接着剤─接着強さ試験方法─第 2 部：金属の表面調整のための指針

72　　　3.　被着材に対する表面処理法

[5] 中塚康男：接着ハンドブック，第4版，日本接着学会 編 (日刊工業新聞社，2007) pp. 837–840.

[6] J. A. Poulis et al. : Int. J. Adhesion and Adhesives, **13** (2), 89 (1993).

[7] 沖津俊直：工業材料，**18** (13), 14 (1970).

[8] R. A. Gledhill, A. J. Kinloch, and S. J. Shaw: J. Adhesion, **9**, 81 (1977).

[9] Guy D. Davis: *Handbook of Adhesion Technology*, L. F. M. da Silva et al. (ed) (Springer, 2011) pp. 148–177.

[10] J. D. Vennables, D. K. McNamara, J. M. Chen, T. S. Sun, and R. L. Hopping: Applications of Surf. Sci., **3**, 88 (1979).

[11] 村川享男：高性能構造用接着材料の開発に関する調査研究報告書 (大阪科学技術センター，1985) p. 292.

[12] 畑 敏雄，斎藤隆則：接着ハンドブック，第3版，日本接着学会 編 (日刊工業新聞社，1996) pp. 5–16.

[13] D. J. Arrowsmith: Trans. Inst. Metal Finish., **48**, 88–92 (1970).

[14] A. V. Pocius (水町 浩，小野拡邦 訳)：接着剤と接着技術入門 (日刊工業新聞社，1999) p. 165.

[15] JIS K6848-3-2003 接着剤—接着強さ試験方法—第3部：プラスチックの表面調整のための指針

[16] 村田重男：表面処理技術ハンドブック—接着・塗装から電子材料まで，水町 浩，鳥羽山 満 監修 (エヌ・ティー・エス，2000) pp. 539–547.

[17] 入山 裕：表面処理技術ハンドブック—接着・塗装から電子材料まで，水町 浩，鳥羽山 満 監修 (エヌ・ティー・エス，2000) pp. 587–589.

[18] 小長谷重次，山中淳彦：接着ハンドブック，第4版，日本接着学会 編 (日刊工業新聞社，2007) pp. 673–678.

[19] 小川俊夫：接着ハンドブック，第4版，日本接着学会 編 (日刊工業新聞社，2007) pp. 797–811.

[20] E. M. Liston: J. Adhesion, **30**, 199 (1989).

[21] 藤井政徳，上林裕之，下浦 斉，宮下芳次：三菱電線工業時報，第99号，83 (2002).

[22] 澤田康志：接着耐久性の向上と評価—劣化対策・長寿命化・信頼性向上のための技術ノウハウ (情報機構，2012) pp. 27–32.

[23] エアー・ウォーター (株)HP
http://www.awi.co.jp/business/industrial/electronics/

[24] 澤田康志：プラズマ・核融合学会誌，**79** (10), 1022–1028 (2003).

[25] G. D. Davis: *Handbook of Adhesion Technology*, L. F. M. DaSilva, A. Öchsner, R. D. Adams (ed.) (Springer, 2011) pp. 148–177.

[26] (株) 仲田コーティング HP
http://www.nakata-coating.co.jp/machinery/primer-less.html

[27] J. D. Giacomo (江島 顕 訳)：表面処理技術ハンドブック—接着・塗装から電子材料まで，水町 浩，鳥羽山 満 監修 (エヌ・ティー・エス，2000) pp. 517–525.

文　　献　　73

[28] 松野順平：接着の技術, **31**, 104 号, 38–40 (2011).

[29] (株) イトロ HP
http://www.itro.co.jp/effect/

[30] 菱沼宣是：表面処理技術ハンドブック—接着・塗装から電子材料まで, 水町 浩, 鳥羽山 満 監修 (エヌ・ティー・エス, 2000) pp. 532–538.

[31] 菊池 清：表面処理技術ハンドブック—接着・塗装から電子材料まで, 水町 浩, 鳥羽山 満 監修 (エヌ・ティー・エス, 2000) pp. 526–531.

[32] 寺本和良, 岡島敏浩, 栗原 茂, 松本好家：日本接着学会誌, **29**, 180–187 (1993).

[33] A. Chew, R. H. Dahm, D. M. Brewis, D. Briggs, D. G. Rance: J. Colloid Interface Sci., **110**, 88 (1986).

[34] 潤工社, ふっ素樹脂表面処理剤 テトラエッチ資料 (2012) p. 3

[35] D. Brewis, et al.: Int. J. Adhesion and Adhesives, **15**, 87 (1995).

[36] 柳原栄一：プロをめざす人のための接着技術教本, 日本接着学会 編 (日刊工業新聞社, 2009), p. 41.

[37] 信越化学工業 (株) シランカップリング剤カタログ (2015), pp. 3–4.

4

最新の異種材料接合法について

　異種材料の接着・接合法としては，従来からの接着法に加えて，最近は，湿式エッチングまたはレーザー処理により被着材表面に微細な凹凸を生じさせ，そこへ樹脂を直接射出成形する方法 (接着面積の増加およびアンカー効果の発現)，レーザー光照射，被着材金属の摩擦，高周波，超音波，熱板などにより接合界面付近の樹脂を溶融して接合する方法，および分子接着剤トリアジンチオール類により処理した金属インサートと射出成形樹脂とを化学結合させる方法などが開発され，それらにおいては溶融した樹脂が接着剤の役割を果たしているとともに，接着の場合のように硬化のための加熱を必要とせず，冷却により樹脂が固化するため短時間で接合できるという利点がある．

　また，被着材に対し分子接着剤トリアジンチオール類を結合させ，加圧加熱により化学結合させる方法などが開発，実用化されている．

　さらにごく最近には，被着材高分子にカップリング反応などのために必要な化学基を導入し，共有結合のみにより接合する方法が開発された．

　表 4.1 に，それらの接着・接合法をまとめて示す[1]．

　以下にそれらの接着・接合法について紹介する[1]．

4.1　金属の湿式表面処理—接着法

4.1.1　ケミブラスト®[日本パーカライジング (株)][2,3]

　金属の化成処理において，条件をうまく選定することにより，反応の過程で形成された不動態皮膜がポーラスになり，まだ皮膜形成されていない個所がエッチングされて，塩酸などによる処理に比べてより深い多数の細孔ができる．図 4.1 は鉄鋼にケミブラスト® を適用した場合および塩酸酸洗の場合の断面であり[2]，前者は後者の約 3 倍の 26.5 (m^2/m^2) 比表面積をもっており，式 (4.1) により大きな接着強度

76　　　4.　最新の異種材料接合法について

表4.1　最近の異種材料接着・接合法[1]

分類	項	名称（開発者）	図表番号	文献番号	材質	表面処理法	粗さ	材料2	接合法	備考
4.1 金属の湿式表面処理—接着法	1	ケミブラスト® [日本パーカライジング（株）]	図4.1, 図4.2	2, 3	金属：銅、ステンレス、Al、Ti、鋼、銅合金	湿式	数μm	金属、樹脂、ゴム	接着、加硫、射出成形	免震ゴム、橋梁用ゴム支承金具、各種家電製品用ゴム金具
	2	NAT [大成プラス（株）]	図4.3, 図4.4	4, 5	金属：Al、Mg、鋼、ステンレス、Ti	湿式　新NMT処理：脱脂、化学エッチング、超微細エッチング、表面硬化	1–10（好ましくは 2–3)μm の周期の凹凸面を有し、10–300 nm（好ましくは 50–100 nm）周期の超微細凹凸を有する。全表面は金属酸化物または金属リン酸化物の薄層で形成。	CFRP（炭素繊維強化熱硬化性樹脂）	エポキシ系接着剤によるプリプレグのコキュア接着またはCFRPの接着（ボンド）	Nano Adhesion Technology
4.2 金属の湿式表面処理—樹脂射出一体成形法	1	NMT [大成プラス（株）]	図4.5, 図4.6, 図4.7, 表4.2, 表4.3	4, 5, 6, 7, 8	金属：Al、Mg、鋼、黄銅、ステンレス、銅、Ti	湿式　アルカリ処理、酸処理、T処理、水洗・乾燥	径 10–40 nm、深さ 10–20 nm のディンプルを形成。Alの場合、全表面は厚さ約7nmのAl酸化物層が生成。	樹脂：PPS、PBT、PA6、PA66、PPA、PEEK	樹脂の射出成形	Nano Molding Technology、T処理：金属の表面に超微細な凹凸を形成（T：大成の頭文字）、特許第3954379号 (2007)、特許第4452220号 (2010)
	2	新NMT [大成プラス（株）]	—	4	同上	湿式　NATと同一	NATと同一	熱可塑性樹脂	樹脂の射出成形	新 Nano Molding Technology
	3	PAL-fit® [日本軽金属（株）][ポリプラスチックス（株）]	図4.8, 図4.9, 図4.10, 図4.11	9, 10	金属：Al	湿式　硫酸またはシュウ酸を用いた陽極酸化処理	0.1–0.7μm	熱可塑性樹脂	樹脂の射出成形	
	4	アマルファ® [メック（株）]	図4.12, 図4.13	11, 12	金属：Cu、Al、など	湿式　脱脂、浸漬、浸液によりエッチング、スマット除去	径数十 nm ないし数 μm	PPS、PA6、フェノール樹脂	射出成形、移送成形、熱圧着	Cu-PPS、Al-PA6、Al-PPS 接合の引張せん断試験においては、樹脂が母材破壊した。

4.1 金属の湿式表面処理—接着法　77

表 4.1 （続き 2）

分類	項	名称（開発者）	図表番号	文献番号	材質	表面処理法	粗さ	材料 2	接合法	備考
4.3 無処理金属の樹脂射出一体成型法		Quick-10® [ポリプラスチックス（株）]	図 4.14, 図 4.15, 図 4.16	13	炭素鋼, ステンレス, Al, 銅	無処理 金属表面に存在する微細な凹凸をアンカー効果に利用.	表面の凹凸は：数μm 程度	熱可塑性樹脂	樹脂の射出成形	インサート金属を 210℃ 以上に加熱し、樹脂を金属の凹凸に十分流入させる。熱交換入れ駒を用いてインサート金属を高速で加熱冷却する。
4.4 接着合材 表面のレーザー処理—樹脂射出一体成形法	1	レザリッジ® [ヤマセ電気（株）][ポリプラスチックス（株）]	図 4.17, 図 4.18, 表 4.4	14	金属：ステンレス, Al, Mg, Ti, 黄銅, など	乾式 レーザー処理により金属表面に微細な凹凸を形成.	径 20-30 μm	樹脂：POM, PBT, PA, PC, ABS, PP, TPE など	樹脂の射出成形（金属のインサート成形）	Laseridge: Laser＋ridge (うね) 気密性向上、部品点数の削減、工程時間の短縮によるコストダウン、薬品・化成品を使わないことで環境負荷の低減を行う、完全ドライプロセス。
	2	D LAMP® [（株）ダイセル]	図 4.19, 図 4.20, 表 4.5	15	金属：Al, Al ダイキャスト材, ステンレス, Mg, SPCC	乾式 レーザー処理により金属表面に微細な凹凸を形成.	寸法 孔径 20-200μm (孔形状：長楕円形)	樹脂：PA66, PA6	樹脂の射出成形（金属のインサート成形）	ステンチタンカーへ（鋼）機械的アンカーによる高い接合強度、形成、気密性、耐熱性、耐ヒートサイクル性成形。安価なランニングコスト、廃液などが発生しない。
	3	AKI-Lock® [ポリプラスチックス（株）]	図 4.21, 表 4.6	16, 17	ガラス繊維（炭素繊維）強化 PBT, PPS, PBT	赤外線レーザー処理	表面の溝の深さ数百 μm	POM, エラストマー, PBT	樹脂の射出成形	一次材のレーザー処理により露出した材のアンカーが二次材のアンカーとして作用し、樹脂材料を選ばない。

表 4.1 （続き 3）

分類	項	名称（開発者）	図表番号	文献番号	材料 1 材質	材料 1 表面処理法	材料 1 粗さ	材料 2	接合法	備考
4.5 レーザー接合法	1	LAMP（レーザー接合）[大阪大学]	図 4.22, 表 4.7	18, 19	金属：ステンレス、Al、炭素鋼、Ti、亜鉛めっき鋼板	—	—	樹脂：PET、非結晶 PA、CFRTP(PA)	樹脂側から（CFRTP の場合は金属側から）レーザー光を照射。界面付近の樹脂に高圧の気泡が発生し、金属表面に微細な凹凸を生成。	金属と樹脂との間の化学的結合、物理的結合（ファン・デル・ワールス力）、および機械的結合（アンカー効果）により接合。LAMP: Laser-Assisted Metal and Plastic Joining
	2	陽極酸化処理レーザー接合[名古屋工業大学]	図 4.23, 図 4.24, 図 4.25	20, 21	金属：Al、Ti 樹脂	湿式 Al：リン酸陽極酸化 Ti：水酸化ナトリウム陽極酸化	Al：0.3-0.5μm Ti：0.2μm	樹脂：PMMA	金属と PMMA を重ね合わせ、樹脂側からレーザー光を照射。	局所的に軟化または溶融した樹脂が、金属の微細凹凸に流入。異種樹脂どうしも接合可能。
	3	PMS 処理レーザー接合[輝創（株）]	図 4.26, 図 4.27, 図 4.28	22, 23	金属：Al、鋼	乾式 PMS 処理（レーザー照射による、金属基材表面に微細構造形成）およびプラズマ照射による官能基形成	凹凸高さ：数十 nm～数十μm	PA6, PP, CFRTP	樹脂表面に大気圧プラズマ照射して化学官能基を生成させ、樹脂側から（CFRTP の場合は金属側から）レーザー光を照射。	金属表面の微細な凹凸により樹脂と凹凸の機械的結合によるアンカー効果の発現および樹脂表面の官能基と金属表面の OH 基との化学結合により接合。
	4	インサート材使用のレーザー接合[岡山県工業技術センター][早川ゴム（株）][岡山大学]	図 4.29, 図 4.30	24, 25	金属：Al、ステンレス 樹脂：PP、PA66	湿式 Al の表面処理：エメリー紙処理、酸処理、アルカリ処理、陽極酸化処理など	—	樹脂：PP、PA66, CFRTP （材料 1：金属）	金属とインサート材は、後者の融点が大きいとにより接合。PA とインサート材は、後者の融点が相溶したスチレンPA り部分的に両者が相溶することにより二次結合により接合。	インサート材：主鎖を COOH 基で変性したスチレン系エラストマー

4.1 金属の湿式表面処理—接着法　79

表 4.1（続き 4）

分類	項	名称（開発者）	図表番号	文献番号	材料1 材質	材料1 表面処理法	材料1 粗さ	材料2	接合法	備考
4.6 摩擦接合法	1	摩擦重ね接合 (FLJ)[大阪大学]	図4.31, 図4.32, 図4.33	26, 27, 28	Al, ステンレス	湿式エメリー紙（#800-2000）を使用して湿式研磨	シランカップリング剤の使用により接合強度が1.8倍となる	CFRTP(PA6), EAA (エチレンアクリル酸共重合樹脂), PE	摩擦攪拌接合 (FSW) 装置を用いて、工具鋼 SKD 製ツールにより接合	アンカー効果並びに Al 表面の酸化物など樹脂中の極性基との間のファン・アルデワールス力および水素結合により結合
	2	重ね摩擦攪拌接合 (LFSW)[日本大学]	図4.34, 図4.35, 図4.36	29	Al	無処理	—	PMMA, PC, ABS	摩擦攪拌接合 (FSW) 装置を用いて、工具鋼 SKD61 製プローブにより接合	サブフローツールにより樹脂側もわずかに攪拌される.
4.7 溶着法	1	電気抵抗溶着 [昭和電工業]	図4.37	30, 31	CFRTP (マトリックス: PPS)	—	—	CFRTP (マトリックス: PPS)	金属メッシュなどの発熱体を挟んで加圧加熱溶着.	発熱体: ステンレススチール, メッシュ, エキスパンドメタル, 導電コーティングされたガラス繊維.
	2	高周波誘導加熱 [ポリプラスチックス (株)]	図4.38, 表4.8	32, 33, 34	樹脂: POM, PBT, PPS, PA, 軟質 PVC, PU, CFRTP	—	—	樹脂: POM, PBT, PA, 軟質 PVC, PU, CFRTP	接合される異種材料間に特殊な金属箔を挟んで、外部誘導コイルに高周波電流を通じる.	金属箔が発熱して、樹脂表面が軟化・溶融するとともに、金属箔と樹脂が強固に結合する。数秒で接合が完了する.
	3	超音波接合	図4.39	33, 35	Al, PA, PP, PET, CFRTP	—	—	PA, PP, PET, CFRTP	超音波振動と加圧力により、接合部界面に摩擦熱を発生する方法.	周波数 15 kHz 以上, 振幅 100μm 以下, 1秒程度の高速接合可能.
	4	熱板融着 [新エネルギー・産業技術総合開発機構 (NEDO)]	図4.40	36	PP, PA, CFRTP	—	—	PP, PA, CFRTP	接合部を熱板加熱溶融させ、押し付けて融着.	比較的簡便な装置で、複雑な形状にも対応可能なため、用途が広い.

表 4.1 (続き 5)

分類	項	名称（開発者）	図表番号	文献番号	材料 1 材質	材料 1 表面処理法	材料 1 粗さ	材料 2	接合法	備考
4.8 分子接着剤利用法	1	分子接着剤［岩手大学工学部（株）いおう化学研究所］	図4.41, 図4.42, 図4.43, 図4.44, 表4.9, 表4.10	37, 38	金属：Al, 鋼, ステンレス, Mg, Cu 樹脂：エポキシ樹脂, PI, PET, PPS セラミックス	湿式	材料表面をコロナ放電処理して表面にOH基を生成した後、分子接着剤TESのエタノール溶液へ浸漬して反応させる。	材料1, およびEPDM, シリコーンゴム。	材料2が材料1と同じく硬質材の場合はTESにより処理した後、表面にTESを結合させたPEまたは架橋シリコーンゴムを介在させて加熱し、あるいはTESと反応する接着剤（エポキシ系、PU系、不飽和ポリエステル系など）を用いて接着する。材料2がエラストマーの場合、TESと反応する場合は直接、反応しない場合はTES処理後接着加工して接合する。	
	2	CB処理［（株）新技術研究所（ATI）］	図4.45, 表4.11	39, 40, 50	金属：Al, 鋼板, SUS, Ti, Mg合金, Cu合金, Au, Ag, Ni, Zn 樹脂：エポキシ樹脂, 不飽和ポリエステル, PI, PET, PC, PA, PBT ガラス, セラミックス	湿式	表面を清浄化した材料1に適した薬剤処理をして、反応性官能基（OH基など）を形成し、この基および反応材料2の樹脂と反応し得る化学構造の「分子接合剤」を選択し、これを両材料の反応性官能基に化学結合させる。	材料1, 熱可塑性樹脂（成形品、フィルムなど）、熱硬化性樹脂（プリプレグ, SMC, 接着剤）	金属・セラミックス材料を密着・加圧し、樹脂の軟化点、ガラス転移点以上に加熱することにより、（分子接合化合物）と樹脂が接合化学的に結合する。	Chemical Bonding インパルス・レーザー、熱板、レーザーなどによる熱融着も適用可能。接着剤下地処理に適用可。PP, PE, フッ素樹脂, POMは反応に変性、きれいに変性、コンパウンディングが必要。特開 2011-52292
	3	TRI（株）東亜電化	図4.46, 表4.12	41, 50	金属：鋼, Al, ステンレス鋼	湿式	処理液に浸漬し、金属表面にトリアジンチオール膜を形成。ナノスケール膜（10 nm）	樹脂：PPS, PBT, PA, ABS, PS, PE-PP アロイ	樹脂のインサート射出成形（金属表面の接合膜と樹脂が反応し、強固に接合）	Technologies Rise from Iwate
	4	トリアジンチオール処理金属のインモールド射出成形法［富士通（株）］	図4.47, 表4.13	42, 43	金属：Al	湿式	溶剤で洗浄後、希硫酸で酸化膜を除去後、トリアジンチオール溶液に浸漬し、水、エタノールで洗浄後、乾燥。	樹脂：ABS, PA, ABS/PC, PPS	表面処理した金属を金型にセットし、エポキシ系またはポリスチレン系ゴム、あるいはトリアジンチオールを添加した樹脂を射出成形する。	特開平8-25409

4.1 金属の湿式表面処理—接着法　81

表4.1 （続き6）

分類・項	名称（開発者）	図表番号	文献番号	材質	表面処理法	材料1 粗さ	材料2	接合法	備考
4.9 ゴムと樹脂の架橋反応による化学結合法	ラジカロック®［中野製作所］	図4.48, 図4.49, 表4.14	44	EPDM, X-NBR, N-NBR, PU, フッ素樹脂, シリコーン	乾式	材料1（ゴム、エラストマー）に、樹脂との架橋反応を促進する独自の配合剤を添加する。	変性ポリフェニレンエーテル（m-PPE）, PA12, PA612など	あらかじめ成形した材料2製樹脂部品を金型に装填、材料1を注入して、一体化した複合部品を成形。	
4.10 接着剤を用いない高分子材料の直接化学結合法	カップリング反応または付加反応による高分子材料の接着接合［大阪大学］	図4.50, 図4.51	45	高分子材料	湿式	鈴木-宮浦クロスカップリング反応のためにはフェニルボロン酸とヨウ化アリール基を、ブショドーレ反応の付加反応のためにはアリール基と末端エチニル基を、薗頭カップリング反応のためにはヨウ化アリール基と末端アセチレンを、それぞれ導入した1対の高分子ゲルを合成し結合した。	高分子材料, ガラス, セラミックス	材料1と同一の高分子ゲル（反応基は1対）を用いて、それぞれの化学反応により共有結合を生じさせて接合した。被着材のガラスは表面をオゾン処理し、官能基の先端にフェニルボロン基またはヨウ化アリール基を導入した後、鈴木-宮浦クロスカップリング反応により高分子ゲルと結合させた。	
4.11 大気圧プラズマグラフト重合処理接着技術	大気圧プラズマ処理—高分子グラフト重合膜形成/接着法（大阪府立大学）	図4.52, 表4.15	46, 47	PTFE, PFA, PCTFEなどの難接着性樹脂	乾式	アルゴンガスプラズマを照射することにより樹脂表面にラジカルを発生させ、そこへ流し込んだアクリル酸モノマーを蒸気化またはグラフト重合させて、ポリアクリル酸樹脂膜を形成する。	金属, 樹脂	形成したポリアクリル酸樹脂膜と被着材の金属または樹脂をエポキシ系などの接着剤により接合。テトラエッチ処理に匹敵する接着強度が得られる。PTFEの処理膜間に無電解Niめっきが可能。	
4.12 ガス吸着異種材料接合技術	吸着水蒸気/基材-プラズマ処理—加圧加熱化学結合法（中部大学）	図4.53, 図4.54	48, 49	高分子材料, ガラス	乾式	高分子材料にはグリシドキシプロピルトリメトキシシラン、ガラスにはアミノプロピルトリエトキシシラン（いずれも気体）を補助的に吸着させ、高分子材料表面にはOH基、ガラス表面にはSi-OH基を生成する。	高分子材料	両接合面を重ね合わせ、ラミネーターにより1MPa以下に加圧、60-150℃で5分加熱することにより、C-O-C結合またはSi-O-C結合として接合される。	
4.13 低温大気圧有機無機濃ハイブリッド接合技術	大気圧加湿条件下真空紫外光照射による親水性架橋接着膜の形成および材料技術［(国)物質・材料研究機構（NIMS）］	図4.55, 図4.56	50, 51, 52, 53, 54	高分子材料, ガラス, 石英, グラファイト, Cu, Ti	乾式	加湿窒素雰囲気（0.9atm）中で真空紫外光VUV（172nm）を照射して、材料初期表面を清浄化し、酸化的に表面を還元するとともに水和物架橋を形成させる。	高分子材料, ガラス, 石英, グラファイト, Cu, Ti	表面処理後の接合面を重ね合わせて加圧し、100-300℃に加熱し、親水性官能基間で発生する水素結合と脱水縮合反応により強固な化学結合が生じる。母材破断に匹敵する接着強度が得られた。	

4. 最新の異種材料接合法について

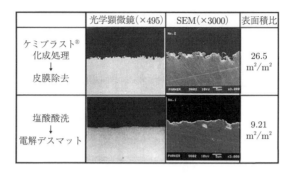

図 4.1　ケミブラスト® 処理後および塩酸酸洗後の SPHC 断面の拡大写真[2]

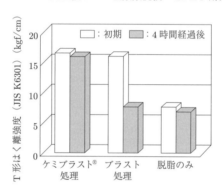

図 4.2　各表面処理材の接着強度[3]．接着剤は NR 系，被着材は SS400．

が生じるものと考えられる．図 4.2 は，他の表面処理法による接着強度との比較であり[3]，本方法の効果が示されている．

4.1.2　NAT[大成プラス (株)][4,5]

NAT 処理 (新 NMT 処理) は，表 4.1 に示す工程により，図 4.3 のような数 μm と数十 nm の二重の周期の超微細凹凸を形成させる表面処理法で[4]，図 4.4 のように A7075 板の接着において，NAT 処理しない場合に比して約 3 倍という大きな引張せん断接着強度が得られている[5]．

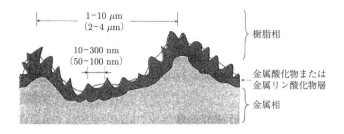

図 **4.3** 新 NMT による断面模式図[4]

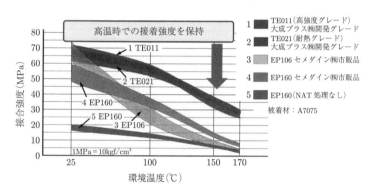

図 **4.4** NAT 処理の接着強度に対する効果[5]

4.2 金属の湿式表面処理―樹脂射出一体成形法

4.2.1 NMT[大成プラス(株)][4-8]

NMT 処理は，表 4.1 に示す工程により，図 4.5 のような径 10–40 nm，深さ 10–20 nm のディンプルを形成した金属に対し，熱可塑性樹脂を射出成形する方法である[4, 7]．図 4.6 は NMT 処理後のアルミニウム表面の SEM 写真[6]である．表 4.2 および表 4.3 の接合部の引張強度試験データ (PPS) は，すべて母材樹脂の破壊により破断している[5]．

なお，PPS 樹脂の射出成形により NMT 処理した金属表面の極微細孔内部にまで高分子鎖が浸入するのは，PPS/CuO 系の場合は CuO の還元，PPS/Al(OH)$_3$ 系の場合は Al(OH)$_3$ の脱水が駆動力になっていることが，STEM を用いた EDX/EELS 同時分析により解明されている[8]．

表 **4.2** NMT 法による PPS-Al 接合強度[5]

素材	グレード	測定方法 (1) せん断強度 (MPa)	測定方法 (2) せん断強度 (MPa)	測定方法 (3) 引張強度 (MPa)
Al	A1050	22–25	40–43	
	A3003	23–26	42–45	
	A5052	27–28	42–45	25–30
	A6061	23–27	42–45	25–30
	A7075	25–27	42–45	27–30

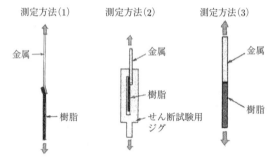

　また一般的に射出成形時には，樹脂とインサート金属との間に温度差 (例 150°C) があるため，金属の微細孔中の空気が急激に膨張して脱出するとともに，射出・保持圧力 (150–200 MPa) により，さらに内部にまで侵入することが推定される．さらに，一般的に射出成形時には品質安定化のため真空ガス抜きが行われ，その場合真空状態の微細孔の中へ約 300°C の液状樹脂が流入し，次いで前記射出・保持圧力により被着材の微細な凹部にまで樹脂が侵入するものと考えられる．

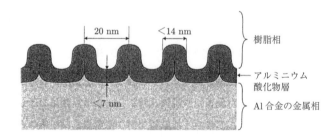

図 **4.5**　NMT による射出接合物の接合断面模式図[4]

表 4.3 新 NMT 法による PPS–各種金属の接合強度[5]

素材	グレード	測定方法 (1) せん断強度 (MPa)	測定方法 (2) せん断強度 (MPa)	測定方法 (3) 引張強度 (MPa)
Al	A1050	22–25	40–43	
	A3003	23–26	42–45	
	A5052	27–28	42–45	28–34
	A6061	23–27	42–45	28–34
	A7075	25–27	42–45	28–34
Mg	AZ31B	23–26	42–45	
	AZ91D	16–23	42–45	28–34
Cu	C1100	23–24	40–42	28–34
Ti	Ti (KA40)	23–28	40–45	28–30
	KATi–9	21–22	42–45	28–34
SUS	SUS304	23–28	42–45	28–34
	SUS403	20–22	42–45	
Fe	SPCC	26–27	42–45	28–34
	SPHC	23–25	42–45	28–34
	SAPH440	20–23	42–45	28–34

注) 測定方法は表 4.2 を参照.

表 4.2 の測定方法 (1) の単純重ね合せ継手の引張せん断試験によっては，接合部が曲げモーメントにより回転してはく離力が生じることおよび母材樹脂が引張破断することなどにより強度が低く評価されている．

また，表 4.2 の測定方法 (2) および (3) は，2015 年 8 月制定の ISO 19095 Plastics — Evaluation of the adhesion interface performance in plastic–metal assemblies —[8] に採用された方法であり，(2) は母材引張強度が大きい金属被着材側に「接着剤–剛性被着材の引張せん断接着強さ試験方法」(JIS K 6850, ISO 4587)，母材引張

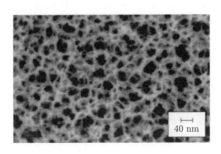

図 4.6 NMT 処理後のアルミニウム表面の SEM 写真[6]

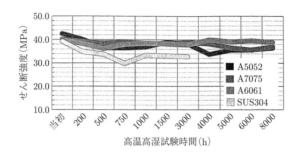

図 **4.7**　NMT 処理金属–PPS 接合部の高温高湿試験後のせん断強度[7]．試験条件：85°C/85% RH．

強度が小さい樹脂被着材側に「接着剤の圧縮せん断接着強さ試験方法」(JIS K 6852, ISO 6238) を組み合わせて，両者の長所を取り入れた形式となっているため，測定方法 (1) より大きなせん断強度が得られている．

さらに図 4.7 において，金属側が Al の接合部は，85°C/85% RH という過酷な高温高湿条件下 (この条件は ISO 19095-4 耐久性評価方法に取り入れられた) で 8 000 時間後においても初期接合強度の 87–98% の強度を保っている[7]．

4.2.2　新 NMT[大成プラス (株)][4]

図 4.3 の新 NMT 処理した金属に対し，熱可塑性樹脂を射出成形する方法である[4]．

4.2.3　PAL-fit® [日本軽金属 (株)–ポリプラスチックス (株)][9,10]

Al に対し，酸を用いる陽極酸化処理により 0.1–0.7μm の凹部を設け，射出成形により樹脂と結合する方法である[9,10]．図 4.8 は Al–PPS 接合曲げ試験片の破面写真である[10]．また，図 4.9 は陽極酸化処理皮膜–PPS 接触面積と接合強度との関係であり[10]，接触面積の増加とともに接合強度が増加しており，4.14.1 項で述べることが裏付けられている．

図 4.10 は Al–PPS の PAL-fit 接合継手および接着継手のせん断強度の比較であるが，PAL-fit 接合はエポキシ接着継手の 2 倍以上の強度を示している[9]．また，図 4.11 において，85°C，85%，1 000 時間の高温高湿条件下の耐久性試験後も，せん断強度の保持率は 90% と大きく，試験片はすべて母材樹脂破壊である[9]．

4.2 金属の湿式表面処理―樹脂射出一体成形法　　87

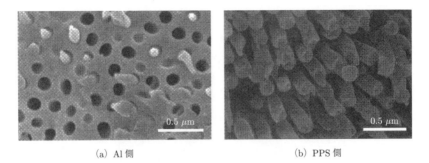

(a) Al 側　　　　　　　　　(b) PPS 側

図 4.8　PAL-fit 接合部の強度評価後の破断面観察結果[10]

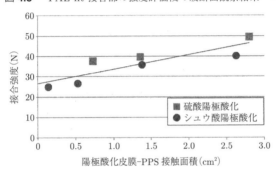

図 4.9　PAL-fit 接合部の陽極酸化皮膜―PPS 接触面積と曲げ接合強度との関係[10]

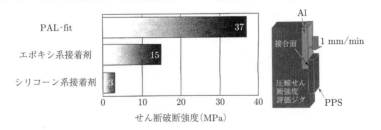

図 4.10　PAL-fit 接合および接着接合のせん断接着強度[9]

88   4. 最新の異種材料接合法について

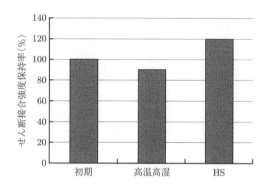

図 4.11　PAL-fit 接合部の耐久性試験後のせん断強度保持率[9]．高温高湿試験 (85°C, 85%, 1 000 時間)，HS 試験 (−40°C から 180°C，各 2 時間，100 サイクル)，試験片はすべて母材樹脂破壊．

4.2.4　アマルファ® [メック (株)]

金属を脱脂し，浸液によりエッチングした後，スマットを除去し，図 4.12 のような微細孔を形成させたところへ樹脂を射出成形，移送成形，または熱圧着して接合する方法である[11, 12]．

微細孔内部にまで樹脂が充てんされ，アンカー効果が発現する．パワー半導体の放熱金属板と封止樹脂などとの接合にも用いられる．

射出成形による図 4.13 のような Al/PPS 垂直引張強度試験片の平均接合強度は，

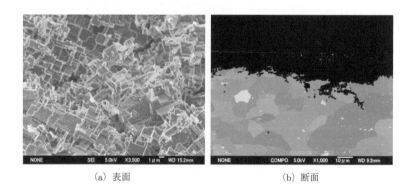

(a) 表面　　　　　　　　　　　　(b) 断面

図 4.12　アマルファ処理をした A5052 の表面 (a) および断面 (b)SEM 写真[11]

4.3 無処理金属の樹脂射出一体成型法 Quick-10® [ポリプラスチックス (株)]　　89

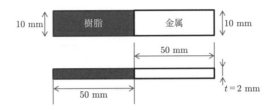

図 4.13　垂直引張強度試験片[11, 12]

40.49 MPa であり，破断面は樹脂の凝集破壊である[12]．

4.3 無処理金属の樹脂射出一体成型法 Quick-10® [ポリプラスチックス (株)][13]

　研磨および表面処理を行わない金属の表面にも微細な凹凸が存在する．そこでそれを利用し，インサート金属表面の微細凹凸中に，低粘度の樹脂を低固化速度技術 (インサート金属を約 210°C 以上に加熱して固化の遅延を図った後，冷却する) により射出成形し流入させて接合する方法である[13]．
　図 4.14 は微細凹凸中へ樹脂が流入した金属表面，図 4.15 は「Quick-10®」成形工程，図 4.16 は射出成形樹脂が PPS (ジュラファイド®) および液晶ポリマー (ラ

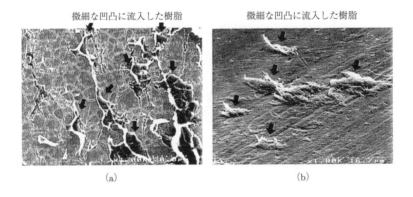

図 4.14　樹脂が流入した金属表面[13]．ポリプラスチックス株式会社提供 (著作権は同社に帰属)．

4. 最新の異種材料接合法について

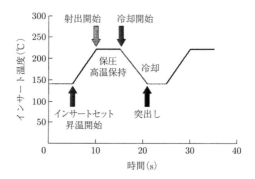

図 4.15 "Quick-10®" 成形工程[13]．ポリプラスチックス株式会社提供 (著作権は同社に帰属)．

ペロス®) の場合のせん断接合強度の試験結果である[13]．インサート加熱温度が 200°C において 2 種類の PPS および液晶ポリマーは，破壊形態が母材破壊となっている．

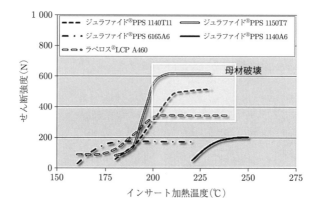

図 4.16 せん断接合強度の試験結果 (Quick-10® 成形法を応用した場合)[13]．ポリプラスチックス株式会社提供 (著作権は同社に帰属)．ジュラファイド® およびラペロス® はポリプラスチックス (株) が日本およびその他の国で保有している登録商標．

4.4 被接合材表面のレーザー処理―樹脂射出一体成形法

4.4.1 レザリッジ® [ヤマセ電気(株)–ポリプラスチックス(株)][14]

レーザー処理により金属表面に径 20–30μm の微細な凹凸を形成し，樹脂を射出成形する方法で，化学薬品を使用しないドライプロセスであるため，環境負荷の低減が可能である[14]．

(a) 表面事例　　　　　　　　(b) 断面事例
　（アルミダイカスト材料 ADC12）　　（アルミダイカスト材料 ADC12）

図 4.17　レザリッジ® 処理金属の表面および断面観察事例[14]

図 4.17 はレザリッジによる金属の表面状態および断面である[14]．処理された金属表面には単純な凹凸形状ではなく，流入した樹脂によりアンカー効果が発現されやすい構造となっている．

また，図 4.18 のようなレザリッジ処理金属へ各種樹脂を射出成形して得られた

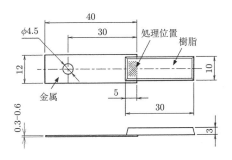

図 4.18　引張せん断試験片形状 (単位 mm)[14]

92   4. 最新の異種材料接合法について

表 4.4 レザリッジ処理による各種金属と樹脂との引張せん断接合強度[14]

金　属	樹　脂	ABS	PP (タルク入)	PC	PBT (GF30%)	PAMXD6 (GF45%)
アルミ合金 (A1050) $t = 0.6\,$mm	初期接合	12.3 MPa (界面剥離)	11.0 MPa (母材破壊)	15.4 MPa (界面剥離)	21.7 MPa (母材破壊)	36.3 MPa (界面剥離)
	温度サイクル試験後	9.8 MPa (界面剥離)	10.5 MPa (母材破壊)	15.7 MPa (界面剥離)	19.5 MPa (母材破壊)	35.9 MPa (母材破壊)
ステンレス (SUS304) $t = 0.3\,$mm	初期接合	9.7 MPa (界面剥離)	11.2 MPa (母材破壊)	15.6 MPa (界面剥離)	18.8 MPa (凝集破壊) 樹脂残 30%	35.1 MPa (凝集破壊) 樹脂残 90%
	温度サイクル試験後	8.9 MPa (界面剥離)	11.3 MPa (母材破壊)	15.9 MPa (界面剥離)	18.7 MPa (凝集破壊) 樹脂残 30%	35.6 MPa (凝集破壊) 樹脂残 90%
マグネシウム (AZ31) $t = 0.55\,$mm	初期接合	10.8 MPa (界面剥離)	11.2 MPa (母材破壊)	15.3 MPa (界面剥離)	18.9 MPa (母材破壊)	33.2 MPa (母材破壊)
	温度サイクル試験後	9.9 MPa (界面剥離)	10.9 MPa (母材破壊)	14.9 MPa (界面剥離)	18.4 MPa (母材破壊)	33.3 MPa (母材破壊)

クロスヘッド速度 5 mm/min, 試験片数 5 個, 環境試験：$-20 \leftrightarrow 85^\circ$C, 20 サイクル.

試験片による引張せん断接合強度を表 4.4 に示す. PP (タルク入), PBT, および PAMXD6 (強化ナイロン) については母材破壊するほどの接合強度を示している. 環境試験前後での接合強度の変化は見られない.

4.4.2 D LAMP® [(株) ダイセル][15]

前項と同様レーザー処理により金属表面に径 20–200μm の微細な凹凸を形成し, 樹脂を射出成形する方法で, ドライプロセスである. 図 4.19 に表面処理形状, 図 4.20 には接合断面図 (ステッチアンカー状), 表 4.5 には本接合法による圧縮せん断強度を示す.

表 4.5 D LAMP 接合による圧縮せん断強度[15]. クロスヘッド移動速度 1mm/min.

樹　脂	Fe 系	Al 系		Mg 系
	SUS304	A5052	ADC12	AZ31
PA66 系長繊維強化樹脂. GF60%	54 MPa	52 MPa	49 MPa	45 MPa
PP 系長繊維強化樹脂. GF40%	26 MPa	28 MPa	—	—

4.4 被接合材表面のレーザー処理—樹脂射出一体成形法　　93

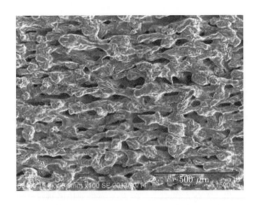

図 4.19　D LAMP による表面処理形状[15]

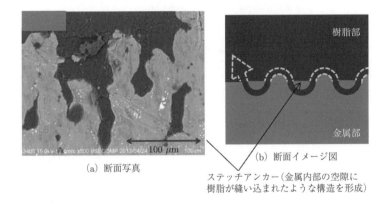

図 4.20　D LAMP による接合断面図[15]

4.4.3　AKI-Lock® [ポリプラスチックス(株)][16,17]

　ガラス繊維(炭素繊維)強化 PBT, PPS, PBT に対し，赤外線レーザー処理により深さ数百 μm の溝を形成して強化繊維を露出させ，それをアンカーとして他の樹脂やエラストマーを射出成形する方法である．図 4.21 は AKI-Lock 処理した FRP の表面状態，表 4.6 は，既存の接着法，射出成形法，および AKI-Lock 処理材の接合強度である．既存の接合法では強度が出ていないが，AKI-Lock 処理材では十分な強度が得られている．

94　　4. 最新の異種材料接合法について

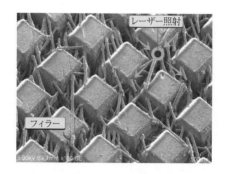

図 4.21　AKI-Lock レーザー処理したガラス繊維強化樹脂の表面状態[16]. ポリプラスチックス株式会社提供 (著作権は同社に帰属). ジュラコン® はポリプラスチックス (株) が日本およびその他の国で保有している登録商標. ジュラネックス® は同上で，ウィンテックポリマー (株) が許諾を受けて使用.

表 4.6　代表的なガラス繊維強化樹脂–樹脂系の既存接合法および AKI-Lock による接合強度[17]. ◎ > ○ > △ > × の順に強度が大きい.

接合手法		1 次材料		2 次材料		接合結果
既存	エポキシ系接着剤	ジュラネックス® PBT	3300	ラベロス® LCP	E130i	△
	無処理二重成形	ジュラコン® POM	GH–25	ジュラコン® POM	M450–44	×
		ラベロス® LCP	E130i	ジュラファイト® PPS	1140A1	×
AKI-Lock®		ジュラネックス® PBT	3300	ラベロス® LCP	E130i	◎
		ジュラコン® POM	GH–25	ジュラコン® POM	M450–44	◎
		ラベロス® LCP	E130i	ジュラファイト® PPS	1140A1	◎
		ラベロス® LCP	E130i	ジュラコン® POM	M450–44	○
		ジュラファイト® PPS	1140A1	ジュラコン® POM	M450–44	◎

4.5　レーザー接合法

4.5.1　LAMP(大阪大学)[18,19]

図 4.22 のように，金属と重ね合せて樹脂側から (CFRTP の場合は金属側から) レーザー光を照射すると，界面付近の樹脂に高圧の気泡が発生して金属表面に微細な凹凸を形成し，生成した金属酸化物と樹脂との間の水素結合およびファン・デル・ワールス力，ならびに微細な凹凸によるアンカー効果により結合する[18,19]．表 4.7 は LAMP 接合による引張せん断試験結果で，すべて母材樹脂が破壊または延伸し

4.5 レーザー接合法　95

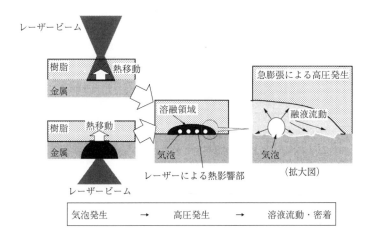

図 4.22　LAMP 接合法[18]

表 4.7　LAMP 接合部の引張せん断強度[18]

金　　属	樹　　脂	引張せん断強度 (N)
SUS304	PET	3 000 N (PET 母材超塑性)
A5052	PET	3 000 N (PET 母材超塑性)
炭素鋼	PET	3 000 N (PET 母材超塑性)
Ti	PET	3 000 N (PET 母材超塑性)
亜鉛めっき鋼板	PET	2 000 N (めっき部から破断)
SUS304	非結晶 PA	4 000 N (PA 母材破断)
SUS304	結晶 PA＋ファイバー	4 000 N (PA 母材破断)
A5052–炭素鋼 (サンドイッチ構造)	PET	5 000 N (PET 母材破断)

樹脂厚さ：2.3 mm，レーザー接合幅：10 mm，試験片幅：20 mm．

ている[18]．

4.5.2　レーザー接合法 (名古屋工業大学)[20, 21]

　Al の場合はリン酸陽極酸化，Ti の場合は NaOH 陽極酸化処理を行い，PMMA と重ね合せて，図 4.23b のように樹脂側からレーザー光照射を行って接合した[20, 21]．同一原理で図 4.23a のように異種樹脂の接合および微細凹凸によってレーザー光吸収率が増大することを利用して透明樹脂どうしの接合も可能である[20, 21]．

　図 4.24 は Al-PMMA の接合強度であり，PMMA 母材の強度に匹敵する強度が得

96   4. 最新の異種材料接合法について

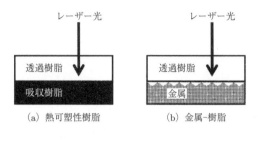

(a) 熱可塑性樹脂   (b) 金属-樹脂

図 4.23　レーザー接合の原理[20, 21]

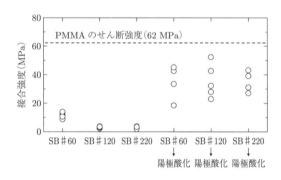

図 4.24　レーザー接合強度[20, 21]

られている．Ti–PMMA の接合強度も同様に大きな値を示した[20, 21]．図 4.25 は陽極酸化処理後の Al 表面および接合後 Al を NaOH 水溶液により溶解除去して得られ

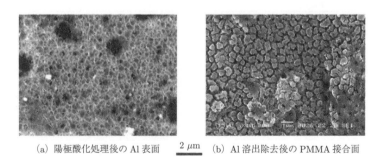

(a) 陽極酸化処理後の Al 表面　　(b) Al 溶出除去後の PMMA 接合面

図 4.25　陽極酸化処理後の Al 表面および PMMA 接合面[20, 21]

たPMMA接合面であり，Al表面の1μm以下の微細孔の中に溶融したPMMAが十分流入していることがわかる[20, 21]．

4.5.3　金属のPMS処理—金属・樹脂の大気圧プラズマ処理—レーザー接合[輝創(株)][22, 23]

図4.26のように，金属基材表面に対しては，PMS処理剤を用いてレーザー照射により凹凸高さが数十nmないし数十μmの「隆起微細構造」を形成するという処理を行った後，大気圧プラズマ照射により官能基を生成する．樹脂に対しては，大気圧プラズマ照射により化学官能基を生成させ，図4.27のように樹脂側(CFRTPの場合は金属側)からレーザー照射を行い，「ポジティブアンカー効果」の発現と化

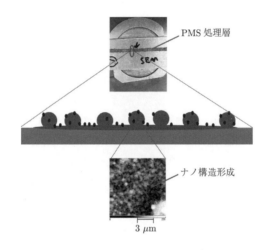

図4.26　PMS処理層の構造[22]

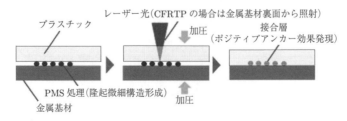

図4.27　PMS処理による金属と樹脂のレーザー接合[22]

98   4. 最新の異種材料接合法について

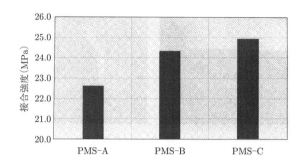

図 4.28　PMS 処理剤の違いによる平均接合強度[23]．金属は A5052 (50×20×1 mm)，樹脂は PA6 (50 × 20 × 2 mm)，PMS 処理領域 20 × 1.7 mm．

学官能基間の化学結合により接合する[22,23]．

図 4.28 は，3 種類の PMS 処理剤による A5052–PA 接合強度である[23]．

4.5.4　インサート材使用のレーザー接合 [岡山県工業技術センター，早川ゴム(株)，岡山大学][24,25]

金属が Al の場合，エメリー紙処理，酸処理，アルカリ処理，陽極酸化処理などの表面処理を行い，主鎖を COOH 基で変性して極性を大きくしたスチレン系エラストマーをインサート材として挟んで，PP，PA などと重ね合せて，図 4.29 のように

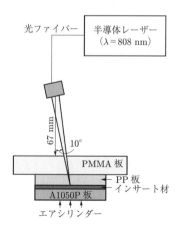

図 **4.29**　インサート材使用のレーザー接合方法[24]

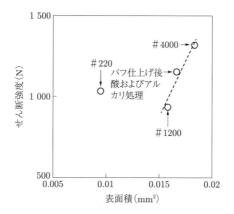

図 4.30 インサート材使用のレーザー接合部のせん断強度と Al の表面積との関係[24]．接合試験片幅 20 mm．

半導体レーザー照射により接合する[24, 25]．

図 4.30 はエメリー紙による Al の研磨面の実表面積と PP とのレーザー接合強度との関係であるが，接着強度は実表面積にほぼ比例している (# 220 の場合は，ある理由により表面積が正しく測定されていない)[24]．これは，4.14 節で述べていることに通じる．

4.6 摩擦接合法

4.6.1 摩擦重ね接合 (FLJ) (大阪大学)[26–28]

エメリー紙 (# 800) を使用して湿式研磨した A5052 材と CFRTP (PA6 マトリクス) を摩擦攪拌接合 (FSW) 装置を用いて，工具鋼 SKD 製ツールにより接合した．研磨の効果は大きく，アンカー効果ならびに Al 表面の酸化物などと樹脂中の極性基との間のファン・デル・ワールス力および水素結合により結合する．

図 4.31 は接合方法，図 4.32 は接合材の引張せん断強度である．

また図 4.33 は，エメリー紙 (# 800) による湿式研磨のみの A5052 材およびさらにシランカップリング剤水溶液を塗布乾燥後の A5052 材と CFRTP との接合強度を比較したもので[27]，前者に比べて後者は用いられた官能基がアミノ基のシランカップリング剤 $(CH_3O)_3SiC_3H_6NHC_2H_4NH_2$ と A5052 材および PA6 との共有結合力

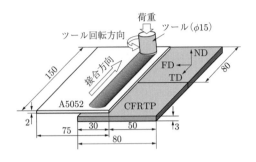

図 **4.31** Al–CFRTP の摩擦重ね接合法 (FLJ)[26]．図中単位は mm，FD は流動方向，TD は横方向，ND は垂直方向を示す．

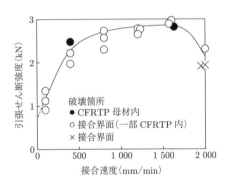

図 **4.32** Al–CFRTP の摩擦重ね接合法による引張せん断強度[26]．引張せん断試験片幅は 15 mm．

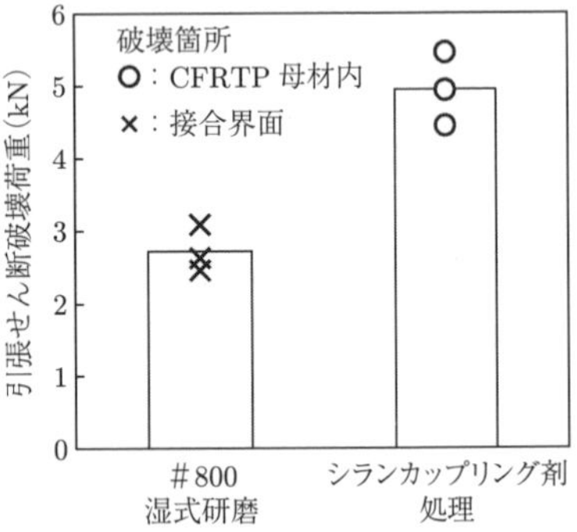

図 **4.33** シランカップリング剤処理による引張せん断強度の差異[27]．引張せん断試験片幅は 15 mm．

(化学結合力) および水素結合力が加わり[28]約 1.8 倍の接合強度を示しており，シランカップリング剤の使用が接合強度の増加にきわめて有効であることが示された．

4.6.2　摩擦攪拌接合 (FSJ) [日本大学][29]

全自動摩擦攪拌接合機を用いて A3003 材と PMMA，PC，ABS などの樹脂との接合が行われている[29]．図 4.34 のようにメインプローブの先端には樹脂をわずかに攪拌させるためのサブプローブが設けられている[29]．図 4.35 は接合部断面であり，サブプローブが PC 側に挿入されることにより生じた空間に PC が流入している[29]．

図 4.36 は継手の引張せん断強度であり，最大値は 1 275 N (試験片幅 20 mm) を

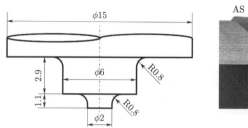

図 **4.34** プローブの形状および寸法 (単位：mm)[29]

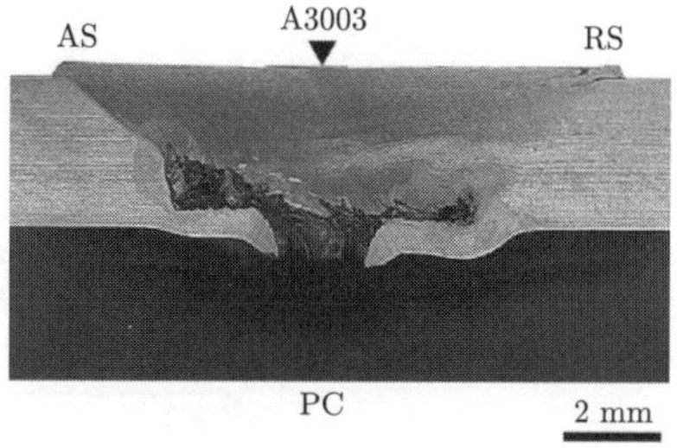

図 **4.35** 接合部の断面マクロ[29]

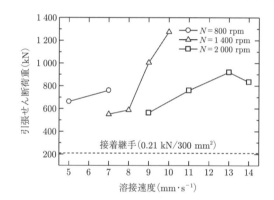

図 **4.36** A3003-PC 継手の引張せん断強度[29]．引張せん断試験幅は 20 mm．

示した[29]．

4.7 溶 着 法

4.7.1 電気抵抗溶着 [新明和工業 (株)][30,31]

図 4.37 のように，2 枚の CFRTP の間に金属メッシュなどの発熱体を挟んで加圧し，通電により加熱して融着を行う．発熱体メッシュは，アルミメッシュを陽極酸化により電気絶縁したもので，炭素繊維へ漏電しないように配慮してある[30]

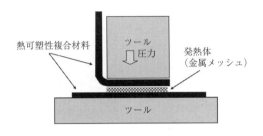

図 4.37 電気抵抗溶着法[30, 31]

4.7.2 高周波誘導加熱 [ポリプラスチックス (株)][32]

図 4.38 のように，接合される異種材料間に特殊な金属箔を挟んで，外部誘導コイルに高周波電流を通じると，金属箔が発熱して樹脂表面が軟化・溶融するとともに，金属箔と樹脂が強固に結合する．数秒で接合が完了する[32]．表 4.8 は，本方法による接合部の引張せん断強度である．

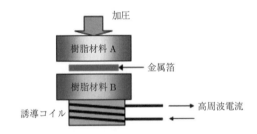

図 4.38 高周波誘導加熱[32]．ポリプラスチックス株式会社提供 (著作権は同社に帰属).

表 4.8 高周波誘導加熱法による異種熱可塑性樹脂接合部の引張せん断強度[32]．ポリプラスチックス株式会社提供 (著作権は同社に帰属).

材料の組合せ	接合強度 (MPa)
POM 樹脂 (ジュラコン®M90-44)/PBT 樹脂 (ジュラネックス®2002)	21.8
POM 樹脂 (ジュラコン®M90-44)/PPS 樹脂 (ジュラファイド®0220A9)	16.8
PBT 樹脂 (ジュラネックス®2002)/ PPS 樹脂 (ジュラファイド®0220A9)	22.8
PPS 樹脂 (ジュラファイド®0220A9)/PPS 樹脂 (ジュラファイド®0220A9)(同一材料)	37.2

4.7 溶着法

なお，図 4.38 において，樹脂材料 A の上部にも誘導コイルを配置し，金属箔のかわりに磁性物質を含んだ接着剤を充てんするか，あるいは一方の被着材を金属として両被着材間に接着剤を充てんした状態で高周波電流を印加することにより接着剤を加熱硬化させて接着することもできる[33,34]。

4.7.3 超音波接合

本接合法では，図 4.39 のような超音波接合装置を用いて，超音波振動と加圧力により，接合部界面に摩擦熱を発生させ融着する[33,35]。周波数 15 kHz 以上，振幅 100μm 以下で，1 秒程度の高速接合が可能である．フィルム状，ペレット状，ひも状，テープ状，B ステージ状接着剤を被着材間に挟み込み振動溶着が可能である[33,35]。

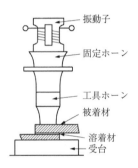

図 **4.39** 超音波接合装置[33,35]

4.7.4 熱板融着 [新エネルギー・産業技術総合開発機構 (NEDO)][36]

熱板融着とは，図 4.40 のように，接合部を熱板により加熱溶融させ，熱板を取り去った後，両接合部を押し付けて融着するという接合法である[36]．比較的簡便な装置で，複雑な形状にも対応可能なため，用途が広い．

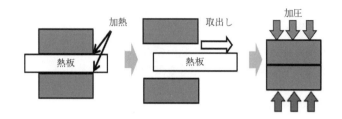

図 4.40 熱板融着[36]．出典：新エネルギ・産業技術総合開発機構 (NEDO).

4.8 分子接着剤利用法

4.8.1 分子接着剤 [岩手大学工学部–(株) いおう化学研究所][37,38]

図 4.41 中に示す分子接着剤 TES，すなわち 6–(トリエトキシシリルプロピルアミノ)–1,3,5–トリアジン–2,4–ジチオール・モノナトリウム塩[37]は，トリアジンジチオール系の官能基をもったシランカップリング剤とみなされる化合物である．チオール基 (SH) は，Ag，Cu，Ni，Fe，Zn，Pd などの金属とメルカプチド結合し，エポキシ樹脂，ポリウレタン樹脂，不飽和ポリエステル樹脂などと直接結合するとともに，酸素，過酸化水素などの酸化剤によって容易に酸化され，アルキル基が対称なジスルフィド結合 (R–S–S–R) を形成する[38]．

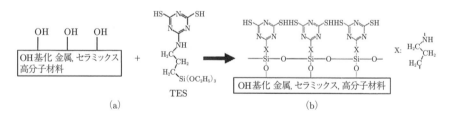

図 4.41 OH 化固体材料と TES との反応[37]

また図 4.41 のように，TES 中のトリエトキシシリル基は加水分解後，固体表面の OH 基と脱水縮合して結合し，さらに隣のヒドロキシシリル基と反応して 3 次元網目構造を形成するというシランカップリング剤としての機能を果たす[37]．樹脂に対してはコロナ放電処理やプラズマ処理などにより OH 基を生成させるとともに，も

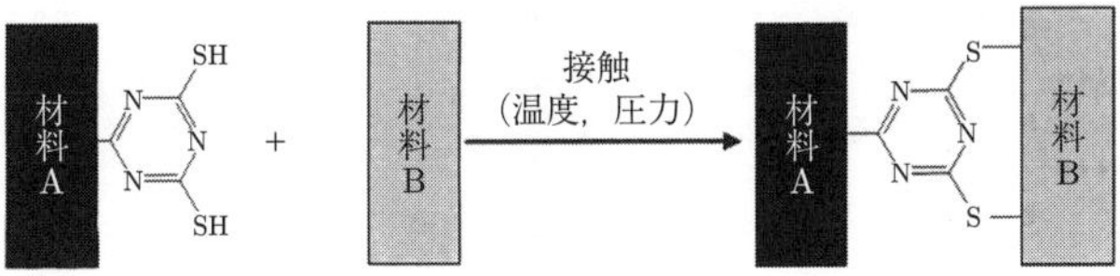

図 4.42 表面粗さを解消できる場合の流動体接着[38]. 材料 A：金属，セラミックス，樹脂およびゴム (TES との結合構造は図 4.41 参照). 材料 B：めっき，樹脂および未加硫ゴム. 上図は材料 B が TES の SH 基と反応する材料の場合. 材料 B が TES の SH 基と反応しない材料の場合は，材料 A と同様に TES と結合させたのち，接合.

ともと OH 基が存在するセラミックスおよび金属には同処理により洗浄を行い，シランカップリング剤としての反応を行わせる[37]. 処理条件は，TES の 0.01–0.1wt% のアルコール溶液中に室温で 10 分間浸漬後，80–160°C の乾燥器中で 10 分間加熱する[37].

表 4.9 加熱圧着した TES 処理金属と樹脂のはく離強度[38]

金　属	樹　脂	剥離強度 (kN/m)	破壊状態
Al	L–PE	4.2	樹脂相破壊
Al	H–PE	5.3	樹脂相破壊
Al	PP	3.6	樹脂相破壊
SUS	ナイロン	6.8	樹脂相破壊
SUS	H–PE	5.1	樹脂相破壊

図 4.42 は，加熱・加圧により材料 B が流動・変形して，材料材 A の表面粗さを吸収して化学反応できる場合の接着方法である[38]. 表 4.9 は，TES 処理した金属 (Al, SUS) と樹脂 (PE, PP, PA) の接合部のはく離強度であり，樹脂母材の破壊が生じて大きな値を示している[37].

また，図 4.43 は，TES 処理した硬質材料 A および C の間にエントロピー弾性体を挟み，A および C の表面粗さを加熱・加圧により吸収してジスルフィド結合により接着する場合である[38].

図 4.44 は，図 4.43 のエントロピー弾性体のかわりに，TES の SH 基と化学結合する接着剤を用いる場合である[38]. 表 4.10 は，各種金属および PPS の被着材について，TES 処理なしと TES 処理あり場合のエポキシ–ポリアミドアミン系の接着剤による接着部のせん断強度で，TES 処理の有無による接着強度の差は，初期接着強

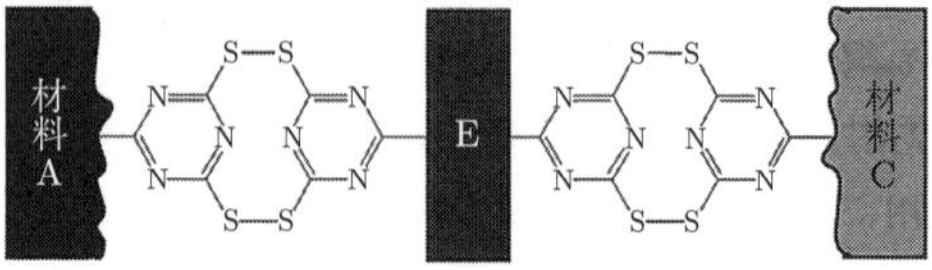

106   4. 最新の異種材料接合法について

図 **4.43**　エントロピー弾性体を用いる非流動体接着[38]．材料 A：金属，セラミックス，樹脂およびゴム．材料 E：エントロピー弾性体．材料 A，材料 C，または材料 E と TES との結合状態は図 4.41 を参照．各材料と結合した TES の SH 基どうしは，加熱・加圧によりジスルフィド–S–S–結合する．

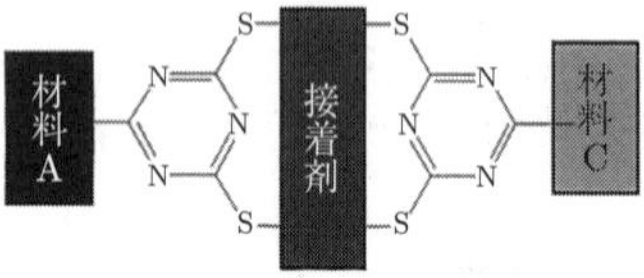

図 **4.44**　表面粗さを解消できない場合の流動体接着[38]．材料 A または材料 C と接着剤間の界面構造．材料 A または材料 C と結合した TES と接着剤とは加熱・加圧により化学結合．

度では大きくないが，95°C 温水浸漬 24h 後および 20°C トルエン浸漬 24h 後においては大きな差が生じ，これは耐水性および耐有機溶剤性についての水素結合力と化学結合力の差とみなされる[38]．

表 **4.10**　エポキシ系接着剤を用いる TES 結合材料間の流動体接着[38]

材料 A	材料 C	せん断強度 (MPa)					
		TES 処理前			TES 処理後		
		初期	95°C 温水	トルエン	初期	95°C 温水	トルエン
Al	Al	16.8	2.5	0	18.4	10.1	10.2
Mg	Al	17.1	0.8	0	19.2	11.2	11.6
SUS	Mg	15.8	0.8	0	19.3	11.6	11.2
SUS	SUS	15.3	2.8	0	17.6	10.9	11.1
SUS	Al	16.8	2.6	0	18.8	10.8	11.0
Cu	Al_2O_3	15.8	2.2	0	17.6	10.3	10.4
Cu	PPS	16.9	2.1	0	18.9	11.5	11.1

エポキシ系接着剤：エピコート 828 90 g，ポリアミドアミン硬化剤 10 g，硬化条件：100°C×10 min，接着剤層：0.2 mm，温水：95°C×24 h 浸漬後，24 h 風乾，トルエン：20°C×24 h 浸漬後，24 h 風乾．

4.8.2 CB 処理 [新技術研究所 (ATI)][39,40]

材料 1 の表面を清浄化し，材料 1 に適した薬剤処理をして，「反応性官能基 (OH 基など)」を形成する．この「反応性官能基」と反応性をもつ化学構造および材料 2 の樹脂と反応性をもつ化学構造とを併せもつ「分子接合化合物」を選択し，密着加圧し，樹脂の軟化点，ガラス転移点以上に加熱して化学結合させる[40]．図 4.45 は化学的結合のメカニズム，表 4.11 は CB 処理技術による接合強度であり，すべて樹脂の凝集破壊 (母材破壊) が生じている[40]．

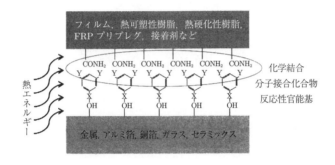

図 4.45 CB 技術の化学的結合メカニズム[39]

表 4.11 CB 処理技術の接合強度[40]

部　材	CB 処理の有無	樹　脂	引張せん断試験 強度 (MPa)	破壊状態
アルミニウム A5052	有	ポリアミド MDX6	17.6	凝集破壊
アルマイト処理 A5053	有	ポリアミド MDX6	19.0	凝集破壊
ガラス	有	ポリアミド MDX6	14.9	凝集破壊
銅 C1100	有	PBT	8.7	樹脂破断
アルミナ–アルミ A5052	有	熱硬化性樹脂	19.3	凝集破壊
〃	無	〃	1.6	界面破壊
冷間圧延鋼板–冷間圧延鋼板	有	エポキシ接着剤	24.5	凝集破壊
〃	無	〃	7.3	界面破壊
SUS304–SUS304	有	エポキシ接着剤	21.0	凝集破壊
〃	無	〃	9.4	界面破壊

4.8.3 TRI [(株)東亜電化, (株)トーノ精密, 岩手県工業技術センター, 岩手大学][39,41]

TRI法は処理液に浸漬して金属表面にトリアジンチオールの薄膜 (10 nm) を形成し, 金型に設置して樹脂を射出成形 (インサート成形) すると, 接合部に温度と圧力がかかることにより化学反応が起こり, トリアジンチオール分子と樹脂が反応して強固に結合するという方法である[39,41]. 図 4.46 は金属と樹脂との分子的結合部である. また, 表 4.12 は各金属および樹脂との接合部の引張せん断試験結果であり, 大部分が母材樹脂または母材金属が破断している[41].

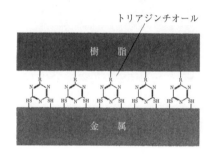

図 4.46 TRI システムにおける分子的結合[39]

表 4.12 TRI 処理による金属–樹脂接合部の引張せん断試験結果[41]

金属	樹脂	PPS		PBT		PA6	
	メーカー	TS 社	TR 社	P 社	TR 社	U 社	U 社
	フィラー	有	有	有	有	無	有
アルミ (A1050)	初期接合	樹脂破断 (14 MPa)	接合部で剥離 (13 MPa)	樹脂破断 (12 MPa)	樹脂破断 (13 MPa)	樹脂破断 (16 MPa)	金属破断 (16 MPa)
	恒温恒湿試験後	樹脂破断 (13 MPa)	樹脂破断 (11 MPa)	樹脂破断 (9 MPa)	樹脂破断 (12 MPa)	接合部で剥離 (6 MPa)	接合部で剥離 (11 MPa)
	温度変化試験後	樹脂破断 (13 MPa)	樹脂破断 (13 MPa)	樹脂破断 (11 MPa)	樹脂破断 (13 MPa)	接合部で剥離 (15 MPa)	金属破断 (15 MPa)
銅 (C1100)	初期接合	樹脂破断 (14 MPa)	樹脂破断 (12 MPa)	樹脂破断 (12 MPa)	樹脂破断 (14 MPa)	樹脂破断 (16 MPa)	接合部で剥離 (15 MPa)
	恒温恒湿試験後	樹脂破断 (12 MPa)	樹脂破断 (11 MPa)	樹脂破断 (9 MPa)	樹脂破断 (12 MPa)	接合部で剥離 (7 MPa)	接合部で剥離 (9 MPa)
	温度変化試験後	樹脂破断 (13 MPa)	樹脂破断 (12 MPa)	樹脂破断 (10 MPa)	樹脂破断 (14 MPa)	接合部で剥離 (13 MPa)	接合部で剥離 (13 MPa)

ナイロンの場合, 金属の強度より樹脂強度が上回るため, 強固に固定されている場合には金属破断となる.
接合部:幅 12 mm × 長さ 12 mm, 射出成形樹脂厚さ:3 mm, 金属厚さ:1.6 mm.

4.8.4 トリアジンチオール処理金属のインモールド射出一体成形法 [富士通(株)][42]

これは、トリアジンチオールの有機溶媒溶液中に浸漬処理したアルミニウムなどのインサート金属を金型内に設置し、エポキシ系またはポリスチレン系ゴム、あるいはトリアジンチオールを添加した樹脂を射出成形するという方法である[42,43]. 図 4.47 はこの方法の工程流れ図である[42]. また、表 4.13 は、AS 樹脂に対するトリアジンチオール添加量とアルミニウム合金 A2011（トリアジン処理済）との接着強度の関係であり[42]、AS 樹脂に対するトリアジンチオール添加効果が現れている.

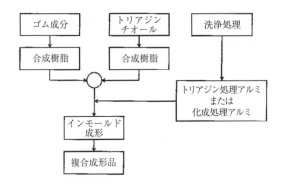

図 4.47　アルミニウムのインモールド成形工程図[42]

表 4.13　AS 樹脂に対するトリアジンチオール添加量とアルミニウム合金 (JIS A2011) との接着強度の関係[42]

トリアジンチオール添加量 (wt%)	0	1	5
アルミニウム合金との接着強度 (kgf/cm²)	15.1	18.4	24.4

4.9　ゴムと樹脂の架橋反応による化学結合法—ラジカロック®(中野製作所)[44]

ラジカロックとは、あらかじめ成形した m-PPE, PA12, PA612 などの樹脂製部品を金型に装填し、樹脂との架橋反応を促進する独自の配合剤を添加した EPDM,

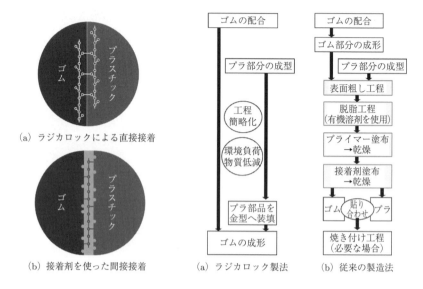

図 **4.48** ラジカロックおよび接着解説図[44]

図 **4.49** ラジカロック製法および従来製法の工程[44]

表 **4.14** ゴム–樹脂のラジカロックの適合一覧表[44]．◎, ○ は適合度の良さ．

エラストマー	樹脂	
	変性ポリフェニレンエーテル (m-PPE)[a]	ポリアミド (PA12, PA612 など)[b]
EPDM	◎	◎
H-NBR, X-NBR	◎	◎
VMQ (シリコーン)	◎	◎
FKM (フッ素)	◎	◎
PU (ポリウレタン)	○	

a) 耐熱性に優れ，吸水性が少なく，寸法安定性が良く，比重が小さいことが特徴．
b) 耐衝撃性や柔軟性に優れ，耐油性や耐薬品性もよい．歯ブラシに使われるなど安全性も高い．

NBR，PU，フッ素樹脂，シリコーンゴム，などのエラストマーを注入し一体化して複合部品を成形する方法である[44]．

図 4.48 は従来の接着剤を使った接合法と比較した結合模式図，表 4.14 は適合するエラストマーと樹脂との組合せである[44]．

図 4.49 に示すように，従来の製造法に比べてこの接合法は大幅に工程が簡略化さ

4.10 接着剤を用いない高分子材料の直接化学結合法 (大阪大学)[45]

れるとともに，外部に排出される環境負荷物質が低減化される[44].

図 4.50a では，鈴木–宮浦カップリング反応のためにアクリルアミド系高分子ゲルの主鎖にフェニルボロン酸 (PB) とヨウ化アリール (I) の側鎖を導入し，図 4.50b ではアジド–アルキン環化反応のために，同じくアクリルアミド系高分子ゲルの主鎖にアジド基 (Az) および末端エチニル基 (E) の側鎖を導入し，図 4.50c では，薗頭反応のために有機溶媒にて膨潤した架橋ポリスチレン系オルガノゲルの主鎖にヨウ化アリール基 (I) および末端エチニル基 (E) を導入し，それぞれの反応によりゲルを結合させることに成功した[45]．それらの結合は共有結合であり，対水安定性および対有機溶剤安定性が優れていた．

また，図 4.51 は，鈴木–宮浦カップリング反応用 PB 基および I 基により修飾したシランカップリング剤をガラス基板の OH 基と結合させた状態で，それぞれの基盤は I ゲルおよび PB ゲルと結合し接着することが確認された[45]．

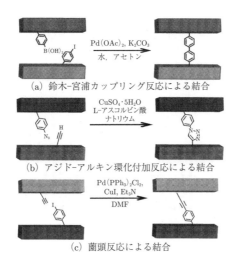

図 4.50 接着剤を用いない高分子材料の直接化学結合法[45]

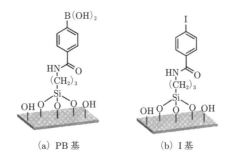

(a) PB 基   (b) I 基

図 **4.51** 鈴木–宮浦カップリング反応用 PB 基および I 基により修飾したシランカップリング剤と結合したガラス基板[45]

4.11 大気圧プラズマグラフト重合処理―接着技術 (大阪府立大学)[46, 47]

　PTFE, PFA, PCTFE などの難接着性樹脂にアルゴンガス大気圧プラズマを照射することにより樹脂表面にラジカルを発生させ, そこへ外部から流入または蒸気発生器にて発生させたアクリル酸モノマー蒸気をグラフト重合させて, ポリアクリル酸樹脂膜を形成する[46].

　図 4.52 はアクリル酸モノマー流入形プラズマグラフト重合処理装置である[46]. ポリアクリル酸樹脂膜と金属, 樹脂などの他の被着材とはエポキシ系接着剤などにより接着する[46].

　この処理によるフッ素樹脂と SUS との 90° はく離接着強度実測値を表 4.15 に示

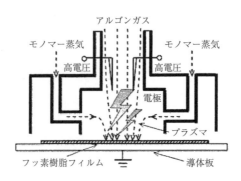

図 **4.52** プラズマグラフト重合処理装置の概略 (蒸気側方注入方式)[46]

表 4.15　プラズマグラフト重合処理による SUS 板の 90° はく離接着強度[47]

ポリマー	接着強度 (N/25 mm)		
	未処理	プラズマ処理のみ	プラズマグラフト重合 (A4 サイズ)
PTFE	0.3–1.4	6.7	54.0
PFA	0.6 以下	7.0	50.0
PCTFE	0.5	—	35.5

接着剤：二液性エポキシ系 コニシ E セット
被着材：SUS 板 25 mm×50 mm

す[47]. PTFE フィルムと SUS 板のエポキシ系接着剤による接合部は, 54 N/25 mm というテトラエッチ液などの Na 処理と同等の接着強度が得られている[47].

4.12　ガス吸着異種材料接合技術 (中部大学)[48, 49]

図 4.53 にガス吸着法接合プロセスを示す[48].

高分子材料にはグリシドキシプロピルトリメトキシシラン, ガラスにはアミノプロピルトリエトキシシラン (いずれも気体) を補助的に吸着させ, 吸着している水蒸気とともにプラズマ処理して, 高分子材料表面には OH 基, ガラス表面には Si-OH 基を生成させる[48]. 両接合面を重ね合わせて, ラミネーターにより 1 MPa 以下に

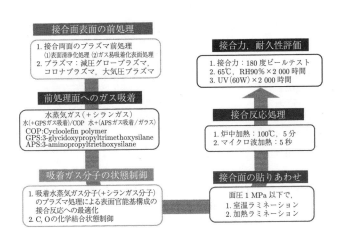

図 4.53　ガス吸着接合プロセス[48]

114   4. 最新の異種材料接合法について

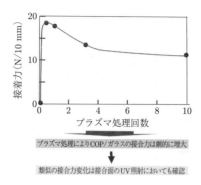

図 **4.54**　ガス吸着異種材料接合技術による O_2 プラズマ処理回数と接合力との関係[49]

加圧後，60–150°C で 5 分加熱することにより，C–O–C 共有結合または Si–O–C 共有結合が生じて接合される[48]．

また，図 4.54 は，この接合法によるシクロオレフィンポリマー (COP) とホウケイ酸ガラスの接合部の接合力と O_2 プラズマ処理回数との関係で，最大 18 N/10 mm (45 N/25 mm) という大きな値が得られている[49]．

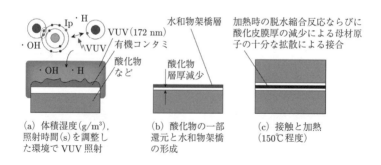

図 **4.55**　低温大気圧有機/無機ハイブリッド (Vapor-Assisted VUV) 接合手法の概要[50,51]．全工程 (a)–(c) を大気圧窒素雰囲気で実行可能．

4.13 低温大気圧有機/無機ハイブリッド接合技術 (物質・材料研究機構)[50–54]

加湿窒素雰囲気 (0.9 atm) 中で真空紫外光 VUV (172 nm) を照射し，材料初期表面を清浄化し，酸化物の一部を還元するとともに水和物架橋を形成させる[50, 51]．表面処理後の接合面を重ね合わせて加圧し，100–300°C に加熱し，親水性官能基間で発生する水素結合と脱水縮合反応により強固な化学結合力が生じる．

図 4.55 はこの方法の概要である[50]．

また，図 4.56 は水和物架橋を形成した異種材料間で得られた低温大気圧接合界面の事例[50, 52, 53]で，(a) PEEK–Pt[52], (b) PDMS–Ti[53], (c) CFRP–Fe[50]の接合界面の透過電子顕微鏡 (TEM) 拡大像である．

接合直後はアモルファス状の架橋領域と明確な界面が観察されるが，極薄い架橋層を貫通して経時的に母材イオンの相互拡散が進行し，最終的には明確な粒界状の界面は消失し，母材と同等の破断強度が得られている[54]．

以上，最新の異種材料接着・接合技術を紹介した．できるだけ多くの技術を取り上げたため，紙数の都合で概略の紹介にとどめた．詳細については参考文献リスト

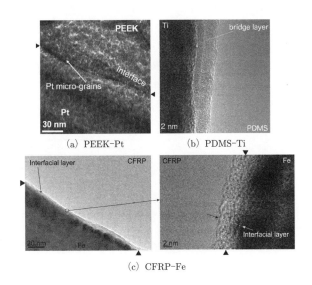

図 4.56　低温大気圧ハイブリッド接合界面透過電子顕微鏡像[50, 52, 53]

に掲げた原典を参照されたい．

4.14 微細孔形成—射出成形・融着による接着力発現と耐久性向上のメカニズム

　接着剤を使用する接合法は，通常，被着材の固定や接着剤の硬化時間などの工数を必要とする．また，エンジニアリングプラスチックのほとんどは結晶性であるため固体表面の接着性が劣るが，射出成形やレーザー加熱などの方法によれば，急冷により結晶化が妨げられて接着性が向上する．
　ここでは，射出成形や種々の加熱法を用いた樹脂の融着による接合法における接着力発現と耐久性向上のメカニズムについて考察する．

4.14.1 接着・接合力が向上するメカニズム[55]

　微細凹凸中へ接着剤や樹脂が流入することにより接着・接合強度が向上する理由は，通常図 1.5 のアンカー効果，すなわち機械的な拘束力によって生じるとされているが，微細凹凸形成による接着強度向上の効果はそれだけによるものではないと考えられる．ここでは，凹部の形状を図 4.57a のような逆円錐状または図 4.57b のような円柱状に単純化して，多数の微細なスカーフジョイントまたはラップジョイントが形成されたものとして考察する．
　図 4.58 はぜい性接着剤によるスカーフ継手のスカーフ角 θ と接着強度(破断荷重/荷重方向に垂直な継手の断面積)との関係[56]であるが，θ が 90°すなわちバット継手の接着強度(≃ 接着剤の引張強度)に比べて θ が 15°の場合の接着強度は約 2.7 倍と

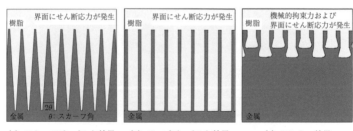

図 4.57　被着材エッチングの効果[55]

4.14 微細孔形成－射出成形・融着による接着力発現と耐久性向上のメカニズム

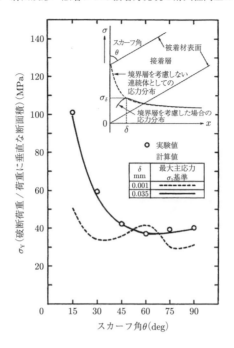

図 4.58 ぜい性接着剤によるスカーフ継手の接着強度実験値と計算値との比較[56]．
1 MPa= 0.102 kgf/mm^2(5.3.4 項参照)．

なっている．実際には図 4.57a の紙面に垂直方向にも 2 次元的に微小スカーフジョイントが分布するので，$\theta = 90°$ の場合に対し $\theta = 15°$ の場合は数倍 ($\simeq 2.7^2$) 接着強度が大きくなり，またスカーフ角が小さい (穴が深くなる) ほど接合強度がさらに増加するものと考えられる．

なお，図 4.58 のように，ぜい性接着剤においてさえも，接着層端面および接着面からの距離が微小長さ (境界層厚さ $\delta = 0.035$ mm) 以下の領域における応力集中は，接着層の静的破壊強度に影響を与えないという結果が得られていることから[56]，図 4.57 において微小領域の応力集中は静的破壊強度にほとんど影響を与えず，継手接合強度は実質接着面積の増加により比例的に増大するものと考えられる．

また，図 4.57b のラップジョイント効果においても，穴の深さおよび数に比例して実質接着面積が増加し，継手接合強度が増大するものと考えられる．

なお，延性接着剤使用のスカーフジョイントにおいては，スカーフ角 $\theta \leq 60°$ の

場合，接着層が延性破壊するという結果が得られており[57]，ラップジョイントにおいても当然，延性破壊する．したがって，スカーフジョイント (効果) およびラップジョイント (効果) の接合部においては引張荷重をせん断応力により負担するため継手が安定化する．

図 4.57c のアンカー効果による接合強度 (破断荷重) の最大値は，樹脂と金属との突合せ接着部 (穴が存在しない個所) による強度を除けば，

$$
穴の数 \times \begin{pmatrix} 被着材表面位置における \\ 穴の平均断面積 \end{pmatrix} \times \begin{pmatrix} 母材樹脂の \\ 引張強度 \end{pmatrix} \tag{4.1}
$$

であり，これは，被着材と樹脂間の接着強度に対応した穴の深さを取れば，図 4.57a スカーフジョイント効果および図 4.57b ラップジョイント効果についても同様である．

以上のように実質接着面積を増加させることに加えてアンカー効果により，結晶性樹脂の異種材料に対する接着強度が劣ることをカバーすることができる．すなわち単純化すれば，

$$
実質接着面積 \times 接着強度 + アンカー効果 \geq \begin{pmatrix} 母材樹脂の \\ 断面積 \end{pmatrix} \times \begin{pmatrix} 母材樹脂の \\ 引張強度 \end{pmatrix} \tag{4.2}
$$

となり，接着強度が小さくても実質接着面積を見かけの接着面積の数倍〜数十倍と大きく取ることとアンカー効果により，接合強度が母材樹脂の強度を上回り，母材破壊が生じるものと考えられ，実際にも本章においてこれまでに紹介した異種材料継手のほとんどが母材樹脂の破壊により破断している．

アンカー効果の存在は，接合部が母材樹脂破断するために必要な実質接着面積を減少させる効果がある．

エラストマーの場合でも被着材をエッチングすることにより接着強度が向上することは，機械的な引っ掛かりによるとするアンカー効果だけでは説明が難しいが，式 (4.2) によれば理解できる．

4.14.2　耐久性が向上するメカニズム[55]

接着層の劣化は，主として外部から接着界面に沿って水分が侵入し，接着剤および被着材を酸化劣化させることにより生じるが (第 7 章参照)，実質接着面積が見かけの接着面積の数倍ないし数十倍に増加すれば，それにともなって劣化速度が数分の 1 ないし数十分の 1 となり，耐久性が非常に向上することになる．

アンカー効果が発揮される構造でも，樹脂と金属との間には一定の接着強度を有しており，仮にそれがゼロの場合，接合部に荷重が負荷されれば，樹脂のわずかな

変形により界面に急速に水分が侵入することが明らかであり，接合部の耐久性確保のためには，樹脂と金属との間の接着強度が大きな役割を果たしている．

また，接着層界面の劣化は接着層への応力負荷により加速されるが (7.3 節参照)，実質接着面積が数倍から数十倍に増加すれば実質応力がその比に逆比例して小さくなるため，接着層界面の耐久性が非常に向上するとともに，前記の水の侵入速度の減少との相乗効果により耐久性が飛躍的に向上する．

なお，接合部の耐久性は，そのほか第 8 章で述べるように被着材と樹脂 (接着層) 間の水分に対する熱力学的安定性にも影響を受けることは当然である．

4.15 樹脂どうしの融着による接合の場合の接着強度発現の原理[55]

4.15.1 一方の樹脂のみが溶融する場合

この場合は，溶融しない側の樹脂が被着材，溶融する側の樹脂が接着剤とみなされ，第 1 章で述べた両者の関係から接着強度が決まる．

4.15.2 両方の樹脂が溶融する場合

この場合は，結晶性樹脂の場合においても溶融状態となり，2 つの樹脂にある程度相溶性がある場合は，互いに流動して部分的には混合するため，式 (1.11) の融解熱 ΔH_m を考慮する必要がなく，SP 値を基準にして両樹脂の相溶性を検討すること

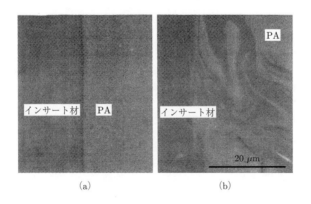

図 **4.59** インサート材–PA のレーザー接合断面の反射電子像[58]．(a) 未変性インサート材–PA 間，(b) COOH により変性したインサート材–PA 間．

120   4. 最新の異種材料接合法について

ができる.

　図 4.59 は，スチレン系熱可塑性エラストマーをインサート材として用いた PA と
のレーザー接合部の断面写真で，(a) は未変性インサート材の場合で極性が小さい
ため PA とよく密着しているにもかかわらず相溶性が少なく接着強度が小さかった
が，(b) の場合は極性基 COOH 変性のインサート材であり，部分的にインサート材
と PA とが混合しているため，大きな接合強度 [(a) の 3 倍以上で母材破壊] が得ら
れている[58]．これは，1.1 節のからみ合いおよび分子拡散説に該当するものと考え
られる.

文　　献

[1] 鈴木靖昭：CFRP の成形・加工・リサイクル技術最前線—生活用具から産業用途まで適用
拡大を背景として (エヌ・ティー・エス，2015) pp. 235–260.

[2] 川口 純：日本パーカライジング技報，No. 16，31 (2004).

[3] 日本パーカライジング (株) HP，「ケミブラスト処理」，http://www.parker.co.jp/
products/_pdf/Treatment/prc019.pdf.

[4] 安藤直樹：接着耐久性の向上と評価　劣化対策・長寿命化・信頼性向上のための技術ノウ
ハウ (情報機構，2012) pp. 372–389.

[5] 小川典孝：異材接着・接合界面における信頼性評価と劣化・破壊対策セミナーテキスト (技
術情報協会，2014.1.28) pp. 1–28.

[6] Technical Book "Nano Molding Technology" [大成プラス (株)，2014] p. 7.

[7] 板橋雅巳，表面技術，**66**，359–362 (2015).

[8] 堀内 伸：(公財) 科学技術交流財団主催 平成 27 年度第 3 回異種材料接合技術研究会 講演
テキスト (2016 年 1 月 20 日).

[9] 遠藤正憲：Japan Energy & Technology Intelligence, **60** (2), 65–68 (2012).

[10] 遠藤正憲：樹脂–金属接着・接合部の応力解析と密着性・耐久性評価 (技術情報協会，2014)
pp. 207–220.

[11] 林 知紀，秋山大作：表面技術，**66**，352–354 (2015).

[12] 林 知紀，秋山大作：日本接着学会 第 53 回年次大会講演要旨集 (2015-6-19) pp. 120–121.

[13] 望月章弘：プラスチックエージ，Mar.，105–109 (2008).

[14] 佐藤昌之：樹脂–金属接着・接合部の応力解析と密着性・耐久性評価 (技術情報協会，2014)
pp. 137–146.

[15] ダイセルポリマー (株) の HP http://www.daicelpolymer.com/ja/topics/archive/
1404DLAMP/DLAMP20140401.pdf

[16] ポリプラスチックス (株)，「AKI-Lock^{TM}」カタログ (PLAMOS) (2015).

文　　献　　121

[17] 望月章弘：日経テクノロジー online (2015 年 4 月 26 日アクセス). `http://techon.nikkeibp.co.jp/article/FEATURE/20141106/387252/?ST=mecha&P=2`

[18] 川人洋介：大阪大学新技術説明会資料 (2013.7.19) `http://shingi.jst.go.jp/abst/p/13/1316/osaka-u09.pdf`

[19] 片山聖二：樹脂と金属の接着接合技術 (技術情報協会，2012) pp. 124–135.

[20] 早川伸哉：接着・粘着製品の分析・評価事例集 (技術情報協会，2012) pp. 231–238.

[21] 早川伸哉：日本接着学会誌，**50**，170–174 (2014).

[22] 前田知宏：輝創株式会社 技術資料「Laser & Plasma を利用した異種材料接合技術」(2015 年 4 月).

[23] 前田知宏：(公財) 科学技術交流財団主催平成 27 年度第 3 回異種材料接合技術研究会 講演テキスト (2016 年 1 月 20 日).

[24] 日野 実, 水戸岡 豊, 村上浩二, 浦上和人, 永瀬寛幸, 金谷輝一：軽金属，**60**，225–230 (2010).

[25] 日野 実, 水戸岡 豊, 村上浩二, 浦上和人, 高田潤, 金谷輝一：軽金属，**59**，236–240 (2009).

[26] 永塚公彬, 吉田昇一郎, 土谷敦岐, 中田一博：溶接学会 平成 26 年度秋季全国大会 講演概要 (2014).

[27] 永塚公彬, 田中宏宜, 肖 伯律, 土谷敦岐, 中田一博：溶接学会 平成 27 年度秋季全国大会 講演概要 第 97 集 (2015-9).

[28] 永塚公彬, 田中宏宜, 肖 伯律, 土谷敦岐, 中田一博：溶接学会論文集，**33**，317–325 (2015).

[29] 小澤崇将, 加藤数良, 野本光輝, 前田将克：溶接学会 平成 26 年度秋季全国大会 講演概要 (2014-9).

[30] 三宅重之：新明和技報，No.33，2 (2011).

[31] (株) 三菱化学テクノリサーチ：平成 24 年度 中小企業支援調査—炭素繊維複合材料の加工技術に関する実態調査—調査報告書 (平成 25 年 1 月 31 日)，p. 72.

[32] (株) ポリプラスチックス HP (2016 年 3 月 31 日アクセス). `http://www.polyplastics.com/jp/support/proc/joint/index.html`

[33] 若林一民：接着ハンドブック第 4 版 (日刊工業新聞社 (2007) pp. 944–945.

[34] 斉藤勝義：工業材料，**33** (13)，189 (1985).

[35] 斉藤勝義：接着便覧，第 14 版 (高分子刊行会，1985) pp. 279–282.

[36] 独立行政法人 新エネルギー・産業技術総合研究開発機構 (NEDO)：「サステナブルハイパーコンポジットの技術開発」事業原簿 [公開], III-2.3-10 (2014).

[37] 森 邦夫：日本接着学会誌，**43**，242-248 (2007)

[38] 森 邦夫：(公財) 科学技術交流財団平成 27 年度第 1 回異種材料接合技術研究会，講演資料 ((2015) p. 10.

[39] 日経ものづくり，異種材料接着接合「何でもくっつける」技術が設計を変える (日経 BP 社，2015) pp. 46–51.

122   4.　最新の異種材料接合法について

[40] 平井勤二：塗布と塗膜，**1**，No.1，22–27 (2012).

[41] 東亜電化 (株) 技術資料，TRI System—金属と樹脂の一体接合技術 `http://www.toadenka.com/gijutsu/TRI_HP.pdf`

[42] 公開特許公報 特開平 8-25409

[43] 桝井捷平：MTO 技術研究所，金属と樹脂の接合 (ハイブリッド) 技術資料，`http://www.geocities.jp/masuisk/Pla-Metal-1.pdf`

[44] 中山義一：(公財) 科学技術交流財団 平成 28 年度異種材料接合技術研究会テキスト (2016.10.31).

[45] 高島義徳，橋爪章仁，山口浩靖，原田 明：日本接着学会誌，**51**，472–478 (2015).

[46] 大久保雅章：樹脂–金属接着接合部の応力解析と密着性・耐久性評価 (技術情報協会，2014) pp. 273–278.

[47] 大久保雅章：(独) 日本学術振興会，プラズマ材料科学第 153 委員会，プラズマ材料科学スクール資料 (2018.2.22) pp. 47–59.

[48] 多賀康訓：異種材料接着・接合技術—樹脂・樹脂/樹脂・金属/金属・金属・セラミックスなど—，金子哲哉 編 (R & D 支援センター，2016) pp. 63–73.

[49] 多賀康訓：文献 [47] pp. 121–133.

[50] 重藤暁津：(一社) スマートプロセス学会 第 13 回電子デバイス実装研究委員会 講演資料 (2016).

[51] A. Shigetou, J. Mizuno, and S. Shoji: Proc. 65th IEEE ECTC (2015) pp. 1948–1501.

[52] W. Fu, A. Shigetou, S. Shoji, and J. Mizuno: IEEE Catalog Number: CFP1559B-ART, 217–220.

[53] 重藤暁津，付 偉欣，水野 潤，庄司習一：Proc. JIEP MES 2016 (2016).

[54] 重藤暁津：文献 [47]，pp. 27–37.

[55] 鈴木靖昭：異種材料接着・接合技術—樹脂・樹脂/樹脂・金属/金属・金属・セラミックスなど—，金子哲哉 編 (R & D 支援センター 2016) pp. 7–10.

[56] 鈴木靖昭：日本機械学会論文集 A 編，**50**，No. 451，526–533 (1984).

[57] 鈴木靖昭：日本機械学会論文集 A 編，**51**，No. 463，926–934 (1985).

[58] 水戸岡 豊：樹脂と金属の接着・接合技術 (技術情報協会，2012) pp. 136–146.

5

各種接合形式の特徴，応力分布および強度評価法

5.1 接着継手形式および負荷外力の種類

5.1.1 接着接合の長所と短所

表 5.1 に接着接合の長所および短所を示す[1]．ここでは，それらのいくつかについて以下の項で述べる．接着接合の短所をよく理解し，接着強度を高めるように配慮するとともに，長所が十分発揮されるような条件で使用することが望ましい．

表 5.1 接着接合の長所と短所[1]

長　　　所	短　　　所
(1) 応力が均一に分布する．	(1) 硬化に時間がかかる．
(2) 接着剤の変形を防ぎ，構造を強化する．	(2) 熱硬化性接着剤を使用するときは特別な加圧装置や加熱装置が必要である．
(3) 疲労強さを増大する．	(3) 2成分形接着剤を使用するときは，使用前に樹脂成分と硬化剤の正確な計量と混合が必要である．
(4) 異種材料の接合が可能．	
(5) 接合に高温を必要としない．	(4) 可燃性，刺激性，毒性のものが多い．
(6) 振動を防止する．	(5) 表面処理を必要とし，特殊な場合は化成処理が必要である．
(7) 重量を軽くする．	(6) 耐熱性に限界がある．
(8) 表面を平滑にして美観を与える．	(7) はく離方向の力に弱い．
(9) 気密，水密ができる．	(8) 接合部の解体が困難である．
(10) 熱，電気を絶縁する．	(9) 硬化収縮による内部ひずみがある．
	(10) 接着強さにばらつきがある．
	(11) 接着剤の選定が難しい．
	(12) 接着の耐久性が不明である．
	(13) 接着の良否の判定が難しい．

5.1.2 各種接着継手形式

図 5.1 は従来からある各種接着継手形式である[2-4]．これらのいくつかについて，以下に，その特徴，応力分布，接着強度などについて解説する．

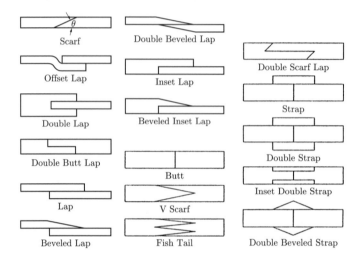

図 **5.1** 各種接着継手形式[2-4]

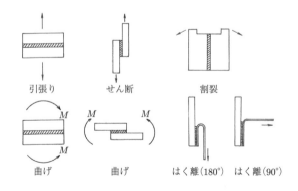

図 **5.2** 接着部に加わる外力の種類[1]

5.1.3 接着部加わる外力の種類

図 5.2 は接着接合部に加わる主な種類の外力である[1].大別して,引張り (圧縮),せん断,割裂,曲げ,はく離,および図には示していないが熱応力 (接着層収縮応力) の 6 種類であり,時間的に見れば,それらの外力が,静的,繰返し,および衝撃的という 3 種類の形式で加わる.ここでは割裂を除く 5 種類の外力が静的に加わる場合と,せん断外力が繰り返し加わる場合について解説する.

5.2 重ね合せ継手の特徴,応力分布および強度評価

5.2.1 応力分布 (弾性解析解および弾性有限要素解析結果)

重ね合せ継手は実用性が最も高く,基本的な接着 j 接合法であるが,接着面端部には図 5.3 のような被着材の偏差的伸び[5]に起因する大きな応力集中が発生することが特徴であり,古くから応力解析が行われてきた.

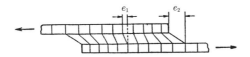

図 5.3 被着材の接着面端部に生じる偏差的伸び[5]

長手方向に多数のリベットを打った重ね合せ継手のリベットを接着層におきかえた Volkersen の解析[6]が最初である.この解析では被着材の曲げは考慮されておらず,接着層内のせん断応力の 1 次元的分布が得られている.同様に曲げの影響を考慮していない単純重ね合せ継手に関する大沼の解析[7],二重重ね合せ継手に関する植村の解析[8],および 2 つの被着材の荷重線のずれに起因する接着面に垂直方向の変形および被着材の曲げを考慮した Golland–Reissner の解析[9,10]ならびにそれを接着剤の応力–ひずみ関係が非線形および接着剤が粘弾性体の場合に拡張した能野–永弘の解析[11,12]がある.

大沼の解析によれば,ラップ長さ l の継手について,次のような解析結果が与えられている[7,13].

$$\tau = \frac{kp}{2t}\frac{1}{\sinh kl}\left[\cosh kl\left(1-\frac{x}{l}\right) + \cosh kx\right] \quad (5.1)$$

せん断応力の最大値 $\tau_{\max}$ は，$x=0$ および $x=l$ で生じ，

$$\tau_{\max} = \frac{kp}{2t} \coth \frac{kl}{2} \tag{5.2}$$

となる．ここで，p は単位幅あたりの引張り力，G は接着剤のせん断弾性係数，および E を被着材の縦弾性係数，d を接着層厚さ，および t を被着材の厚さとすれば，k は次式で表される．

$$k^2 = \frac{2G}{Edt} \tag{5.3}$$

$\tau_{\max}$ を平均せん断応力 $\tau_{\text{ave}} = p/l$ で除すと，

$$\frac{\tau_{\max}}{\tau_{\text{ave}}} = \frac{kl}{2} \coth \frac{kl}{2} \tag{5.4}$$

となり，応力集中係数 $\eta = \tau_{\max}/\tau_{\text{ave}}$ は，kl の増加，すなわち，接着剤のせん断弾性係数 G およびラップ長さ l の増加，ならびに被着材の縦弾性係数 E，接着層厚さ d および被着材厚さ t の減少とともに大きくなることが図 5.4 の kl をパラメータとする接着層の応力分布において示されており，したがって kl の増加により接着強度は低下するものと推定される．

単純重ね合せ継手に引張り荷重がかかる場合，図 5.5 のように接着部には偏心荷重による曲げモーメントが生じ，その結果接着部端には面に垂直方向のはく離応力が発生し[14]，強度低下の原因となる．

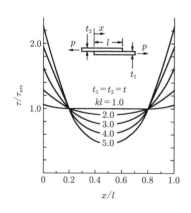

図 **5.4** 重ね合せ継手接着層に生じるせん断応力分布[7, 13]

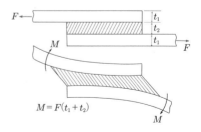

図 **5.5** 偏心荷重の曲げモーメントによるはく離力発生の模式図[14]

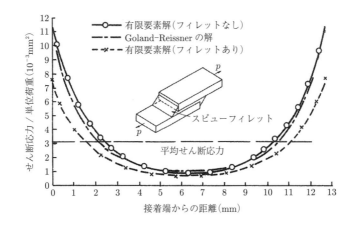

図 5.6 単純重ね合せ継手のフィレットによる応力集中低減効果[10, 15]

Adams らは，有限要素法により，単純重ね合せ継手の接着端に図 5.6 のような接着剤のはみ出し (スピューフィレット) を付けた場合の応力低減効果を解析し，フィレットをつけることにより接着端のせん断応力が 33% 減少することを示すとともに，Golland–Reissner の式による応力計算値は，FEM 解析結果によく一致していることを示した[10, 15]．

なお，以上はすべて弾性解析結果である．

5.2.2 重ね合せ接着継手のせん断破壊荷重実験値例

図 5.7a は軟鋼[16]，図 5.7b はステンレス鋼[17]の重ね合せ継手のラップ長さと破断荷重との関係の実験値例である．図 5.7a において，被着材にテーパーを付けた場合 (図 5.1 の Double Beveled Lap J.) は，被着材先端に近づくほどその剛性が小さくなって図 5.3 の被着材の偏差的伸びが小さくなり，接着層のせん断変形が均一に近づき ($e_1 \simeq e_2$)，応力集中が小さくなるため，破断荷重がラップ長さにほぼ比例的な増加を示している．

一方，図 5.7a のシングルラップ継手および図 5.7b においては，ラップ長さ l の増加とともに，破断荷重の増加が飽和する傾向が見られる．曲線を 2 つの折れ線で近似した場合，屈曲点における l/t の値 (t は被着材厚さ) は，(a) の場合 3.6，(b) の場合 8.7 とかなり開きがある．これは被着材および接着剤の機械的性質の差に起因するものと思われる．

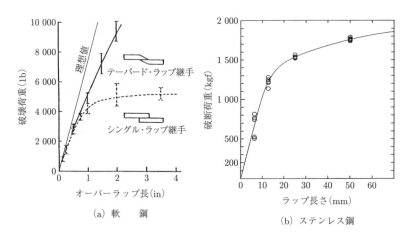

図 5.7 重ね合せ接着継手の破断荷重とラップ長さとの関係．(a) de Bruyne の実験結果[16]．被着材は軟鋼（幅 1 in，厚さ 1/4 in）．(b) 鈴木らの実験結果[17]．被着材は SUS304（幅 30 mm，厚さ 1.5 mm）．ラップ長さ (mm) 6.4, 12.7, 25, 50．接着剤は一液性エポキシ樹脂系，硬化条件 120°C, 1 h 加熱．

5.2.3 Al 重ね合せ継手の引張せん断試験結果および FEM 解析による検討例

a. 著者の解析結果[18]

著者は，二液性エポキシ系接着剤ナビロック EA9430 を用いて接着した図 5.8 のような A5052P（厚さ 1.6 mm，重ね合せ長さ $l = 12.7$ mm）の単純重ね合せ継手について，実験および弾塑性 FEM 解析により検討した．被着材の表面処理は No. 400 のサンドペーパー研磨および MEK による超音波洗浄を実施，接着剤の硬化条件は室温/24 h+80°C/10 h とした[18]．

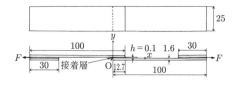

図 5.8 Al の重ね合せ接着継手試験片寸法[18]

その荷重–ひずみ線図を図 5.9 に示す．図 5.5 に示した曲げモーメントにより，破断後の被着材は図 5.10 のように接着端において塑性変形していることがわかり，後

5.2 重ね合せ継手の特徴，応力分布および強度評価　　129

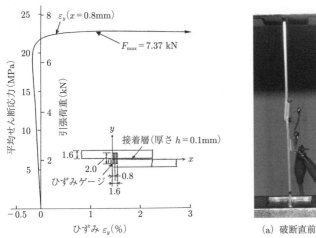

図 5.9　Al の重ね合せ接着継手の荷重–ひずみ線図[18]

図 5.10　破断前後の Al 重ね合せ継手試験片外観[18]

述の弾塑性 FEM 解析においてもそれが確認された．

逆対称条件を用いて，図 5.8 の継手の左側半分を図 5.11 のように要素分割し，平面ひずみ状態として 2 次元弾塑性 FEM 解析[19]を行った．解析モデルにおいては，図 5.8 の長さ 30 mm の当て板を除去し，その部分の y 方向変位を拘束した．被着材

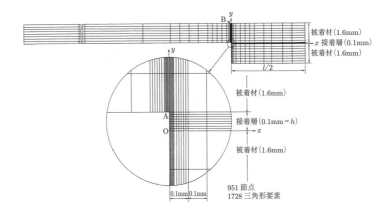

図 5.11　Al の重ね合せ接着継手の FEM 要素分割図[18]

表 5.2 弾塑性 FEM 解析に用いた被着材および接着剤の材料定数[18]

	縦弾性係数 (GPa)	ポアソン比	降伏応力 σ_Y (MPa)	c (GPa)
被着材	68.9	0.34	202.9	2.71
接着剤	1.77	0.37	46.0	0

$\sigma^p = \sigma_Y + c\varepsilon^p$

および接着剤は von Mises の条件により降伏するとした．表 5.2 に解析に用いた材料定数，図 5.12 に接着剤の応力–ひずみ線図をそれぞれ示す．

図 5.13a–c は，それぞれ接着層境界 (接着層内) における最大主応力 σ_1，最大せん断応力 τ_{max}，および von Mises の相当応力 σ_{eq} の分布図である[18]．FEM による両解析結果には，図 5.5 で示した曲げによる影響も含まれている．図においてせん断荷重 $F = 0.97\,\text{kN}$ が弾性限界荷重であり，F がそれより増すと接着層内は塑性変形する要素が生じる．図 5.13a の最大主応力 σ_1 は，図 5.11 の A 点および O 点付近で大きな応力集中が見られ (応力特異性)，はく離力として作用する．図 5.13a における最大値は，接着層自由端における要素についての値である．

一方，図 5.13b の最大せん断応力 τ_{max} および (c) の von Mises の相当応力 σ_{eq} は接着層をせん断変形させる応力である．図において弾性限界せん断荷重 $F = 0.97\,\text{kN}$ では，前記大沼の式による解析結果と同様に，接着端で大きな応力集中が見られる．しかし，$F = 4.74\,\text{kN}$ においては，塑性域が接着端から内側へ接着層長さlの 10–20% までの領域に拡大し，$F = 8.17\,\text{kN}$ においては接着層の全域にわたり塑性変形が生

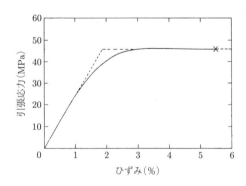

図 5.12 接着剤の応力–ひずみ線図[18]

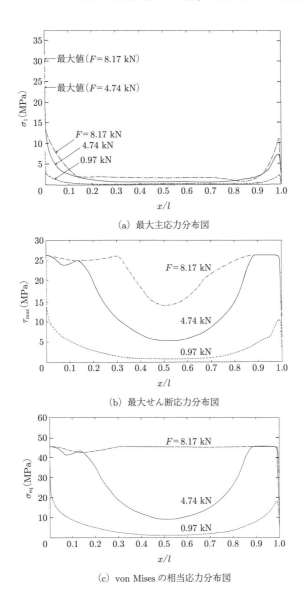

(a) 最大主応力分布図

(b) 最大せん断応力分布図

(c) von Mises の相当応力分布図

図 **5.13** Al の重ね合せ接着継手の接着層境界における最大主応力，最大せん断応力，および von Mises の相当応力分布図[18]

じ, σ_{eq} の値がほぼ一定 (表 5.2 のバルク接着層剤の降伏応力 $\sigma_Y = 46.0\,\mathrm{MPa}$) となり, 荷重がほぼ飽和に達している. $F = 8.17\,\mathrm{kN}$ がこの弾塑性 FEM ソフト[19]により計算可能な最大荷重であった. 前述の SUS 継手および Al 継手のせん断接着強度実験値が応力集中係数の大きさにそれほど影響を受けなかったのは, このように接着層が塑性変形するためと考えられる.

ところで, 図 5.9 の最大せん断荷重 $F_{\max}$ は, $7.37\,\mathrm{kN}$ で (他の 4 本の試験片もほぼ同様の値を示した), この値は図 5.13c の接着層全面降伏荷重 $F = 8.17\,\mathrm{kN}$ の 90% である. これは, 接着層全面が降伏するより先に, 図 5.13a の接着層端において最大主応力 σ_1 (はく離応力) によりはく離が生じるためと考えられ, これが重ね合せ継手の破断荷重がラップ長さに比例して増加しない原因と推定される.

b. 杉林–池上の解析結果[20, 21]

応力解析結果から, 継手の強度を予測するためには, 強度則が必要である. 杉林–池上は, 被着材および接着剤には式 (5.5a) および式 (5.5b) の von Mises 則, 接着界面には式 (5.5c) の薄肉円筒の突合せ試験片の組合せ応力下で得られた接着強度の実験式をそれぞれの強度則として用いた. ここで, x 方向および z 方向はそれぞれ薄

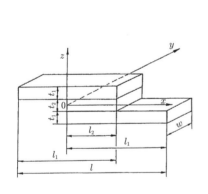

図 **5.14** 単純重ね合せ継手の座標と寸法 [20]

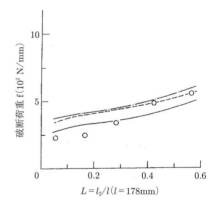

図 **5.15** 引張りせん断負荷に対する継手の強度実験値と予測値との比較[20]. 実線は接着界面, 破線は接着層, 一点鎖線は被着材の予測値. 被着材厚さ $t_1 = 2.5\,\mathrm{mm}$, 接着層厚さ $t_2 = 0.05\,\mathrm{mm}$, ○は実験値 ($w = 25\,\mathrm{mm}$).

肉円筒の円周方向および接着層厚さ方向，σ_{04} および τ_{01} はそれぞれ接着界面の z 方向の引張強度および xz 方向のせん断強度である．

$$F_1 = (\sigma_x^2 - \sigma_x\sigma_z + \sigma_z^2 + 3\tau_{xz}^2)^{1/2}/\sigma_{01} = 1 \tag{5.5a}$$

$$F_2 = (\sigma_x^2 - \sigma_x\sigma_z + \sigma_z^2 + 3\tau_{xz}^2)^{1/2}/\sigma_{02} = 1 \tag{5.5b}$$

$$F_3 = |\sigma_z/\sigma_{04}|^m + |\tau_{xz}/\tau_{01}|^m = 1 \tag{5.5c}$$

それぞれの式が成立するときの荷重を接着強度予測値としたとき，炭素鋼の単純重ね合せ継手 (図 5.14[20] および Beveled Lap 継手[21]) の引張せん断強度に対して，接着剤または界面が破壊するときの予測値が継手の妥当な強度予測値を与えることを示した．

図 5.15 には単純重ね合せ継手の引張りせん断負荷に対する強度を示す[20]．

c. 沢らの解析結果[22]

樋口，沢らは，Al の重ね合せ接着継手において，被着材の降伏応力，厚さ t_1，およびラップ長さ sl_2 が強度に与える影響を，実験および弾塑性 FEM 解析により解明している．

図 5.16 は継手試験片の寸法および弾塑性 FEM 解析条件，表 5.3 は解析に用いた被着材 A5052, A7075, SS400 および二液性エポキシ系接着剤 NAVILOC EA9430 の機械的性質である．

接着層のはく離が生じる条件は，接着層境界のある要素の最大主応力が接着剤の

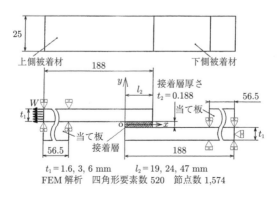

図 **5.16** 単純重ね合せ継手試験片の寸法および FEM 解析条件[22]

表 5.3 被着材および接着剤の機械的性質[22]

	A5052	A7075	SS400	EA9430
E (GPa)	69.7	77.8	200	1.77
ν	0.314	0.308	0.291	0.370
σ_Y (MPa)	262	779	425	30.4
c (GPa)	8.99	18.0	19.8	0.0304

$$\sigma^p = \sigma_Y + c\varepsilon^p$$

降伏応力を超えた後にさらに荷重が増加し境界面の要素が接着剤の引張強さ実測値 $\sigma_{\max} = 43.2\,\mathrm{MPa}$ に達したときとして,はく離が生じた要素の接点を外し,亀裂先端の応力特異性に対応するため,はく離点近傍の要素を再分割し,荷重を 0 から再び増加させるという方法で解析を進めている.

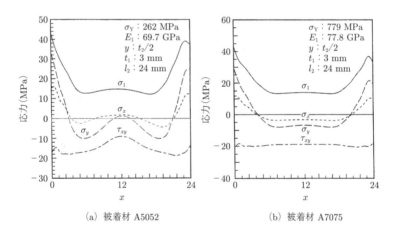

図 5.17 接着層境界における応力分布[22]

図 5.17a, b は,被着材が A5052 および A7075 の場合の応力解析結果である (被着材厚さ $t_1 = 3\,\mathrm{mm}$,重ね合せ長さ $l_2 = 24\,\mathrm{mm}$,接着層境界面の要素の応力 σ_1 の最大値が接着剤の引張強度 $\sigma_{\max} = 43.2\,\mathrm{MPa}$ に達したとき).

図 5.18 は,A5052 の継手 ($t_1 = 3\,\mathrm{mm}$, $l_2 = 24\,\mathrm{mm}$) に関し,接着層要素の降伏が開始した直後からの解析経過 (引張荷重 $W_0, \cdots, W_4$) であるが,引張荷重は第 1 段階の W_0 が最も大きく,以後亀裂の進展とともに荷重が減少している.

表 5.4 は,被着材が A5052 および A7075 の場合の破断荷重の実験値と計算値と

5.2 重ね合せ継手の特徴，応力分布および強度評価

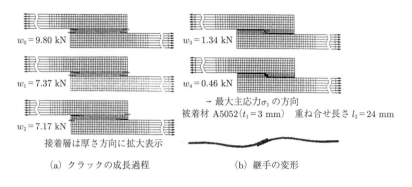

図 **5.18** 降伏域の進展状況[22]

の比較であるが，両値はほぼ一致しており，この解析法の妥当性が示されている．A7075 の降伏応力は A5052 の約 3 倍であり，重ね合せ長さ l_2 が大きくなるほど破断荷重の計算値および実験値とも差が開いている．これは，l_2 が大きくなるほどはく離が開始する荷重が大きくなり図 5.5 の偏心荷重による曲げモーメントが大きくなるが，降伏応力が大きな A7075 の方が曲げ塑性変形が小さく，はく離が生じ難いためと推定される．

表 **5.4** 重ね合せ継手強度の計算値と実験値との比較 (被着材の降伏応力および重ね合せ長さの影響)[22]

	l_2 (mm)	重ね合せ継手強度 (kN)	
		計算値	実験値
A5052 ($\sigma_Y = 262$ MPa)	19	8.80	9.05
	24	9.80	10.5
	47	15.5	16.8
A7075 ($\sigma_Y = 779$ MPa)	19	9.10	9.16
	24	11.7	12.9
	47	18.7	20.4

表 **5.5** 重ね合せ継手強度の計算値と実験値との比較 (被着材厚さによる影響)[22]．被着材 A5052, $l_2 = 24$ mm.

t_1 (mm)	重ね合せ継手強度 (kN)	
	計算値	実験値
1.6	8.78	9.12
3.0	9.80	10.5
6.0	14.0	14.5

また，表 5.5 は被着材 A5052 の厚さが継手強度に与える影響であるが，t_1 が大きい場合の方が曲げ変形が小さくなるとともに，式 (5.4) の応力集中係数も小さくなるため，継手強度が大きくなることが示されている．

d. 能野らの解析結果[23]

能野らの解析において，単純重ね合せ継手のようにき裂が安定成長する場合は，き裂が成長した分だけ接着長さが減少すると仮定して，次式により得られる J 積分 = 一定で強度予測を行っている[23]．

$$J = \frac{\eta}{2}\left(\frac{1}{G}\tau_0^2 + \frac{1}{E}\sigma_0^2\right) \tag{5.6}$$

ここで，せん断応力 τ_0 および引張応力 σ_0 は，Golland–Reissner の解析[9]における継手端の値であり，G は接着剤のせん断弾性係数，E は同縦弾性係数，η は同厚さである[23]．

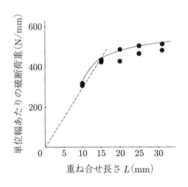

図 5.19 単純重ね合せ継手の破断荷重と重ね合せ長さとの関係[23]

図 5.19 は，単純重ね合せ継手の破断荷重と重ね合せ長さとの関係であり，重ね合せ長さが 10 mm までは接着層が降伏するため，破壊荷重は重ね合せ長さに比例して増加しているが，それ以後はほぼ J 積分 = 一定 (実線) で破壊荷重が予測できている[23]．

5.2.4 CFRTP 重ね合せ接着継手の引張せん断試験結果に対する結合力モデル (CZM) 法による解析例

a. 結合力モデル解析法[24, 25]

最新の破壊解析法では，破壊予測だけでなく，材料内の損傷進展も予測する．容積の大部分に多数のマイクロクラックがランダムに発生した場合を試験片が損傷を受けたと称し，容積の一部は荷重を負担することができなくなり，破壊強度が減少する．

5.2 重ね合せ継手の特徴，応力分布および強度評価

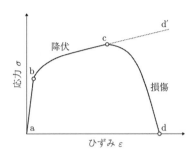

図 5.20 弾塑性材料の典型的一軸引張応力-ひずみ線図[24]

損傷による弾塑性材料の典型的な応力-ひずみ曲線を図 5.20 に示す[24]．

図の c 点で材料の剛性が減少しはじめ，d 点で完全に破壊に至る．このような応力と破壊力学の概念にもとづく破壊予測法を，結合力モデル法[28] (Cohesive Zone Model[24]: CZM) とよぶ．結合力の存在により亀裂先端の応力特異性を解消することができ，結合力領域が消費するエネルギーを亀裂進展の条件とすることによりエネルギー基準の亀裂進展を表現することができる[28]ため，最近はクラック開始，進展，および破壊解析に対し使用が拡大している[24]．CZM によれば多数のクラックがモデル化でき，クラックの進展方向をあらかじめ知る必要はないが，しかし結合力要素はクラックが進展する可能性のあるすべての経路に存在しなければならない[24]．CZM においては，破壊開始，損傷，および破壊を予測するために引張力-変位構成則を必要とする．図 5.21 には，強度予測のために最も一般的に用いられる二直線形，指数関数形，および台形の応力-ひずみモデルを示す[24]．

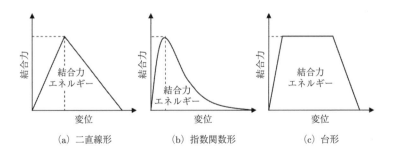

図 5.21 最も一般的に用いられる結合力領域損傷モデル[24]

実験により結合力–変位則を決定することは難しく，しばしば仮定されるか単純化される[24]．

二直線形モデルは一般的に脆性材料および複合材料の解析に適し，台形モデルは弾塑性材料の解析に適している[24]．この結合力–変位曲線下の面積は材料の臨界エネルギー解放率 G_{Ic} として知られている．CZM 法は ABAQUS などの汎用 FEM ソフトにも含まれていて，容易に計算ができる[25]．

b. CZM による解析例—混合モード条件下の FRTP の単純重ね合せ接着継手の挙動の解析[26, 27]

ポリプロピレンに 19 vol% のガラスマットを補強材として配合した FRTP [補強のために Al (5754 材) 板を裏側に接着] を被着材とし，二液性室温硬化型接着剤 (ダウケミカル製) を用いて接着した単純重ね合せ継手に，引張荷重を加えた場合の混合モード下の CZM 解析結果[26, 27]を以下に紹介する．

CZM は ABAQUS の中のユーザーが定義できる要素およびサブルーチンを用いて実行された．Yang および Thouless の混合モードモデル[27]に従って，接着層全体をユーザー定義の結合力要素により置き換え，開口力–変位則およびせん断力–変位則は互いに無関係で，次式の単純な破壊のクライテリオンにのみ従うものとした (図 5.22 参照)[27]．

$$\mathcal{G}_I/\Gamma_I + \mathcal{G}_{II}/\Gamma_{II} = 1 \tag{5.7}$$

ここで，Γ_I および Γ_{II} (モード I およびモード II の臨界ひずみエネルギー解放率) は，それぞれのモードにおける引張力–変位曲線下の面積で表され，$\mathcal{G}_I$ および $\mathcal{G}_{II}$ (モー

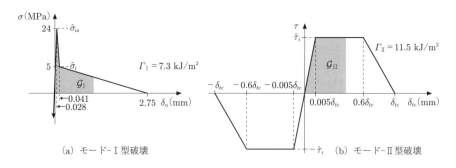

図 5.22　接着層境界の破壊の表現に用いた引張力–変位則[27]

ドＩおよびモードＩＩのエネルギー解放率) は次式で表される[27].

$$\mathcal{G}_\mathrm{I} = \int_0^{\delta_\mathrm{n}} \sigma(\delta_\mathrm{n})\,d\delta_\mathrm{n} \tag{5.8}$$

$$\mathcal{G}_\mathrm{II} = \int_0^{\delta_\mathrm{t}} \tau(\delta_\mathrm{t})\,d\delta_\mathrm{t} \tag{5.9}$$

上式で，δ_n および δ_t は垂直およびせん断変位であり，σ および τ は垂直およびせん断応力，δ_nc および δ_tc は臨界垂直およびせん断変位である．

両モードについて，式 (5.7) の破壊条件が成立するまで式 (5.8) および式 (5.9) により数値計算を進め，クラックがその点まで進展すると要素はそれ以上荷重を負担できなくなるので，要素に働く結合力は 0 にセットされる．要素の大きさによる影響を検討した結果，結合力要素の長さは被着材厚さ h の 1/25 以下，δ_nc および δ_tc の 1/5 以下とした[26, 27].

(i) モードＩ界面 CZM パラメーターの確定[26]　図 5.23 のバット継手試験片によるモードＩ引張試験結果を用いて，$\hat{\sigma}_\mathrm{io}, \hat{\sigma}_\mathrm{i}$，および応力 $= 0$ となる点の変位を仮定し，図 5.24 の DCB 試験片について実験および CZM 解析を行い，図 5.25 のように両結果を比較検討して最適な結合力パラメータを決定した (後出の表 5.6 参照).

(ii) モードＩＩ界面 CZM パラメータの決定[27]　図 5.26 の試験片を用いて平均界面せん断強度を測定して表 5.6 のようにモードＩＩの CZM パラメータを決定し，同表

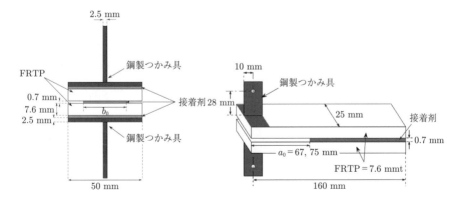

図 **5.23**　FRTP 接着界面の引張試験片形状[26]

図 **5.24**　接着剤–FRTP 界面のモードＩ型破壊の研究に用いた DCB 試験片形状および寸法[26]

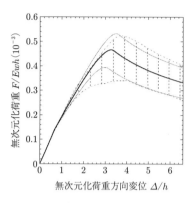

図 **5.25** CZM 解析および実験による DCB 試験片の無次元化荷重–無次元化変位曲線の比較[26]．F は荷重，E は FRTP の縦弾性係数，w は試験片の幅 (25 mm)，h は FRTP の厚さ (7.6 mm)，Δ は変位である．

のモード I パラメータとともに用いて，図 5.27 中に示す片側亀裂入サンドイッチ試験片の 3 点曲げ試験について，実験および式 (5.7) のクライテリオンによる混合モー

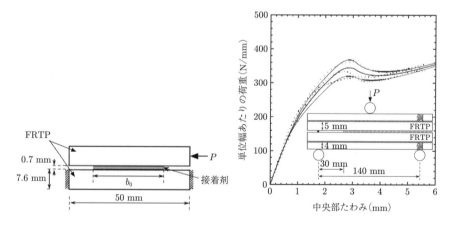

図 **5.26** 平均界面せん断強度測定用試験片の形状[27]

図 **5.27** CZM 解析および実験による接着端切欠付曲げ試験片の荷重–たわみ線図の比較[27]．図中の点線は実験値，実線は計算値 (表 5.6 の平均値および上下限値を使用)．

5.2 重ね合せ継手の特徴，応力分布および強度評価　141

表 5.6　CZM 解析に用いた接着層境界のパラメータ[27]

モード I (接着層境界)		モード II (接着層境界)	
$\hat{\sigma}_{io}$ (MPa)	24 ± 3	$\hat{\tau}_i$ (MPa)	12 ± 1.5
$\hat{\sigma}_i$ (MPa)	5.0 ± 1.5	Γ_{IIi} (kJ·m^{-2})	11.5 ± 1.5
Γ_{Ii} (kJ·m^{-2})	7.3 ± 1.8		

ド条件下で CZM 解析が行われ，両者の比較により，最適な CZM パラメータが決定された．CZM 解析においては，接着層は 4 節点混合モード結合力要素[27]により置き換えられた．

図 5.27 は，荷重–変位曲線について，実験結果 (点線) および CZM 解析結果 (実線) を比較したもので，実験結果は，表 5.6 のモード II の CZM パラメータの平均値 ±15% の上下限値を用いた解析結果内にほぼ収まっている．

(iii) 混合モード状態の単純重ね合せ継手の荷重–変位曲線の実験結果および CZM 解析結果の比較[27]　　図 5.28 の形状および寸法の FRTP (裏面に補強のために厚さ 2 mm の Al 板を接着) の単純重ね合せ継手 (ラップ長さ 40 mm および 50 mm) について，実験および表 5.6 のパラメータを用いた CZM 解析が行われた．

ラップ長さ 40 mm の場合の結果を図 5.29 に示す．計算値の中央値 (太い実線) と実験値 (●) とがほぼ一致しており，CZM 法により混合モード下の単純重ね合せ接着継手の挙動が予測できることが示された．

また，図 5.30 は破断時のラップ長さ 40 mm の試験片の端面の写真 (a) と CZM 解析結果 (b) とを比較して示したもので，両者はほぼ一致している．

(iv) CZM 解析法について　　以上のように，CZM 解析法は，破壊荷重のみならず，破壊に至るまでの損傷の進展状況が計算できることと，ABAQUS などの主要 FEM

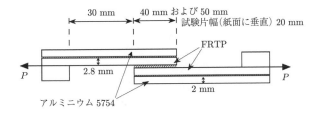

図 5.28　接着剤–FRTP 界面の混合モード破壊の研究に用いた単純重ね合せ継手試験片の形状および寸法[27]

142   5. 各種接合形式の特徴，応力分布および強度評価法

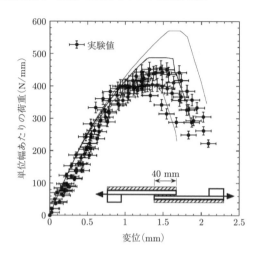

図 **5.29**　単純重ね合せ継手の引張荷重–変位曲線の CZM 解析結果と実験値との比較[27]．太い曲線はパラメータ平均値を，細い曲線はパラメータ上下限値を使用．

ソフトに組み込まれていることも合せて，最近利用される範囲が拡大し，接着継手に対する適用例も多い．CZM 法においては，解析結果が分割要素の大きさによって影響を受けるが[26]，実験と解析を繰り返して，適切な CZM パラメータの選択および要素分割を行えば，次の 5.3 節で述べる，境界層厚さ考慮の問題が解決されるとともに，式 (5.7) のような混合モード破壊クライテリオンを用いて結合力パラメータの選択により延性破壊–ぜい性破壊遷移現象が表現されるものと考えられる．

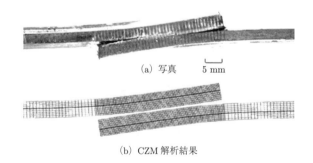

図 **5.30**　FRTP 単純重ね合せ継手の分離破断時端面の比較[27]

5.2.5 接着層厚さと接着強度との関係

接着剤に限らず,ぜい性材料の破壊強度は,試験片に内在するクラックの大きさの最小値の最頻値により決定されるため,破壊強度 S とクラックの総数 n すなわち試験片の容積 V とは,次式の関係,

$$\ln S \propto -\ln V \tag{5.10}$$

があり,大きい試験片ほど強度が小さくなる[29].

一方,延性材料の破壊過程は,ボイド (微小空洞) の発生,成長,合体であり[30],ボイドが材料に内在する欠陥を起点として発生し,容積の大きな試験片ほどより大きな欠陥を含む確率が大きくなり,より大きなボイドを発生させると考えられる.そのため,試験片の容積が大きい場合ほどボイドの大きさの平均値が大きくなって破壊強度が小さくなると考えることができる.

図 5.31 は,厚さ 1.5 mm のステンレス鋼板の重ね合せ継手 (重ね合せ長さ 12.5 mm) の接着層厚さを 0.04–1.5 mm と変えた場合の接着強度の実験結果である.前出の式 (5.4) で表される重ね合せ継手接着層端の応力集中係数は,式 (5.3) で表される k の値 (接着層厚さ d の平方根に逆比例) が大きいほど接着層端の応力集中係数が大きくなるため,接着層厚さ d の厚い方が k の値が小さくなり接着強度が大きくなるはずであるが,図 5.31 の実験値は逆の結果となっている.これは,式 (5.10) の接着層容

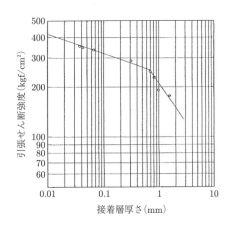

図 **5.31** 引張せん断接着強度と接着層厚さとの関係[31]. 被着材 SUS304 (1.5 mm 厚),ラップ長さ 12.5 mm,接着剤は一液性加熱硬化型エポキシ系 (120°C/1 h).

積による影響の方が大きいためと考えられる．

5.2.6 バルク接着剤試験片厚さと引張強度との関係

図 5.32 は，後出 (5.3 節の表 5.10) のエポキシ系接着剤 B (混合液体樹脂を真空脱泡後注型し，室温にて 20 日硬化) の引張強度と試験片厚との関係である．

厚さが 0.3–1.0 mm までは，式 (5.10) のように厚さの増加とともに引張強度が減少しているが，1.0–3.0 mm においては逆に引張強度が増加している．これは，硬化剤の DETA (ジエチレントリアミン) が吸湿性の大きな物質であるため，樹脂が硬化するまでの間に表面から吸湿が進み (アミンブラッシング現象)，表面から 1 mm までの部分の強度が厚さ 3 mm 以上の樹脂におけるそれより内部の強度に比べて劣り，降伏点を示さないためと考えられる．エポキシ系接着剤のポリアミドアミン系硬化剤もある程度吸湿性をもつため，厚さ 1 mm 以下の硬化樹脂薄膜は厚さが 3 mm 程度の樹脂硬化物より引張強度が劣ることが多い．しかし，継手の接着層は，厚さが薄くても硬化するまでに大気中にさらされないため吸湿せず，図 5.31 のように接着層厚さの増加とともに単調に接着強度が減少する．

したがって，室温硬化型エポキシ系接着剤の強度は特に組織敏感性[33]が大きいと

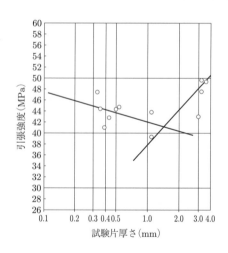

図 **5.32** バルク接着剤の引張強度と試験片厚さの関係[32]．表 5.10 の接着剤 B エピコート 828：エピコート 871：DETA=75：25：9.5，引張試験片 ASTM D638 Type I (平行部幅 12.7 mm，平行部長さ 57.2 mm)．

考えられるため，次項のように接着継手の実験結果から得た方が合理的である．なお，弾性係数およびポアソン比は組織鈍感性であり，バルク接着剤の測定により適正な値が得られる．

5.2.7　バルク接着剤および接着継手接着層における強度の測定法

図 5.33 には，バルク接着剤引張試験片，突合せ接着継手，および重ね合せ接着継手を用いた接着剤の引張強度 σ_{1Y} および降伏応力 σ_{eqY} の測定法を示す．

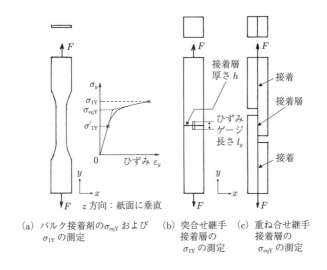

図 5.33　バルク接着剤の引張試験および接着継手による σ_{1Y} および σ_{eqY} の測定法 [32]

a.　バルク接着剤の引張試験[32]

バルク接着剤 (板厚数 mm) の引張試験は，通常 ASTM D638 TypeI 試験片 (平行部幅 12.7 mm，平行部長さ 57.2 mm) を用いて実施する．

図 5.33a のバルク接着剤の引張試験片において，最大主応力 σ_1 および von Mises の相当応力 σ_{eq} は次式で表される (平面応力状態)．

$$\sigma_1 = \sigma_y, \quad \sigma_2 = \sigma_x = 0, \quad \sigma_3 = \sigma_z = 0 \tag{5.11}$$

$$\sigma_{eq} = \sqrt{(\sigma_1 - \sigma_2)^2 + (\sigma_2 - \sigma_3)^2 + (\sigma_3 - \sigma_1)^2}/\sqrt{2} \tag{5.12}$$

146   5. 各種接合形式の特徴，応力分布および強度評価法

上記 2 式から，

$$\sigma_{\mathrm{eq}} = \sqrt{2\sigma_1^2}/\sqrt{2} = \sigma_1 = \sigma_y \tag{5.13}$$

ここで，σ_2 および σ_3 は中間および最小主応力である．図 5.33a において，ぜい性材料は $\sigma_{\mathrm{eq}} > \sigma'_{1\mathrm{Y}}$ のように降伏する前に破壊する．

b. 引張接着強度試験[32]

被着材としては炭素鋼またはアルミニウム合金を用いて，JIS K6849 接着剤の引張接着強さ試験方法 (ISO 6922) により，接着面 12.7 mm×12.7mm× 長さ 38 mm の試験片を用いて引張接着強度を測定する．

接着剤の性能を十分に引き出すために凝集破壊率ができる限り大きくなるように，機械式研磨および超音波洗浄，湿式エッチング，あるいはレーザー照射などの適切な表面処理を行う必要がある．しかし，前記 CZM 法のパラメータを得るためには，表面処理法を含めて実際の被着材を用いて測定する．

図 5.33b の突合せ接着継手の引張試験において，σ_1 および σ_{eq} は，次の式 (5.14) および式 (5.16) で表される．

$$\sigma_1 = \sigma_y \tag{5.14}$$

$$\sigma_2 = \sigma_3 = \frac{\nu}{1-\nu}\sigma_y \qquad (平面ひずみ状態) \tag{5.15}$$

$$\sigma_{\mathrm{eq}} = \sqrt{(\sigma_1-\sigma_2)^2 + (\sigma_2-\sigma_3)^2 + (\sigma_3-\sigma_1)^2}/\sqrt{2}$$
$$= \frac{1-2\nu}{1-\nu}\sigma_y \quad < \sigma_y = \sigma_1 \tag{5.16}$$

接着層の y 方向のひずみは，次項のせん断接着強度試験に用いている伸び形を装着しても測定は可能であるが，せん断変形に比して伸びが小さいため，以下のような大ひずみゲージを用いて測定する方法が簡単である．

図 5.33b のように，試験片の中央に接着層を含むように大ひずみ測定用ひずみゲージを貼付すれば，被着材の弾性ひずみ ε_{d} を含むひずみ値 ε が計測されるので，次式により接着層のひずみ ε_{a} が計算され，この状態下の接着層の引張応力–ひずみ線図が得られる．

$$\varepsilon_{\mathrm{a}} = \frac{l_{\mathrm{g}}}{h}\cdot\varepsilon - \frac{l_{\mathrm{g}}-h}{h}\cdot\frac{F}{AE} = \frac{l_{\mathrm{g}}}{h}\cdot\varepsilon - \frac{l_{\mathrm{g}}-h}{h}\varepsilon_{\mathrm{d}} \tag{5.17}$$

試験片に生じる曲げひずみをキャンセルするため，ひずみゲージは相対する 2 面に貼りつけ，直列接続するか対辺 2 アクティブゲージ接続することが望ましい．

ここで，l_g はひずみゲージ長，h は接着層の厚さ，F は引張荷重，A は被着材の荷重に垂直方向の断面積，E は被着材の縦弾性係数である．

前記の CZM 法の図 5.22a モード I 型破壊のパラメータ $\hat{\sigma}_{io}$ は，図 5.23 の引張試験法のかわりにこの方法によっても求めることができる．

c. 厚肉被着材を用いた単純重ね合せ継手の引張せん断接着強度試験[32]

この場合の被着材およびその表面処理法については，前項の引張強度試験の場合と同様である．

JIS K6868-2(ISO 11003-2) "接着剤—構造接着のせん断挙動の測定—第 2 部：厚肉被着材を用いた引張試験方法" により，被着材には厚さ 6 mm，長さ 110 mm，幅 25 mm の炭素鋼またはアルミニウム合金を用いて (CZM 法パラメータを得るためには実際の被着材とその表面処理法を用いて)，重ね合せ長さを 5 mm として接着し，伸び計を装着して，せん断応力–せん断ひずみ曲線を測定する．

図 5.33c の重ね合せ継手の接着層内 (平面応力状態) において，σ_1 および σ_{eq} は次式により計算できる．

$$\sigma_x = \sigma_y = 0, \quad \sigma_z = \nu(\sigma_x + \sigma_y) = 0 \tag{5.18}$$

$$\sigma_1 = \left[\sigma_x + \sigma_y + \sqrt{(\sigma_x + \sigma_y)^2 + 4\tau_{xy}^2}\right] \Big/ 2 = \tau_{xy} \tag{5.19}$$

$$\sigma_{eq} = \sqrt{(\sigma_x - \sigma_y)^2 + (\sigma_y - \sigma_z)^2 + (\sigma_z - \sigma_x)^2 + 6\tau_{xy}^2} \Big/ \sqrt{2}$$
$$= \sqrt{3}\tau_{xy} \quad > \tau_{xy} = \sigma_1 \tag{5.20}$$

前記 CZM 法の図 5.22b のモード II 型破壊におけるパラメータ $\hat{\tau}_i$ および $\hat{\tau}_j$ が減少し始める δ の値は，図 5.26 のせん断試験法のかわりに，この方法によっても得られる．

また，図 5.33c の試験片の中央に，ロゼット形ひずみゲージを，接着面に対する角度 $\theta = 90°$ 方向および $\pm45°$ 方向に貼付けて 3 方向のひずみ値を測定し，被着材のひずみ値を計算により除去するという能野らの方法[23,61] を用いると，被着材のせん断ひずみ $\gamma_{xy} \approx 2(1+\nu)F/blE$（$\nu$ および E はそれぞれ被着材のポアソン比および縦弾性係数，F は引張せん断荷重，b は継手の幅，l は重ね合せ長さ）となることから，$\theta = \pm45°$ 方向に生じる被着材の主ひずみは $\varepsilon_{1d} = \gamma_{xy}$ および $\varepsilon_{2d} = -\gamma_{xy}$ となるため[55]，接着層の $\theta = \pm45°$ 方向の主ひずみ ε_{1a} または ε_{2a} は，式 (5.17) において，h を $h/\sin\theta$ により，ε_d を ε_{1d} または ε_{2d} によりそれぞれ置き換えること

により得られる．また，被着材の $\theta = 90°$ 方向のひずみ $\varepsilon_{90d} = 0$ であるため，接着層の $\theta = 90°$ 方向のひずみ ε_{90a} は式 (5.17) において $\varepsilon_d = 0$ を代入することにより得られる．

式 (5.18)–(5.20) により接着層の最大主応力 σ_1 および最大せん断応力 $\tau_{max} (= \sigma_1)$ を計算すれば，接着層の σ_1-ε_1 線図および τ_{max}-γ_{max} 線図を得ることができる．この方法により得られた応力–ひずみ線図は，2軸応力状態下のもので，図 5.33a の単軸引張試験によるものとは異なるが，実際の継手の接着層についての値であり，ぜい性破壊する場合の σ_1 の最大値または降伏点における von Mises の相当応力 σ_{eq} の値は，それぞれ単軸引張による値とほぼ同じと考えられる．

5.2.8　バルク接着剤の応力–ひずみ曲線と引張速度との関係

接着剤を含めて高分子材料は図 5.34 のような粘弾性体であるため[34]，ひずみ速度により変形量が変化する．

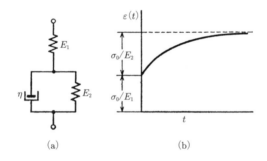

図 **5.34**　クリープの3要素模型[34]

図 5.35 は，2種類のエポキシ樹脂に関する引張応力–ひずみ線図とクロスヘッドの移動速度との関係である[32]．樹脂の組成および機械的性質を表 5.7 に示す[32]．

エポキシ樹脂1は通常の硬質樹脂であるが，エポキシ樹脂2には長分子鎖をもつ可撓性エポキシ樹脂エピコート 871 が 50 部配合されている．

図 5.35 において，エポキシ樹脂1はひずみ速度の増加によって降伏応力は変わらないが，破断時伸びが減少している．一方，可撓性のエポキシ樹脂2は，ひずみ速度の増加により降伏応力が増加し，破断時伸びは減少しており，両樹脂とも，含まれる粘性項 (図 5.34 のダッシュポット) の影響が現れている．

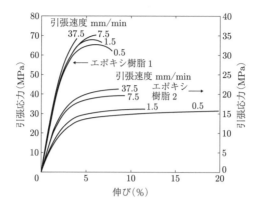

図 5.35　2 種類のエポキシ樹脂の応力−ひずみ線図と引張速度との関係[32]

表 5.7　2 種類のエポキシ樹脂の組成および機械的性質[34]

エポキシ樹脂	組　　　　成				力　学　的　性　質			
	エピコート 828	エピコート 871	N-AEP	DETA	縦弾性係数 (GPa)	降伏応力 (MPa)	引張強度 (MPa)	破断時伸び (%)
1	100	0	22	0	2.68	68.3	68.3	6.6
2	50	50	0	8	0.646	14.6	16.0	11.4

注 1) エポキシ樹脂 2 は，表 5.10 の弾塑性接着剤 C.
注 2) 力学的性質は，クロスヘッドの移動速度 1.5 mm/min における測定値.
注 3) 引張試験片は ASTM D638 Type I (平行部幅 12.7 mm, 平行部長さ 57.2 mm, 試験片厚さ 4 mm).
注 4) ひずみの測定には，大ひずみ用ひずみゲージを用いた.

このように，接着剤の力学的性がひずみ速度により異なるため，接着継手およびバルク接着剤の強度測定時には，接着層におけるひずみ速度ができるだけ一致するように条件を整えることが必要である．

5.3　スカーフ継手および突合せ(バット)継手の応力分布および破壊条件

スカーフ接着継手は，被着材の加工が比較的難しいという短所があるが，重ね合せ接着継手の場合のような接合部全体にわたる大きな応力集中や引張荷重による接着部の曲げモーメントが生じないため，破断荷重が接着部長さに比較的比例して増加するという長所があり，航空機用複合材料や合板の接着接合には利用されている．

150   5. 各種接合形式の特徴，応力分布および強度評価法

　また，接着層内は垂直応力とせん断応力の組合せ応力状態となり，スカーフ角度を変えることで両応力の比率を任意に変えられるため，接着層すなわち厚さが薄い樹脂の組合せ応力状態と破壊条件との関係をしらべることが比較的容易にできる．

　ここでは，炭素鋼を被着材として，スカーフ角度 θ (接着面と荷重方向との間の角度) が 15–90° の継手の 2 次元および 3 次元 FEM 解析を行って接着層内の応力分布を把握するとともに，ぜい性 1 種類，延性 2 種類のエポキシ系接着剤用いた継手の接着強度を測定して接着層破面の SEM 観察を行い，その破壊条件を検討した結果を紹介する．

5.3.1　2 次元弾性 FEM 解析[35]

　表 5.8 の材料定数，図 5.36 および図 5.37 の解析モデル (要素分割図) を用いて，スカーフ継手 (スカーフ角度 $\theta = 15$–75°) およびバット継手 ($\theta = 90°$) の平面ひずみ状態における 2 次元弾性 FEM 解析を行った．スカーフ継手においては，同一要素分割図を用い，被着材の厚さ t を $t = a \tan \theta$ (a は $\theta = 45°$ における t) に従って変化させている．

表 **5.8**　スカーフおよびバット継手の 2 次元 FEM 解析に用いた材料定数[35]

	縦弾性係数	ポアソン比
被着材 (軟鋼)	$E = 210.00\,\mathrm{GPa}$	$\nu = 0.30$
接着剤 (エポキシ樹脂)	$E_\mathrm{a} = 3.20\,\mathrm{GPa}$	$\nu_\mathrm{a} = 0.37$

1 GPa=102 kgf/mm^2

　式 (5.21)–(5.23) および図 5.38 中には，図 5.36 の継手の座標系に示すように接着層に平行に s 座標，垂直に n 座標をとり，接着層内の応力が一様であるとして平均化したときの応力 σ_s，σ_n，および τ_{sn} を示す．

$$\sigma_n = \sigma_\mathrm{a} \sin^2 \theta \tag{5.21}$$

$$\sigma_s = \frac{\nu_\mathrm{a}}{1 - \nu_\mathrm{a}} \sigma_n \tag{5.22}$$

$$\tau_{sn} = \sigma_\mathrm{a} \sin \theta \cos \theta \tag{5.23}$$

　また，図 5.39 および図 5.40 には，接着層境界における σ_s，σ_n，および τ_{sn} の計算結果を用いて式 (5.24) および式 (5.25) により得られた最大主応力 σ_1 および von Mises の相当応力 σ_eq をそれぞれ示す．両応力は，平均引張応力 σ_a (= 引張荷重/垂

5.3 スカーフ継手および突合せ (バット) 継手の応力分布および破壊条件　151

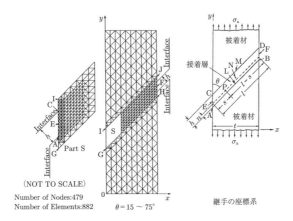

図 **5.36**　スカーフ接着継手の 2 次元解析モデルおよび要素分割図[35]．s 座標：接着層の長さ方向，n 座標：接着層の厚さ方向，t は継手の厚さ，h は接着層の厚さ，l は接着層の長さ，σ_a は継手に働く平均引張応力．

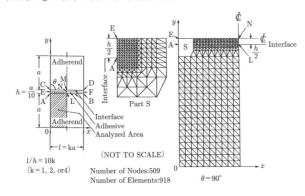

図 **5.37**　バット接着継手の 2 次元解析モデルおよび要素分割図[35]

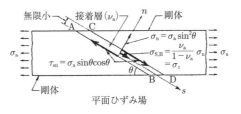

図 **5.38**　スカーフ接着継手の接着層内の平均化応力[35]

152   5. 各種接合形式の特徴，応力分布および強度評価法

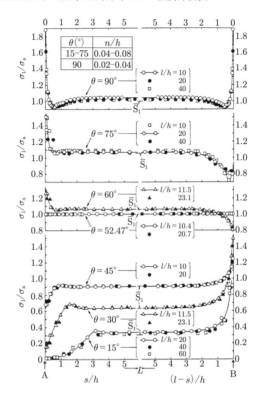

図 5.39 2 次元 FEM によるスカーフ継手の接着層層境界における最大主応力 σ_1 の分布[35]．$\bar{S}_1$ は式 (5.21)–(5.23) の平均化応力値を式 (5.24) に代入して得た値．

直断面積) で無次元化し，s 座標は接着層厚さ h で無次元化している．

$$\left.\begin{array}{l}S_1 = \sigma_1/\sigma_a \\ S_2 = \sigma_2/\sigma_a\end{array}\right\} = \frac{1}{2}\frac{\sigma_s + \sigma_n \pm \sqrt{(\sigma_s - \sigma_n)^2 + 4\tau_{sn}^2}}{\sigma_a} \quad (5.24)$$

$$S_{eq} = \sigma_{eq}/\sigma_a = \frac{(\sigma_1 - \sigma_2)^2 + (\sigma_2 - \sigma_z)^2 + (\sigma_z - \sigma_1)^2}{\sqrt{2}\sigma_a} \quad (5.25)$$

ここで，σ_2 および $\sigma_z\,[=\nu(\sigma_x+\sigma_y)]$ は最小主応力および z 方向 (紙面に垂直) の中間主応力である．

図 5.39 および図 5.40 の $\theta = 52.47°$ においては，被着材を含めて継手全体にわたりすべての応力が一定値を示す．この角度は，同一寸法の材料 1 (被着材) および材

5.3 スカーフ継手および突合せ (バット) 継手の応力分布および破壊条件 153

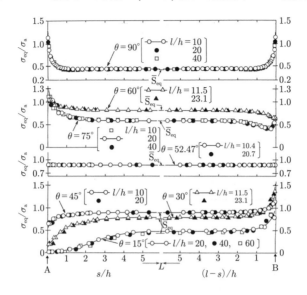

図 **5.40** 2 次元 FEM によるスカーフ継手の接着層層境界における von Mises の相当応力 σ_{eq} の分布[35]. $\bar{S}_{eq}$ は式 (5.21)–(5.23) の平均化応力値を式 (5.25) に代入して得た値.

料 2 (バルク接着剤) の長方形板のそれぞれに同一引張応力を負荷したとき,負荷前において軸方向に対しいずれも角 θ をなす両材料の斜面の長さが,負荷後においても常に等しくなる角度として導いた次式により与えられる[35].

$$\tan^2 \theta = \frac{E_2/E_1 - 1}{\nu_1 E_2/E_1 - \nu_2} \quad (\text{平面応力場}) \tag{5.26}$$

$$\tan^2 \theta = \frac{\mu - 1}{\mu \nu_1/(1-\nu_1) - \nu_2/(1-\nu_2)}, \quad \mu = \frac{(1-\nu_1^2)E_2}{(1-\nu_2^2)E_1} \quad (\text{平面ひずみ場}) \tag{5.27}$$

ここで,材料 1 および材料 2 について,E_1 および E_2 は縦弾性係数,ν_1 および ν_2 はポアソン比である.

これらの式から得られる θ は,接着界面自由端近傍における応力特異性が消失する角度である[38]. 被着材が金属である場合,$E_1 \gg E_2$, $\mu \simeq 0$ であるため,式 (5.26) および式 (5.27) により得られる θ は,バルク接着剤長方形板を引張ったとき,常に斜面の長さが変らない角度にほぼ等しい.

154   5. 各種接合形式の特徴，応力分布および強度評価法

Lubkin[39]は，材料 1 (被着材 1) および材料 2 (被着材 2) からなる異種被着材ス
カーフ継手において，接着層界面に沿って応力が均一になる角度 θ を与える式とし
て式 (5.26) および式 (5.27) を導いているが，両式による θ の異種被着材スカーフ
継手の接着層内においては，応力集中は最小とはなるが解消はされない．厳密には，
前述のように両式は被着材と接着剤との間で用いるべきである．

せん断ひずみエネルギー U_s と σ_{eq} との間には，$U_s = \sigma_{eq}^2/6G$ の関係があり (G
はせん断弾性係数)，von Mises の降伏条件はせん断ひずみエネルギー一定の降伏条
件と同義である．

解析結果において，接着層自由端から接着層厚さの 2–3 倍内側へ入った個所まで
の応力集中部では，接着層の厚さが異なっても応力分布がほぼ相似となっている．し
たがって，接着層厚さ h が厚くなるほど，接着端の応力集中部が内部にまで及ぶ．ま
た，それ以外の接着層の大部分ではほぼ一定応力となり，その値は，式 (5.21)–(5.23)
の平均化応力 σ_s，σ_n，および τ_{sn} を式 (5.24) および式 (5.25) に代入し，σ_a により
無次元化して得た $\bar{S}_1$ および $\bar{S}_{eq}$ の値にほぼ一致している．

5.3.2   3 次元弾性 FEM 解析[36]

図 5.41 のような解析モデルおよび要素分割図を用いて，3 次元弾性 FEM 解析を
行った．

図 5.42 には，スカーフ角度 θ が 30° の場合の接着層境界 ($n/h \simeq 0$) における垂
直応力 σ_n，σ_s，およびせん断応力 τ_{sn} (いずれも σ_a により無次元化) の s 方向分布
を，継手の z 方向中心 ($z/b \simeq 0.5$) と z 方向接着層表面 ($z/b \simeq 1.0$) について示し
た．また，比較のため 2 次元平面応力状態と平面ひずみ状態の解析結果も併せて示
してある．

図 5.42 の応力分布は，いずれの θ においても各応力について，z 方向中心 ($z/b \simeq$
0.5) の場合の解が平面ひずみ状態の解にほぼ一致している．また，z 方向接着層表
面 ($z/b \simeq 1.0$) における垂直応力 σ_n，σ_s，および σ_z はいずれも応力集中のため 2 次
元解析の平面応力状態の解に一致していないが，せん断応力 τ_{sn} の 3 次元解析解は
平面応力状態の解にほぼ一致している．これらのことは，図 5.43 の $\theta = 60°$ の継手
の接着層内の z 方向の応力分布からも理解できる．

図 5.43 において，$z = 0$ の接着層自由端表面から接着層厚さ h の約 3 倍までの応
力集中部においては，接着層の厚さ (l/h) が異なっても応力が一致している，すな
わち応力分布の相似性が見られること，および図示していないが s 方向自由端近傍

5.3 スカーフ継手および突合せ (バット) 継手の応力分布および破壊条件

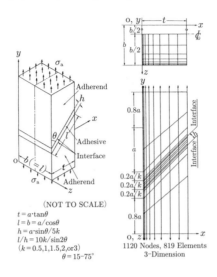

図 **5.41** スカーフ接着継手の3次元解析モデルおよび要素分割図[36]

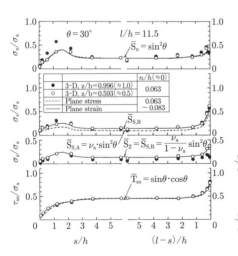

図 **5.42** 接着層境界における s 方行の応力分布 ($\theta = 30°$, 2次元および3次元 FEM)[36]

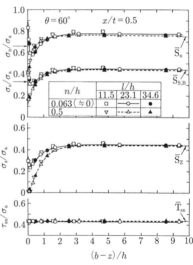

図 **5.43** 3次元 FEM による接着層内の z 方向の応力分布 ($\theta = 60°$)[36]

156   5. 各種接合形式の特徴，応力分布および強度評価法

の応力分布の 3 次元解析結果においても同様の相似性が見られることは，2 次元解析結果と同様である[36].

5.3.3　2 次元弾塑性 FEM 解析[37]

図 5.36 と同一の要素分割図を用いて，$\theta = 30°$ および $75°$ のスカーフ継手の弾塑性 FEM 解析[19]を行った．用いた材料定数を表 5.9 に示す．

表 5.9　接着剤 B および被着材の材料定数[37]

	組成			力学的性質			
	エピコート 828	エピコート 871	DETA	ヤング率 (GPa)	ポアソン比	降伏応力 σ_Y (MPa)	c (GPa)
バルク接着剤	75	25	9.5	2.16	0.38	46.8	0
フィルム接着剤	75	25	9.5			56.8	0
被着材	S35C			205.9	0.30	304	0.892

$\sigma^p = \sigma_Y + c\varepsilon^p$,　　$1\,\mathrm{GPa} = 102\,\mathrm{kgf/mm^2}$,　　$1\,\mathrm{MPa} = 0.102\,\mathrm{kgf/mm^2}$.

表 5.9 において，バルク接着剤 B の引張試験片 (図 5.33a，厚さ 3 mm) による降伏応力は 46.8 MPa であるが (次項の表 5.10 参照)，この値は 5.2.6 項で述べた理由により，実際の継手の接着層の降伏応力より小さいと考えられるため，FEM 解析には図 5.33c の厚肉被着材 S35C の引張せん断試験から得た $\sigma_{\mathrm{eqY}} = 56.8\,\mathrm{MPa}$ を用いている．

図 5.44 には，$\theta = 30°$ の場合の引張荷重 F が 3.40 kN (弾性限)，4.90 kN (中間荷重)，および 6.11 kN (完全降伏状態) における下側接着層境界にそった σ_1，$\tau_{\max}$，および σ_{eq} の計算結果を示す．

図 5.44a の σ_1 の分布は，図 5.39 の弾性応力分布と類似であるが，後者の方が図 5.36 の B 点近傍の応力集中が大きい．それは，図 5.44c の σ_{eq} の分布において，B 点近傍の塑性域が荷重の増加とともに他方の接着層端の A 点に向かって次第に拡大していくためである．

$\tau_{\max}$ と σ_{eq} の分布は類似しており，$F = 6.11\,\mathrm{kN}$ において，接着層全体にわたり降伏している．このときの σ_1 の B 点近傍における応力特異性は接着層をぜい性破壊させるほど大きくはないため，図 5.50 の実験結果において，弾塑性接着剤 B および C のスカーフ継手は von Mises の条件により降伏している．

他方，$\theta = 75°$ の場合の弾塑性応力解析結果は省略したが，図 5.36 の A 点で最大値，B 点で最小値を示す．前記 $\theta = 30°$ の場合と異なるのは，θ が $90°$ の突合せ継

5.3 スカーフ継手および突合せ (バット) 継手の応力分布および破壊条件　　157

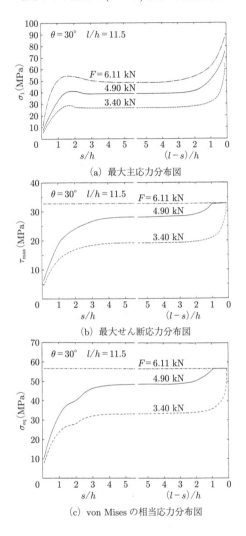

図 **5.44**　弾塑性 FEM によるスカーフ継手の接着層境界における最大主応力，最大せん断応力，および von Mises 相当応力の分布 ($\theta = 30°$)[37]

手に近いため，A 点において σ_1 の応力集中が非常に大きくなり，大きな応力特異性を示すことである．そのため，解析上は，引張荷重 $F = 18.45\,\text{kN}$ において接着層全体にわたり $\tau_{\max}$ および σ_{eq} が一定の完全降伏状態となるが，実際の弾塑性接着

剤 B のスカーフ継手はその 54% の $F = 9.96\,\mathrm{kN}$ においてぜい性破壊している[37].

5.3.4 接着強度および破壊条件[40,41]

a. スカーフおよびバット継手の接着強度実験結果

図 5.45 の形状・寸法の S35C 製被着材に対し，実接着表面積の増加および接着面の十分な洗浄により接着強度の向上を図るため，#60 の研削砥石 WAH60(白色酸化アルミニウム) により研削方向を試験片の長手方向に一致させて研削し，トリクロロエチレンにより 10 分間ずつ 4 回の超音波洗浄を行った．

1 対の被着材を，接着層厚さが 0.1 mm となるように隙間を空けて接着ジグに固定し，接着部の底面と両側面をセロハンテープによりシールした後 (接着剤が端面から少しはみだすように考慮)，あらかじめ真空脱泡した接着剤を注射器を用いて滴下してただちに真空デシケータ中で真空引きして接着剤を注入するという方法を取り，気泡および湿気が接着層中に含まれることを極力防いだ．接着剤の硬化条件は室温において 10 日間とし，接着層端面にはみ出た接着剤を #400→#1000 のサンドペーパーにより，研磨方向を荷重方向に平行として順次研磨して除去した．

3 種類のエポキシ系接着剤の組成および力学的性質を表 5.10 に，応力–ひずみ線図を図 5.46 に示す．応力–ひずみ線図の測定は，厚さ 3 mm の各バルク接着剤注型板を用いて，5.2.8 項 a で述べた ASTM D638 TypeI 試験片により得た．

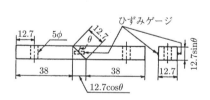

図 **5.45** スカーフ継手およびバット継手試験片形状[40,41]

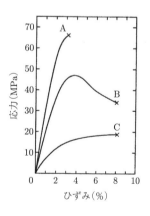

図 **5.46** 3 種類のエポキシ系接着剤の応力–ひずみ線図[41]

5.3 スカーフ継手および突合せ (バット) 継手の応力分布および破壊条件

表 5.10 3 種類のエポキシ系接着剤の組成および力学的性質[41]

接着剤	組　　成			力　学　的　性　質			
	エピコート 828	エピコート 871	硬化剤 DETA	縦弾性係数 (GPa)	ポアソン比	降伏応力 (MPa)	引張強度 σ_t(MPa)
A (ぜい性)	100	0	11.0	3.14	0.37	—	65.5*
B (弾塑性)	75	25	9.5	2.16	0.38	46.8*	46.8
C (弾塑性)	50	50	8.0	0.784	0.45	16.7*	18.5

* σ_{BY} (図 5.53 参照), 1 GPa= 102 kgf/mm², 1 MPa= 0.102 kgf/mm²

接着剤 A はぜい性, 接着剤 B および接着剤 C は延性 (弾塑性) を示す.

図 5.45 のように, 試験片の接着層を含む位置の両面に大ひずみ用ひずみゲージ (ゲージ長さ 5 mm) を貼りつけて, 荷重と被着材の伸びを含む接着層のひずみ計測値 ε との関係を測定し, 図 5.47 のような結果を得た.

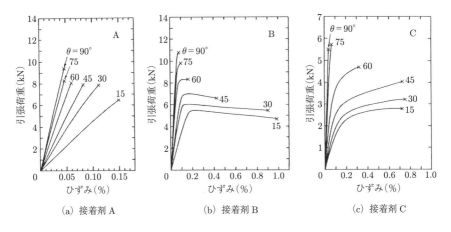

図 5.47 3 種類の接着剤によるスカーフおよびバット継手の荷重–ひずみ線図[41]

接着層の実際のひずみ ε_a は, 図 5.47 の荷重 F と被着材の弾性ひずみ ε_d を含むひずみ計測値 ε との関係を用いて, 前記 5.2.7 項の式 (5.17) の接着層厚さ h を接着層厚さの y 軸方向成分 $= h/\sin\theta$ で置き換えた次式により計算でき, 荷重 F–ひずみ ε_a 線図が得られる. 図 5.48 はひずみゲージ貼付部詳細図である.

$$\varepsilon_a = \frac{l_g \sin\theta}{h} \cdot \varepsilon - \frac{l_g \sin\theta - h}{h} \cdot \frac{F}{AE} = \frac{l_g \sin\theta}{h} \cdot \varepsilon - \frac{l_g \sin\theta - h}{h}\varepsilon_d \quad (5.28)$$

ここで, θ はスカーフ角度, l_g はひずみゲージ長, h は接着層の厚さ, F は引張荷

160   5. 各種接合形式の特徴, 応力分布および強度評価法

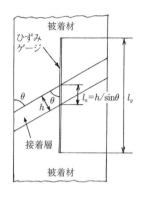
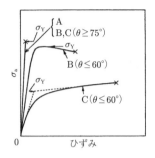

図 **5.48**　ひずみゲージ貼付部詳細図　　図 **5.49**　接着継手の接着強度または降伏
　　　　　　　　　　　　　　　　　　　　　　　　応力 σ_Y の決定法[41]

重, A は被着材の荷重に垂直方向の断面積, E は被着材の縦弾性係数である.

　図 5.45 の寸法のスカーフ継手試験片 (被着材 S35C の $E = 205.9\,\mathrm{GPa}$, $l_g = 5\,\mathrm{mm}$, $h = 0.1\,\mathrm{mm}$) について, 図 5.47 のひずみ測定値 ε (%) および荷重 F (kN) を式 (5.28) に代入すれば, 接着層のひずみ ε_a の計算値 (%) は, 次式のようになる.

$$\varepsilon_a = 50\sin\theta \cdot \varepsilon - 3.01 \times 10^{-3} \times \frac{50\sin\theta - 1}{\sin\theta} \cdot F = 12.94\varepsilon - 0.139F \quad (5.29)$$

　上式の右辺は, $\theta = 15°$ のスカーフ継手の ε_a の計算式である.

　なお, 能野らは, 5.2.7 項 c で紹介したロゼット形ひずみゲージを接着面に対する角度 $\theta = 90°$ 方向および $\pm 45°$ 方向に貼付けて 3 方向のひずみ値を測定し, 被着材のひずみ値を計算により除去するという方法[23,61]を用いて, スカーフ継手試験片の接着層の σ_1-ε_1 線図および τ_{max}-γ_{max} 線図の実験値を得ている[23,51]. 被着材のひずみ値としては, 図 5.36 右図において, $\varepsilon_y = \sigma_a/E$, および $\varepsilon_x = -\nu\varepsilon_y$ を用いている. ここで, E および ν はそれぞれ被着材の縦弾性係数およびポアソン比である.

　また, 図 5.49 に示す方法で, 各接着継手の接着強度または降伏応力 σ_Y (いずれも荷重方向に垂直な断面積あたりの平均応力 σ_a) を決定し, 図 5.50 に示した[41]. 図中 ◦ は実験値である.

　表 5.11 には, 3 種類の接着剤によるスカーフおよびバット継手の接着強度の変動係数を示す. 接着剤を吸湿させないように細心の注意を払って真空含浸法により接着を行っているため, 変動係数はぜい性接着剤 A の場合でも平均 6.7% と非常に小さい値となった.

5.3 スカーフ継手および突合せ(バット)継手の応力分布および破壊条件

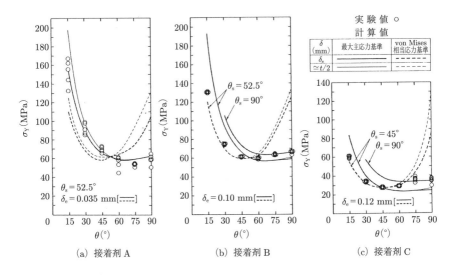

(a) 接着剤 A (b) 接着剤 B (c) 接着剤 C

図 5.50 3種類の接着剤によるスカーフ継手の接着強度とスカーフ角度との関係[41]. 図中の実線は境界層を考慮した場合の応力,破線は境界層を考慮しない連続体としての応力のそれぞれ最大値を用いた強度計算値.

表 5.11 3種類の接着剤によるスカーフおよびバット継手の接着強度の変動係数

スカーフ角度	接着強度の変動係数 η_R			
	接着剤 A	接着剤 B	接着剤 C	接着剤 C 降伏応力
15°	0.082	0.004	0.039	0.018
30°	0.060	0.006	0.016	0.018
45°	0.038	0.006	0.023	0.021
60°	0.112	0.011	0.014	0.012
75°	0.029	0.010	0.063	—
90°	0.083	0.022	0.078	—
平均値	0.067	0.010	0.039	0.017

b. スカーフおよびバット継手の接着層の破壊条件

切欠きなどにより応力勾配のある材料の降伏あるいは破壊が,最大応力によるのではなく,最大応力を含む有効容積についての応力の平均値によって決まることがNeuber[42]によって示され,中西[43]は同様の事実が材料の表面に境界層を考慮することにより説明できることを示した.さらに同様の考え方により,大理石や鋳鉄などのぜい性材料[44],および延性高分子材料[45]などについて,不均一応力下の破壊

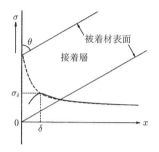

図 5.51 境界層厚さ δ を考慮した接着層境界における自由端近傍の応力分布[40]

が説明できることが報告されている.これらの理由は,金属やセラミックスの場合は結晶粒子の存在により,樹脂や接着剤の場合は配合されている可塑剤,充てん材,可撓性付与剤,およびミクロボイドなどの存在によって,いずれも完全な連続体ではないことによるものと考えられる.

図 5.51 はスカーフ継手の接着層境界に境界層厚さ δ を考慮しない連続体とした場合 (破線) と考慮した場合の応力分布であり,後者では実線のように $x = \delta$ で最大値 σ_δ を示すものと考える[40].

5.2.5 および 5.2.6 項で述べたように,バルク接着剤の強度および接着層の強度は厚さにより変り,同一条件の継手の接着強度が製作時期 (図 4.58 および図 5.50a 参照) により変るため,各 θ における接着強度計算値は,基準の条件 (θ_s) の接着強度実験値との比較により行うのが合理的である.

そこで,まず基準の θ_s における接着強度 σ_{Ys} に対する任意の θ における接着強度 σ_Y の比の計算値を次式により求める.

$$\left(\frac{\sigma_Y}{\sigma_{Ys}}\right)_{\text{cal}} = \left(\frac{\sigma_{\delta_s}}{\sigma_a}\right) \Big/ \left(\frac{\sigma_\delta}{\sigma_a}\right) \tag{5.30}$$

ここで,$\sigma_{\delta s}/\sigma_a$ および σ_δ/σ_a は,基準の θ_s および任意の θ の継手接着層境界の境界層 $x = \delta$ における無次元化最大主応力 σ_1 または von Mises の相当応力 σ_{eq} (σ_a は平均引張応力) である.応力計算値としては,3 次元解析結果を用いた.

任意の θ の継手の接着強度計算値 $(\sigma_Y)_{\text{cal}}$ は,次式のように,式 (5.30) の計算値を基準の θ_s における接着強度実験値 $(\sigma_{Ys})_{\text{exp}}$ に乗じることにより得られる.

$$(\sigma_Y)_{\text{cal}} = \left(\frac{\sigma_Y}{\sigma_{Ys}}\right)_{\text{cal}} (\sigma_{Ys})_{\text{exp}} \tag{5.31}$$

5.3 スカーフ継手および突合せ (バット) 継手の応力分布および破壊条件　　163

図 4.58 (117 ページ) は，ぜい性接着剤 A によるスカーフおよびバット継手の接着強度とスカーフ角度との関係であるが，試験片製作時期が図 5.50 とは異なるため，すべての θ について，図 5.50 の接着強度より小さい.

基準の θ_s としては，2 次元解析において均一応力分布を与える $\theta = 52.47°$ にほぼ等しくなるように，(σ_{Ys})exp として $\theta = 45°$ と $60°$ (平均値 $52.5°$) の接着強度実験値の平均値を用いた.

破壊が接着層自由端における最大主応力 σ_1 の最大値が接着層強度に達したときに起こるとして求めた接着強度計算値 (図 4.58 の $\delta = 0.001\,\mathrm{mm} \simeq 0\,\mathrm{mm}$，における値，破線で示す) は，実験値よりかなり小さく，まったく一致が見られないが，境界層厚さ $\delta_e = 0.035\,\mathrm{mm}$ における σ_1 が一定値に達したときに破壊が起こるとして求めた接着強度計算値は実験値にほぼ一致している[40]. 図示していないが，式 (5.30) の σ_{δ_s} および σ_δ として von Mises の相当応力を用いて得た接着強度計算値 $(\sigma_Y)_{\mathrm{cal}}$ は，境界層厚さ δ_e の値を変えても実験値とまったく一致しなかった[40]. 図 5.50 には，上記のようにして得た，最大主応力条件と von Mises の相当応力条件による接着強度計算値を併記した.

ぜい性接着剤 A の継手においては，前述の図 4.58 の場合とまったく同様な結果となり，この接着剤を用いた継手は，最大主応力条件によりぜい性破壊していることがわかる. そのことは，図 5.47 の荷重–ひずみ線図からも理解できる. 一方，図 5.50 には，同様にして得た弾塑性接着剤 B および C を用いた継手の最大主応力条件および von Mises の条件による接着強度計算値を実線および破線で併記した. 基準スカーフ角度 θ_s は，継手全体が均一応力分布となるスカーフ角度，B は $51.90°$ および C は $47.84°$ に近い，B は $52.5°$，C は $45°$ とした.

境界層厚さ δ は，実験値に適合する最小値を採用するが，その値 δ_e は，接着剤 A は $0.035\,\mathrm{mm}$ (前出)，接着剤 B は $0.10\,\mathrm{mm}$，および接着剤 C は $0.12\,\mathrm{mm}$ となった. 図 5.50 において，各継手の接着強度計算値は，境界層厚さ δ_e における応力値を用いた場合 (太い実線および破線) と，それより内部の一定応力域 ($x \simeq t/2$) の応力を用いた場合 (細い実線および破線) とがほぼ同一となった ($x = \delta_e$ と $x \simeq t/2$ における応力値がほぼ同一のため).

図 5.50 において，弾塑性接着剤 B および C の継手の接着層は，$\theta \leq 60°$ では von Mises の条件で降伏が起こり，$\theta > 60°$ では，図 5.52 の主応力比とスカーフ角度 θ との関係からわかるように，応力の 3 軸性が高くなって (継手 B は $\theta > 51.90°$ および継手 C は $47.84°$ で 3 主応力とも引張応力に移行)[41]，塑性変形が拘束されるた

164   5. 各種接合形式の特徴，応力分布および強度評価法

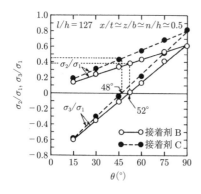

図 **5.52** 継手 B および C の接着層の一定応力域における主応力比[41]

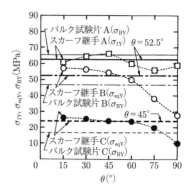

図 **5.53** 接着層における σ_{1Y} および σ_{eqY} の実験値とスカーフ角度 θ との関係[41]

め，最大主応力条件でぜい性破壊 (切欠ぜい性) が生じていると考えられる[46,47].

図 5.53 は，前記境界層厚さ δ_e における σ_1/σ_a または σ_{eq}/σ_a の計算値の最大値に図 5.50 の σ_Y の実験値 (平均値) を乗じることにより得た各継手の接着層の強度の実験値 σ_{1Y} (継手 A) および σ_{eqY} (継手 B および C) と θ との関係である．図において，A の場合は各 θ における σ_{1Y} は $\theta = 52.5°$ における σ_{1Y} にほぼ一致しており，すべての θ においてぜい性破壊していることがわかる．また，B および C の場合 σ_{eqY} は，$\theta \leq 60°$ においてはほぼ一定で，それぞれ $\theta = 52.5°$ および $\theta = 45°$ の σ_{eqY} の値にほぼ一致しており von Mises 則により降伏しているが，$\theta \geq 75°$ においてはぜい性破壊 ($\sigma_{1Y} = $ 一定) のため減少している．

なお，von Mises の相当応力 σ_{eq} とせん断ひずみエネルギー U_s との間には，E を材料の縦弾性係数，ν をポアソン比とすれば，

$$U_s = \frac{1+\nu}{3E} \sigma_{eq}^2 \qquad (5.32)$$

の関係があり，von Mises の相当応力一定の降伏条件はせん断ひずみエネルギー一定の降伏条件に等しい[55].

延性金属材料の塑性流動，せん断形破壊，およびへき (劈) 開破壊と応力状態との関係について，Parker の理論[46,47]によれば，図 5.54 のような三主応力を軸とする空間において，中心軸が $\sigma_1 = \sigma_2 = \sigma_3$ に一致する同心円筒状の降伏応力曲面 Y [48]，せん断破壊曲面 S，および各主応力軸と，$\sigma_1 = \sigma_c$，$\sigma_2 = \sigma_c$，$\sigma_3 = \sigma_c$ においてそ

5.3 スカーフ継手および突合せ(バット)継手の応力分布および破壊条件

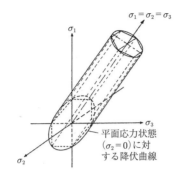

図 5.54 応力空間で表した3次元降伏曲面[48]

れぞれ直角に交わるへき開破壊平面 C が存在する.

それらの面と σ_2 が一定な $\sigma_1\sigma_3$ 面との交線を図 5.55 のようにそれぞれ Y 曲線, S 曲線, および C 直線とすれば, σ_1 および σ_3 に比べて σ_2 が小さい場合は図 5.55a のように Y および S 曲線が C 直線の内側に位置するため, 負荷の増加により応力は矢印のような経路をたどり, せん断破壊が起こるが, 応力の三軸性の増加すなわち σ_2 の増加により図 5.55b のように C 直線が Y 曲線の内側に入る場合は, 応力が矢印のような経路をたどって C 直線と交わる点でへき開破壊が起こる[41,46,47].

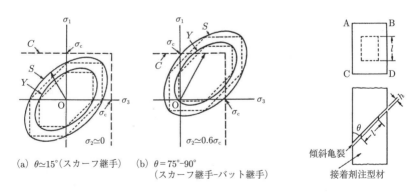

(a) $\theta \simeq 15°$(スカーフ継手)　(b) $\theta = 75°$-$90°$
(スカーフ継手-バット継手)

図 5.55 降伏曲線と破壊曲線の相対位置に及ぼす第三主応力の影響[41,46,47]. 図中 C はへき開破壊応力, S はせん断破壊応力, Y は降伏応力, 実線は von Mises の条件, 破線は Tresca の条件.

図 5.56 傾斜亀裂を付けた接着剤の注型材[36]

166   5.　各種接合形式の特徴，応力分布および強度評価法

　図 5.50 のスカーフ継手においては，$\theta \leq 60°$ の場合が図 5.55a の場合に，$\theta \geq 75°$ の場合が図 5.55b の場合に相当すると考えることにより，B および C についての実験結果を理解することができる.

　図 5.50 には B および C において基準角度 $\theta_s = 90°$，$\delta = 0.10\,\mathrm{mm}$ および $\delta = 0.12\,\mathrm{mm}$ として，最大主応力条件の σ_1 を用いて得た σ_Y の計算値を併せて示した. これらの結果から，B の場合 $\theta \simeq 62°$，C の場合 $\theta \simeq 68°$ において von Mises の条件による降伏からへき開破壊へ遷移すると考えられる. これらの現象は，次の 5.3.4 項 c において SEM による接着破面の観察により確認する.

　スカーフ継手において剛性の大きな被着材に挟まれた厚さの薄い接着層の破壊挙動は，図 5.56 の傾斜亀裂を付けた接着剤の注型材の破壊挙動に類似しているものとみなされる[36].

　木材のスカーフ継手について，類似の遷移現象が堀岡[49]により報告されている. また，北川により，延性高分子であるポリカーボネートおよびポリ塩化ビニルの切り欠きぜい性破壊についての研究がなされており，切り欠き底から内部へそれぞれ $0.09\,\mathrm{mm}$ および $0.17\,\mathrm{mm}$ の有効幅 t_{eff} (本研究の境界層厚さ δ に相当) だけ入った領域で，最大応力がある限界応力に達したときにぜい性破壊が起こるとすると実験結果がよく説明できることが示されている[50].

　一方，ひずみエネルギー面密度の意味をもつき裂パラメータとして提案された CED (crack energy density)[52]の概念を，き裂が直進しないような場合に適用するため $\mathcal{E}^{\mathrm{I}}_{\varphi\max}$ および $\mathcal{E}^{\mathrm{II}}_{\varphi\max}$ が拡張定義され，両値が負荷荷重に比例して増加し，それぞれの値のどちらかが先にその限界値 $(\mathcal{E}^{\mathrm{I}})_i$ あるいは $(\mathcal{E}^{\mathrm{II}})_i$ に達したとき，そのモードの破壊が起こるという混合モード破壊クライテリオンが提案され[53]，引張型荷重下およびせん断型荷重下の 2 次元傾斜き裂をもつ PMMA 樹脂 (ぜい性材料) 試験片および A2024-T3 材 (弾塑性材料) 試験片の破壊実験が実施されて，PMMA 樹脂においては，常にモード I 型 (開口型・ぜい性) 破壊が起こるが，A2024-T3 材においては，引張型荷重下ではき裂角度によらず常にモード I 型破壊が起こり，せん断型荷重下では，荷重方向とき裂のなす角 α が 30° 以下の場合モード II 型 (面内せん断型・延性) 破壊が起こり，$\alpha > 30°$ の場合モード I 型破壊が起こることが確認され，前記混合モード破壊クライテリオンが混合モードき裂に対する統一的破壊クライテリオンとなりうるという結果が得られている[54]. せん断荷重下の実験および解析結果を図 5.57 に示す.

　このクライテリオンは，前記 Parker の理論を CED を用いて表現したものとも考

5.3 スカーフ継手および突合せ (バット) 継手の応力分布および破壊条件

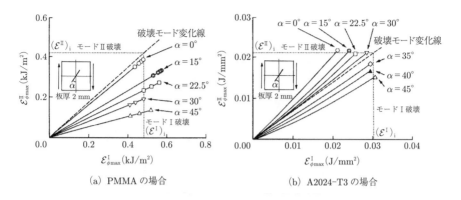

(a) PMMA の場合 (b) A2024-T3 の場合

図 5.57 混合モードき裂を有するぜい性および延性板材のせん断荷重による破壊モード[54]

えられ，応力条件によらず，ぜい性破壊のみが生じる材料および応力条件により延性破壊からぜい性破壊へ遷移する材料などの性質は，各材料固有のものであることがわかる．

c. スカーフおよびバット継手の接着層破壊条件の破面観察による検証[41]

図 5.58 に各継手の接着層の破面外観の代表的な例を示した[41]．

図において，比較的白く見えるほうが接着層，比較的黒く見えるのが被着材表面である．θ が小さい場合ほど界面破壊的であるが，被着材表面は少し白くなっており，界面破壊状に見える箇所においても接着剤の細片が残っている．図 5.58 において接着層を厚さ方向に切断し接着面を荷重方向 (図では水平方向) に直角に横切るように生じるメインクラック[40]は，A，B および C のほとんどの試験片について，自由端ではなく接着面の内部において生じている．なお A および B の $\theta = 90°$ の継手の破壊は，接着面角部 (図 5.58 においては左下) において開始している．

また，図 5.59 は接着層の厚さ方向の断面の SEM 写真である．
(a)–(e) は，すべての θ について A の接着層がぜい性的に破壊したことを示している．(c) および (d) においてはリバーパターン[56]がみられる．接着剤 B においては，エピコート 828 と 871 との間の相溶性に起因して，両者の比率が異なる 2 相に分離し，871 の含有率が相対的に小さいほうの相が直径 1μm 以下の球状あるいは被着材界面付近では円板状になっているのが破面から観察された (接着剤 B の硬化物のみ不透明で黄白色である)．球状相は比較的硬質と考えられ，前者の 871 の含有率

168   5. 各種接合形式の特徴，応力分布および強度評価法

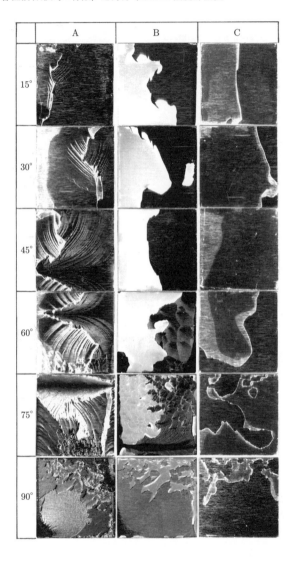

図 **5.58**　接着層破面 (12.7 mm×12.7 mm) の外観写真[41]

が大きなマトリックス相は塑性変形後破断するため，球状相の部分が図の (f)–(j) のようにディンプル状となっている．したがってディンプルの深さからマトリックス

5.3 スカーフ継手および突合せ (バット) 継手の応力分布および破壊条件 169

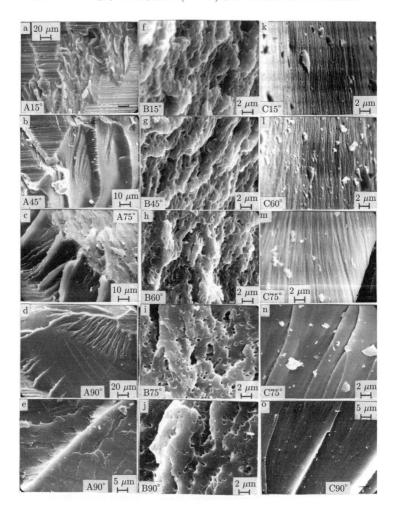

図 **5.59** 接着層破面の SEM 写真[41]

相の伸びの大きさが推定できるが，(f) (15°)，(g) (45°)，および，(h) (60°) に比べて，(i) (75°) および (j) (90°) においてはくぼみが浅く，破面が平坦で先端が鋭くなっており，前述のようにぜい性的に破断したことが推定される．図 5.47 の継手の荷重–ひずみ線図に対応して，断面の塑性変形は θ の増加に伴って減少しているよう

170　　5. 各種接合形式の特徴，応力分布および強度評価法

に見られる.

　また接着剤 C の断面においては，粘弾性領域の破面にみられる (k)–(m) のような細線模様 (イレギュラーライン)[57]が生じているが，$\theta = 75$–$90°$ においては (n) (75°) および (o) (90°) のような平滑でリバーパターンのみられるぜい性破壊の部分の比率がかなり増加しており，5.3.4 項 b の結果が裏付けられた.

　以上のように，SEM による接着層破面の観察結果は，5.3.4 項の b の力学的挙動をよく裏付けている.

d.　バット継手の引張接着強度とバルク接着剤の引張強度との関係

　表 5.12 には，表 5.10 の 3 種類の接着剤 (引張強度 σ_t) に関して，図 5.46 の応力–ひずみ線図を折れ線近似したときの $\varepsilon_{ep}/\varepsilon_e$ (弾塑性ひずみ/弾性ひずみ) の値，図 5.50 のバット継手 ($\theta = 90°$) の接着強度 σ_Y の平均値，および σ_Y/σ_t の値を示す. σ_Y/σ_t は，ぜい性接着剤 A の場合は 0.90 で接着強度の方が小さいが，弾塑性接着剤 B および C の場合は，その値は 1.41 および 1.86 と接着強度の方が大きい. これは，表 5.12 のように接着剤 A に比べて B および C の場合は $\varepsilon_{ep}/\varepsilon_e$ の値が大きいことに関連があり，バット継手においては塑性変形が拘束されるため，接着層の吸収エネルギーが大きいことが破壊時の応力の増加につながっているように考えられ，接着継手のはく離強度向上のため接着剤の選定時に参考となる.

表 5.12　バット継手の引張接着強度 σ_t とバルク接着剤の引張強度 σ_Y との関係

接着剤	$\varepsilon_{ep}/\varepsilon_e$	引張強度 σ_t (MPa)(表 5.10)	接着強度 σ_Y (MPa)(図 5.50)	σ_Y/σ_t
A	1.5	65.5	58.8	0.90
B	3.3	46.8	65.9	1.41
C	4.8	18.5	34.5	1.86

ε_e：接着剤の弾性ひずみ (図 5.46 を折線近似した時の比例限ひずみ)
ε_{ep}：接着剤の弾塑性ひずみ (図 5.46 の最大ひずみ)

e.　ゴム変性エポキシ系接着剤の 3 軸応力下の降伏および破壊挙動[58–60]

　今中らは，未変性エポキシ樹脂，液状ポリサルファイド変性エポキシ樹脂 (東レチオコール製 LP-3 を 50phr 添加) および架橋ゴム変性エポキシ樹脂 (日本合成ゴム製 XER91，平均粒径 70 nm のゴム微粒子を 14wt% 配合) を接着剤として用いて (硬化剤はいずれもピペリジン)，薄肉円筒のねじり試験片 (スカーフ角度 $\theta = 0°$ として表示) およびスカーフおよびバット継手試験片 (寸法，形状は図 5.45 と同一) の純せ

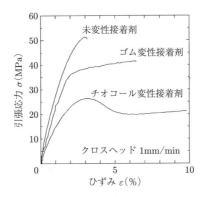

図 **5.60** エポキシ系バルク接着剤の引張応力–ひずみ線図[58,59]

ん断から3軸引張応力状態下の破壊挙動をしらべた[58,59].

図 5.60 はそれらの3種類のエポキシ樹脂の引張応力–ひずみ線図である[58,59].

いずれの接着剤の場合も，図 5.50 の接着剤 B および C と同様に，スカーフ角度 θ の増加により von Mises の条件による降伏から最大主応力条件による引張破壊に遷移するという結果が得られており，遷移角度は，未変性樹脂，チオコール変性樹脂，およびゴム変性樹脂において，それぞれ 45°，75°，および 45° である[58,59].

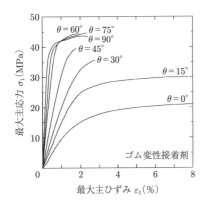

図 **5.61** ゴム変性接着剤によるスカーフ継手の最大主応力–最大主ひずみ線図[58,59]

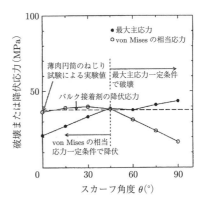

図 **5.62** ゴム変性接着剤によるスカーフ継手の破壊または降伏応力とスカーフ角度との関係[58,59]

試験片の荷重方向に平行方向および接着面に垂直方向に貼りつけたひずみゲージにより得られた接着層の最大主応力–最大主ひずみ線図は，未変性およびチオコール変性接着剤の場合は，図 5.47 の接着剤 B および C の荷重–ひずみ線図と同様な傾向を示したが，図 5.61 に示すゴム変性接着剤の場合は，図 5.62 のように θ が 60° 以上において最大主応力条件で破壊しているにもかかわらず，あたかも降伏しているような挙動を示している[58,59]．

これは，前出図 2.1 の概念図に示すように，多数のゴム微粒子が，き裂の進展および分離破断を妨げていることによるものと考えられ，これが接着剤にゴム微粒子を配合する主目的であり，配合により接着継手の耐衝撃性も大幅に向上する．

延性破壊がボイドの発生，成長，合体の過程を経て生じることが知られ，Gurson はボイドの体積率 V を用いて，次式の降伏関数を導いた[30]．

$$F = \frac{\sigma_{\mathrm{M}}^2}{\sigma_y^2} + 2V^* \cosh\left(\frac{q_2 \sigma_{kk}}{2\sigma_y}\right) - 1 - (V^*)^2 = 0 \tag{5.33}$$

$$V^* = V q_1 \tag{5.34}$$

ここで，F は降伏関数，$\sigma_{\mathrm{M}} = \sqrt{(3/2)\sigma_{ij}\sigma_{ij}}$ は多孔質体の相当応力 (von Mises)，σ_y は母材の相当応力 (von Mises)，V はボイド体積率，σ_{kk} は静水応力，q_1, q_2 は Tvergaad らが導入した修正パラメータで，$q_1 = 1.5, q_2 = 1.0$ とすると実際の変形との対応がよいとされる．

式 (5.33) は，$q_1 = q_2 = 1.0$ とすれば，本来の Gurson の式に一致する．また，$V = 0$ とすれば，本来の von Mises の降伏関数と一致する．

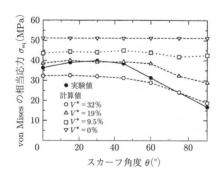

図 **5.63** 降伏点における von Mises の相当応力とスカーフ角度との関係[60]

今中らは，前記ゴム変性接着剤に含まれる 17vol% のゴム粒子をボイドとみなして $(V=17\%)$ 式 (5.33) を適用し，$V^* = 0, 9.5, 19\%$ ($q_1 = 1.1$)，および 32% ($q_1 = 1.9$) の場合の接着層の挙動を FEM プログラム MARC の機能を用いて解析した[60]．その結果，図 5.63 のように，接着層の降伏応力は，$0° \leq \theta \leq 45°$ においては，$V^* = 19\%$ ($q_1 = 1.1$)，$60° \leq \theta \leq 90°$ においては $V^* = 32\%$ ($q_1 = 1.9$) とした場合の解析結果が実験結果にほぼ一致することを明らかにした[60]．これは降伏応力が，2 軸引張，1 軸圧縮応力状態下より 3 軸引張応力状態下の方が体積分率に敏感であることを示している．

f. 能野らによるスカーフ継手の破壊強度則[23,61]

能野らは，き裂が不安定成長する場合の破壊基準として，2 液性エポキシ系接着剤 (3M 社スコッチウェルド 1838B/A) を用いて，Al 製中空円筒の突合せ継手に対し組合せ応力負荷試験を行い，式 (5.35) および式 (5.36) で表される図 5.64 のような破壊基準を導出した[61]．

$$C_{21} = \frac{0.100 J_1 + \sqrt{0.213 J_1^2 + J_2'}}{50.1} = 1 \tag{5.35}$$

$$C_{22} = \frac{\sigma}{34.5} = 1 \tag{5.36}$$

C_{21} において，1 次不変量 $J_1 = \sigma_x + \sigma_y + \sigma_z$，2 次不変量 $J_2' = \sigma_{\text{eq}}^2/3$ (σ_{eq} は von Mises の相当応力) である．

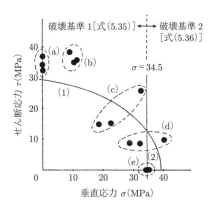

図 **5.64** 円筒突合せ継手の組合せ応力下の破壊条件[23,61]

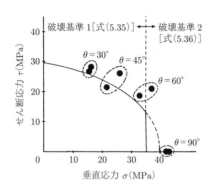
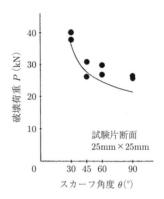

図 **5.65**　スカーフ継手の破壊時の応力[23]　　図 **5.66**　スカーフ継手の破壊強度[23]

この基準は，(1) 接着層の降伏条件 (C_{21}) と，(2) 接着層の引張応力 σ がある値 (34.5 MPa) を超えたときには弾性条件下で破壊する条件 (C_{22}) から構成されている．この破壊基準を，同じ被着材および接着剤を用いたスカーフ継手の引張接着強度実験結果に適用した結果を図 5.65 に示す[23]．

図 5.65 において，実験による破壊強度は，降伏破壊基準 C_{21} およびぜい破壊基準 C_{22} によりほぼ予測できている[23]．ぜい性破壊基準 C_{22} に対して，$\theta = 90°$ の実験値は少し超えた値を示している ($\theta = 60°$ の実験値についても同様) が，中空円筒の突合せ継手とは製作時期が異なるため，スカーフ継手の接着層の方が強度が少し大きかったためと推定される[23]．

図 5.66 は，スカーフ継手 (引張荷重に垂直な断面積 =25 mm×25 mm で一定) の破壊荷重実験値とスカーフ角度との関係であり，スカーフ角度が小さくなるほど，破壊強度は増加している[23]．

g.　スカーフおよびバット継手の接着層厚さと接着強度との関係[61]

図 5.67 ならびに図 5.68 は，それぞれぜい性接着剤 A および延性接着剤 B を用いたスカーフ継手 ($\theta = 30°$) およびバット継手の荷重–ひずみ線図ならびに接着強度 σ_Y と接着層厚さ% h との関係である[62]．

図 5.67 から，スカーフ継手 B (接着剤 B 使用) 以外は，いずれも接着層がぜい性破壊しているものとみなされる．接着強度 σ_Y 計算値は，いずれも前出 5.3.4 項 b と同様に境界層厚さ δ を考慮することにより求めている．図 5.68 において実験値と

5.3 スカーフ継手および突合せ (バット) 継手の応力分布および破壊条件

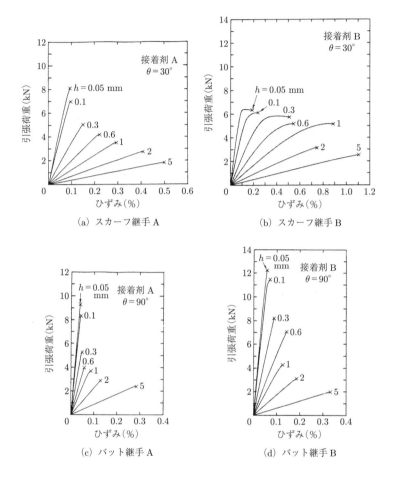

図 5.67 スカーフ継手 ($\theta = 30°$) およびバット継手の荷重–ひずみ線図[62]

計算値とを比較すれば，図 5.67 の荷重–ひずみ線図により裏付けられているように，スカーフ継手 B (接着剤 B 使用, $\delta = 0.2\,\mathrm{mm}$) は von Mises の応力条件による降伏，それ以外の継手は最大主応力条件 ($\delta = 0.02\,\mathrm{mm}$) による破壊が生じていると見なされる．

176   5. 各種接合形式の特徴，応力分布および強度評価法

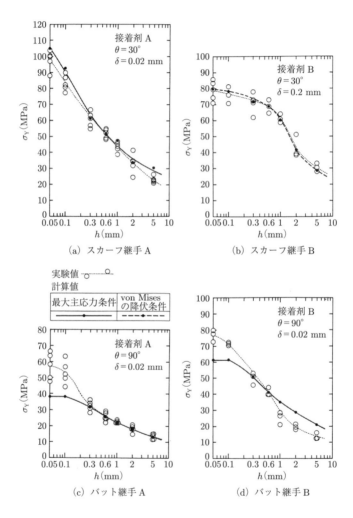

図 **5.68** スカーフ継手 ($\theta = 30°$) およびバット継手の接着層厚さと接着強度との関係[62]

5.4 接着接合部における特異応力場の強さおよび応力拡大係数を用いた接着強度の評価

5.4.1 特異応力場の強さおよび応力拡大係数を用いたバット継手の強度評価[63]

野田ら[63,83]は，前出 5.3.4 項 g の鈴木によるぜい性接着剤 A および延性接着剤 B を用いたバット継手の引張強度実験値に対し，図 5.69a の完全接着モデルおよび図 5.69b の仮想き裂モデルを適用して精細な FEM 解析を行い，引張強度予測値が実験値にほぼ一致するということを示したので以下に紹介する．

図 5.69a の完全接着モデルにおいて，接合端部の特異応力場の強さ K_σ は，

$$K_\sigma = \lim_{r \to 0} \left[r^{1-\lambda} \times \sigma_{\theta|\theta=\pi/2}(r) \right] \tag{5.37}$$

と表される[64]．ここで，r は接着層境界端からの距離，λ は特異性指数である．

これを用いて無次元化特異応力場の強さ F_σ が次式のように定義される[64]．

$$F_\sigma = \frac{K_\sigma}{\sigma_0 W^{1-\lambda}} \tag{5.38}$$

ここで σ_0 は遠方における y 方向応力である．

式 (5.38) の σ_0 の値として，接着強度 σ_c を代入することにより，継手破壊時の特異応力場の強さ $K_{\sigma c}$ が次式のように得られる[63]．

$$K_{\sigma c} = F_\sigma \sigma_c W^{1-\lambda} \tag{5.39}$$

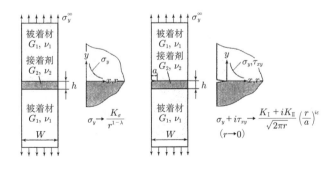

(a) 完全接着モデル　　(b) 仮想き裂モデル

図 5.69　完全接着モデルおよび仮想き裂モデル[63,83]

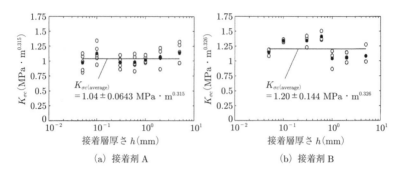

図 5.70 完全接着モデルにおける破断時の特異応力場の強さ $K_{\sigma c}$ と接着層厚さ h との関係[63, 83]．○は実験値，●は各接着層厚さ h における実験値の平均．

上式の σ_c の値として，図 5.68 の (c) および (d) のバット継手の接着強度実験値 σ_Y を代入することにより図 5.70 のように継手破断時の特異応力場の強さ $K_{\sigma c}$ と接着層厚さ h との関係が得られた[63]．この図から，ぜい性接着剤 A および延性接着剤 B の場合ともに，各接着層厚さの継手の接着強度が特異応力場の強さ $K_{\sigma c}$ = 一定で評価できることが示された．

なお，$K_{\sigma c}$ の値は，接着剤 A の場合 1.04，接着剤 B の場合 1.20 で，「接着強度/接着剤の引張強度」の値も後者の方が大きいが，これは 3.3.4 項 d で述べたように，接着剤 B の方が弾塑性ひずみ/弾性ひずみの値が大きく，破壊に至るまでの吸収エネルギーが大きいことに関連があるものと考えられる．

一方，図 5.69b の仮想き裂モデルの界面き裂先端では，特異性指数が $\lambda = 1/2 + i\varepsilon$ で，次式で表される特異応力場が形成される[63, 65]．

$$[\sigma_y + i\tau_{xy}]_{\theta=0} = \frac{K_{\mathrm{I}} + iK_{\mathrm{II}}}{\sqrt{2\pi r}} \left(\frac{r}{a}\right)^{i\varepsilon}, \quad \varepsilon = \frac{1}{2\pi}\ln\left(\frac{1-\beta}{1+\beta}\right) \tag{5.40}$$

$$K_{\mathrm{I}} + iK_{\mathrm{II}} = (F_{\mathrm{I}} + iF_{\mathrm{II}})\sigma_y^\infty \sqrt{\pi a} \tag{5.41}$$

式 (5.41) は，界面き裂の複素応力拡大係数であり，振動特異性を有する[65]．ここで，K_{I}，K_{II} は応力拡大係数，F_{I} および F_{II} は無次元化応力拡大係数，β は Dundurs の複合材料パラメーターである．図 5.69b の仮想き裂モデルにおいて，それぞれの接着層厚さ h/W に対して $a/W = 0.01$ および 0.1 の 2 種類について計算の結果，無次元化応力拡大係数 F_{I} および F_{II} の比 $F_{\mathrm{II}}/F_{\mathrm{I}}$ の値は a/W の値に関係なくほぼ一

5.4 接着接合部における特異応力場の強さおよび応力拡大係数を用いた接着強度の評価　　179

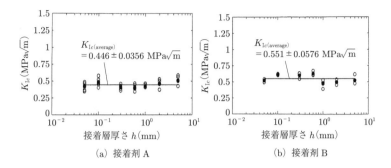

図 5.71　仮想き裂モデルにおける破断時のみかけの破壊じん性値 K_{Ic} と接着層厚さ h との関係 ($a/W = 0.01$)[63].図中○は実験値,●は各接着層厚さ h における実験値の平均.

定の値となったため,みかけの破壊じん性値 K_{Ic} が次式で与えられる[63].

$$K_{\mathrm{Ic}} = F_{\mathrm{I}} \sigma_{\mathrm{c}} \sqrt{\pi a} \tag{5.42}$$

上式の σ_{c} の値として,図 5.68 の (c) および (d) のバット継手の接着強度実験値 σ_Y を代入することにより,図 5.71 のように継手破断時のみかけの破壊靭性値 K_{Ic} と接着層厚さ h との関係が得られた.この図から,ぜい性接着剤 A および延性接着

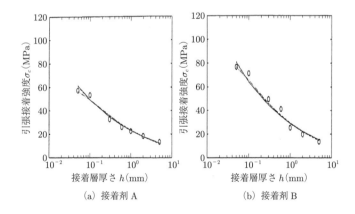

図 5.72　完全接着モデルおよび仮想き裂モデルによるバット継手の接着強度 σ_{c} の予測値と実験値との比較[63].図中○は実験値 (平均値),実線は完全接着モデル,破線 ($a/W = 0.01$) と一点鎖線 ($a/W = 0.1$) は仮想き裂モデル.

180   5. 各種接合形式の特徴，応力分布および強度評価法

剤 B の場合ともに，各接着層厚さの継手の接着強度が見かけの破壊じん性値 $K_{\mathrm{Ic}} = $ 一定で評価できることが示された[63]．

$a/W = 0.1$ の場合も同様の結果が得られている[63]．

仮想き裂モデルを用いる利点は，接合界面端部に固有な特異応力場を直接知る必要がなく，幾何学的に異なる接合界面においても，同じ応力拡大係数限界値を用いて評価可能であることである[63]．

図 5.72a, b には，図 5.70 の完全接着モデルにおける $K_{\sigma c}$ の平均値を式 (5.39) の $K_{\sigma c}$ に代入して得られる σ_c の予測値および図 5.71 の仮想き裂モデルにおける K_{Ic} の平均値を式 (5.42) の K_{Ic} に代入して得られる接着強度 σ_c の予測値と実験値との比較を示す[63]．強度予測値と実験値とはほとんど一致しており，はく離破壊する接着継手においては，この予測方法が適切であることがわかる．

この特異応力場の強さ $K_{\sigma c}$ および応力拡大係数 K_{Ic} を用いた強度評価法は，応力集中がある場合の Neuber の有効容積の考え方[42]あるいは図 5.51 で示した境界層 δ を用いた強度評価法[43]を理論的に定量化した方法と考えられる．

5.4.2 特異応力場の強さ H によるスカーフおよびバット継手の強度評価[66]

Mintzas–Nowell は古典的な Airy の応力関数を用いて，2 材料の接合界面端まわりに広がる漸近応力場の解析を行い，応力を次式により表した[66]．

$$\sigma_{ij} = \sum_{k=1}^{\infty} H_k f_{ijk}(0, \lambda_k) r^{\lambda_k - 1} \tag{5.43}$$

ここで，$\lambda_k - 1$ は応力特異性指数，f_{ijk} は角度 θ および固有値 λ_k における無次元化関数，k は固有値の個数，H_k は遠方荷重下の境界端部の構造と材質にもとづく一般化応力拡大係数 (特異応力場の強さ) である．

Mintzas らは，上記の式を用いて，von Mises 則により降伏する延性接着剤使用のバット継手においては，降伏域に対応する寸法分 (Δw) だけ継手の幅を減ずるということを行い，鈴木の図 5.68 の (a) のスカーフ継手 (ぜい性接着剤 A) ならびに (c) および (d) のバット継手 (ぜい性接着剤 A および延性接着剤 B) に対して解析し，いずれの接着強度実験値も特異応力場の強さ H のはく離破壊における限界値 $H_{\mathrm{cr}} = $ 一定で評価できることを示した[66]．Mintzas らはこの H_{cr} アプローチを鈴木の境界層 δ アプローチと比較することは興味深いとしている[66]．

図 5.73 には，ぜい性接着剤 A によるスカーフ継手の接着強度実験値に対する H_{cr}

5.4 接着接合部における特異応力場の強さおよび応力拡大係数を用いた接着強度の評価

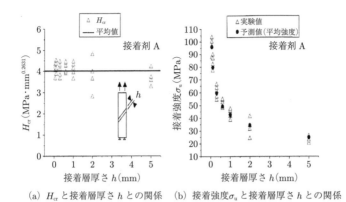

(a) H_{cr} と接着層厚さ h との関係　(b) 接着強度 σ_u と接着層厚さ h との関係

図 **5.73** スカーフ継手における特異応力場の強さ H_{cr} および接着強度 σ_u と接着層厚さ h との関係[66]

と接着層厚さ h との関係ならびに接着強度 σ_u と h との関係を示す[66].

継手破断時の特異応力場の強さ H_{cr} の値は，接着層厚さによらずほぼ一定値となり，H_{cr} を用いて継手強度評価ができることが示された．

5.4.3 特異応力場の強さによる単純重ね合せ継手の強度評価[67,83]

服部[68]は，被着材が鉄–ニッケル合金 ($E = 148\,\mathrm{GPa}$, 板厚 $5\,\mathrm{mm}$) の単純重ね合せ継手 (接着層厚さ $0.1\,\mathrm{mm}$) のせん断接着強度とラップ長さ (5, 15, および $30\,\mathrm{mm}$) との関係が，せん断応力 $\tau(r)$ に関する応力特異場パラメータ K により説明できることを示した．

宮崎–野田ら[67,83]は，Park ら[69]が行った図 5.74 のような被着材 A6061-T6 を，$120°\mathrm{C}$ 硬化変性エポキシ系フィルム形構造用接着剤 (Cytec 社 FM73M, 図 5.75[70]) により接着した単純重ね合せ継手の接着強度実験結果 (図 5.76) が，前 5.4.1 項の

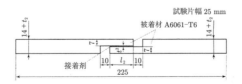

図 **5.74**　A6061-T6 の単純重ね合せ継手の形状および寸法[67,69]

182   5. 各種接合形式の特徴，応力分布および強度評価法

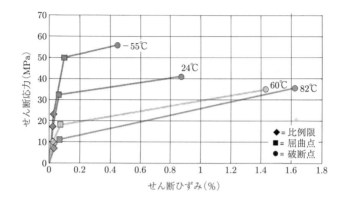

図 **5.75** エポキシ系フィルム形接着剤 FM73 M ($300\,\mathrm{g/m^2}$) の機械的性質 (Cytec 社)[70]．Al 厚板被着材の重ね合せ接着試験片，0.28 MPa 加圧，120°C，90 分加熱接着，BR127 防錆プライマー使用，ASTM D5656，KGR-1 型伸び計により測定.

バット継手の場合と同様に，特異応力場の強さ $K_{\sigma c}$ = 一定で評価できることを示したので以下に紹介する．接着剤 FM73M のせん断応力–ひずみ線図は，図 5.75 のように -55°C 以上において折れ線で近似される弾塑性を示す．

継手接着層界面端部の点 O から $\theta = 0$ の界面に沿ってある距離 r だけ離れた位置

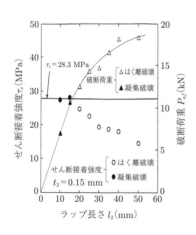
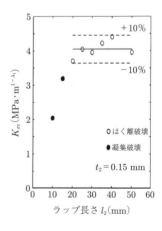

図 **5.76** 単純重ね合せ継手の接着強度実験値[67,69]

図 **5.77** 破断時の特異応力場の強さ $K_{\sigma c}$ とラップ長さ l_2 との関係[67]

5.4 接着接合部における特異応力場の強さおよび応力拡大係数を用いた接着強度の評価　183

での応力 σ_θ および $\tau_{r\theta}$ はそれぞれ次のように表される[67].

$$\sigma_\theta = \frac{K_1}{r^{1-\lambda_1}} f_{\theta\theta}(0,\lambda_1) + \frac{K_2}{r^{1-\lambda_2}} f_{\theta\theta}(0,\lambda_2) = \frac{K_{\sigma,\lambda_1}}{r^{1-\lambda_1}} + \frac{K_{\sigma,\lambda_2}}{r^{1-\lambda_2}}$$
$$\tau_{r\theta} = \frac{K_1}{r^{1-\lambda_1}} f_{r\theta}(0,\lambda_1) + \frac{K_2}{r^{1-\lambda_2}} f_{r\theta}(0,\lambda_2) = \frac{K_{\tau,\lambda_1}}{r^{1-\lambda_1}} + \frac{K_{\tau,\lambda_2}}{r^{1-\lambda_2}}$$

(5.44)

ここで，$K_k\ (k=1,2)$ は任意の実定数，$f_{\theta\theta}(\theta,\lambda_k)$ および $f_{r\theta}(\theta,\lambda_k)$ は各応力場を表す関数，K_{σ,λ_k}, K_{τ,λ_k} は特異応力場の強さである.

　詳細にわたる検討の結果，重ね合せ継手においては λ_2 は特異性が弱く，界面端部近傍の特異応力場は λ_1 で支配され，特異応力場の強さは K_{σ,λ_1} で代表することができることが明らかにされた[67].

　したがって，単純重ね合せ継手がはく離破壊しないための条件は次式で表される.

$$K_{\sigma,\lambda_1} \leq K_{\sigma c}$$

(5.45)

図 5.77 の $K_{\sigma c}$ は，破断荷重 $P = P_{\mathrm{af}}$ における特異応力場の強さ $K_{\sigma,\lambda_1|P=P_{\mathrm{af}}}$ である[67].

　図において，ラップ長さ $l_2 \geq 20\,\mathrm{mm}$ では接着強度は特異応力場の強さ $K_{\sigma c} = $ 一定を破壊基準として用いることができることがわかる.

　また，$l_2 = 10$ および $15\,\mathrm{mm}$ の継手は，式 (5.45) が成立して，はく離破壊する前に，接着層が凝集破壊すなわち von Mises の条件により降伏しているものとみなされ，図 5.76 においてはラップ長さ l_2 に比例して破断荷重 P_{af} が増加するとともに，せん断接着強度 $\tau_c = 28.3\,\mathrm{MPa}$（一定）となっている.

5.4.4　はく離特異応力場の強さの限界値一定による接着継手の強度評価法についてのまとめ

　図 5.78 には，5.4.1–5.4.3 項で紹介した，はく離破壊する場合の接着層における応力特異場の強さと接着強度との関係[63,67]をまとめて示す. 接着層厚さが厚くなる，あるいは単純重ね合せ継手において接着長さが長くなるほど，接着端におけるはく離応力 σ_1 の応力集中領域が大きくなり，無次元化特異応力場の強さが大きくなるため，接着強度 σ_c すなわち破断時の応力は小さくなり，これは実験結果をよく説明している.

184   5. 各種接合形式の特徴，応力分布および強度評価法

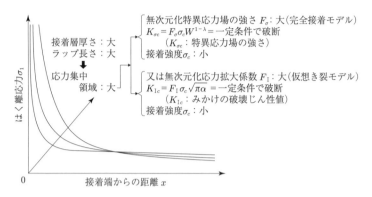

図 **5.78**   はく離破壊する場合の接着層における無次元化応力特異場の強さと接着強度との関係.

5.5 接着層が収縮した場合のスカーフおよびバット継手の応力解析[71]

スカーフ継手およびバット継手において接着層が硬化などにより収縮した場合の応力解析は，初期ひずみを接点力に変換することにより行う[72]．実際には，接着剤要素のみに，線膨張係数 × 温度上昇量 (< 0)= 平均収縮ひずみ ε_c を与えれば，熱荷重が節点力に変換されて収縮応力 (熱応力) が計算される[71]．

ここで，図 5.36 (前出) のように，s および n 方向を接着層の長さ方向および厚さ方向，z 方向を sn 面に垂直方向とすれば，接着層における s 方向のひずみ ε_s は次式で表される[72]．

$$\varepsilon_s = (\sigma_s - \nu_a\sigma_n - \nu_a\sigma_z)/E_a + \varepsilon_c \tag{5.46}$$

E_a, ν_a, および ε_c は，それぞれ接着層の縦弾性係数，ポアソン比，および平均収縮ひずみ (< 0) である．接着層の収縮が起こった場合，被着材の剛性が接着層に比して大きいため接着層の s 方向および n 方向の収縮が完全に拘束され，平面ひずみ状態とみなされるので，式 (5.46) において，$\varepsilon_s = 0$, $\sigma_z = \sigma_s$, $\sigma_n = 0$ とおけば，平均収縮応力 σ_c が次式のように得られる．

$$\sigma_c = \sigma_s = -\frac{E_a\varepsilon_c}{1-\nu_a} \tag{5.47}$$

図 5.79a には $\theta = 30°$ のスカーフ継手，図 5.79b にはバット継手においてそれぞれ接着層が収縮した場合の接着層境界における σ_s, σ_n, および τ_{sn} の 2 次元 FEM

5.6 はく離応力の解析

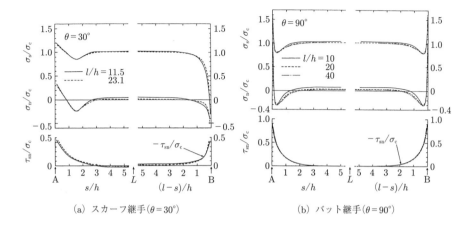

図 5.79　スカーフ継手およびバット継手の接着層境界における収縮応力分布[71]

解析結果(平面ひずみ状態)を示す．s 座標は接着層厚さ h により，各応力は σ_c により無次元化されている．

いずれの場合も，応力集中部は，接着層自由端から接着層厚さ h の約3倍以内の領域のみで生じている．また，$\theta = 30°$ ($\leq 45°$) においては，σ_s および σ_n の値は，図 5.39，5.40 の引張り応力の場合とは逆に，図 5.36 の A 点で最大値，B 点で最小値が生じている．

実際の継手では，外部荷重による応力にこの収縮応力が加わることになる．

5.6 はく離応力の解析

5.6.1 可撓性被着材のはく離による応力分布

図 5.80 は，厚い被着材に貼り合わされた可撓性のある被着材を 90° 方向にはく離したときの，引張り力方向 (y 方向) の応力分布[73]で，x 方向の短い部分に応力が集中し，その部分だけで張り荷重を負担する．そのため，大きなはく離接着強度を得るためには，図 5.81 のように強靭な接着剤[74] (降伏後から破断までの伸びが大きく，しかもある程度強度も大きい，表 5.12 においては弾塑性ひずみ/弾性ひずみの値および引張強度 σ_t の値がともに大きい接着剤) を用いる必要がある．

接着剤の物性と接着強度に関しては，一般的に図 5.82 のような関係があるが[75]，

186   5. 各種接合形式の特徴，応力分布および強度評価法

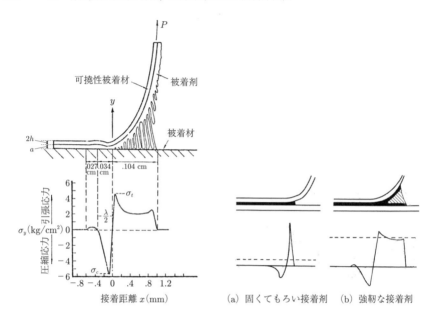

図 **5.80**　はく離における垂直応力 σ_y の分布[73]

図 **5.81**　固くてもろい接着剤と強靭な接着剤のはく離応力分布[74]．図中の破線は破壊荷重平均値．

縦弾性率が大きく硬い接着剤は一般的に降伏応力が高く，破断伸びが小さいことから (a) の関係が理解できる．また，(b) の関係は，せん断強度に関しては，接着剤の

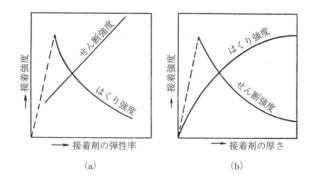

図 **5.82**　せん断接着強度とはく離接着強度との関係[75]

厚さが厚い場合の方が接着端の応力集中部の長さが長くなること，はく離強度に関しては，図 5.80 において被着材の厚さが厚い場合ほど応力を負担する接着長さ (図の x 方向) が長くなり，はく離荷重が大きくなることから理解できる．

VHB (Very High Bond) 両面粘着テープは，基材にアクリル樹脂系発泡体を使い，これにアクリル樹脂系粘着剤を塗布したもので[76]，アクリル発泡体が強靭で伸びが大きいため，全体として図 5.81b のような強靭で厚い粘着剤 (接着剤) として働き，大きなはく離強度が発現する．

5.6.2　はく離角度による応力分布の変化に関する解析[77]

図 5.83 および図 5.84 は，厚い被着材に薄い被着材を接着し，後者を引張る際の角度 (接着面に平行方向 = 0°) と接着層内の応力分布との関係の FEM 解析結果である[77]．図 5.83 は解析モデルおよび要素分割図で，被着材は厚さ 0.5 mm の鋼板，接着剤は厚さ 0.25 mm のエポキシ樹脂である．

図 5.84 は接着層の x 方向の最大主応力 σ_1 の解析結果である．接着端の最大主応力 σ_1 (これは接着端に働くはく離応力の最大値である) は，$\theta = 0°$ (せん断荷重のみ) の場合に比べて，$\theta = 20°, 40°,$ および 90° (90° はく離) の場合は，9 倍，17 倍，および 24 倍と非常に大きくなっている．したがって，接着接合部は，このようにはく離力に弱いため，極力はく離荷重を作用させないような構造に設計しなければならない．

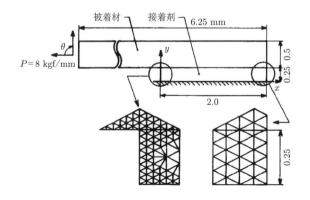

図 **5.83**　継手の要素分割図[77]

188   5. 各種接合形式の特徴，応力分布および強度評価法

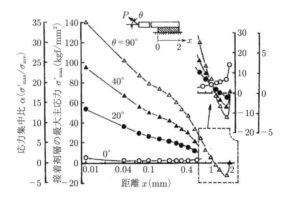

図 **5.84**　接着層の x 方向の最大主応力 σ_1 の分布[77]．$\theta = 0°$ のとき，せん断荷重のみ．$\theta = 90°$ のとき 90° はく離．

5.7　スポット溶接−接着併用継手の応力解析[78]

図 5.85a は，厚さ 1.5 mm，幅 25 mm の SUS304 板を，ラップ長さ 25 mm として，エポキシ系一液性加熱硬化型接着剤による接着 (層厚さ 0.1 mm) とスポット溶接 (ナゲット径 6 mm) とを併用して接合した継手であり，図 5.85b は，これに 125 kgf の

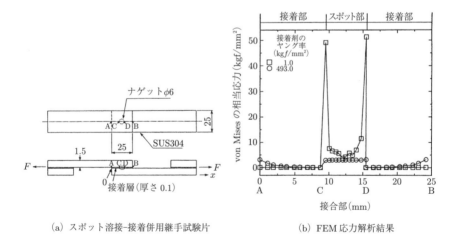

(a) スポット溶接−接着併用継手試験片　　　(b) FEM 応力解析結果

図 **5.85**　スポット溶接−接着併用継手の FEM 応力解析結果[78]

引張り荷重を加えたときの接着層境界における中心線 AB に沿った von Mises の相当応力の 3 次元弾性 FEM 解析結果である.

スポット溶接のみの場合 (接着層のヤング率 = 1 kgf/mm²) は, ナゲット外周 (C点および D 点) に大きな応力集中が生じているが, 接着を併用した場合 (接着層のヤング率 = 493 kgf/mm²) は, 外力の大部分を接着層が負担するため, ナゲット外周の応力集中はまったく消失し, 接着剤併用の効果が非常に大きいことがわかる. なお, 全負荷荷重の内, スポット部が負担する荷重の割合は, 接着層の厚さの増加, 接着層のせん断弾性係数の減少, およびスポット 1 点あたりの接着面積の減少により, 増加させることができる.

5.8 最適接合部の設計

5.8.1 強い接着接合部を設計するための一般的留意事項

以上述べてきたことがらを整理すると, 強い接着接合部を得るためには次のような点に留意する必要がある.

まず, 接合部構造に関しては,

(1) 平均応力が小さくなるように接着面積を大きくとる.

(2) 応力集中係数ができるだけ小さく, また応力集中部の領域も小さくなるように設計する (可撓性薄板に, はく離荷重がかかる場合を除く).

(3) 接合部に作用するはく離応力が小さくなるような構造, すなわちはく離部の幅を大きく, はく離角度が小さくなるように配慮する.

(4) 接合部に加わる曲げ荷重をできるだけ小さくする. 小さな荷重でも板に垂直に曲げ荷重として作用する場合は, 接合部に生じる曲げモーメントが大きな値になり, 応力が大となる.

(5) 通常の接着構造においては, 接着層厚さをできるだけ薄く, しかし欠膠が生じないように配慮する.

(6) 可撓性薄板材のはく離の場合は, 接着層厚さは厚めにし, 接着剤としては強靱 (降伏後の伸びが大きく, 強度も比較的大きい) 接着剤を使用すると, 荷重を負担する接着層の長さ (被着材の長さ方向) が増加して, はく離強度が大きくなる.

およそ以上のことが図 5.86 に表されている[79, 80].

そのほか, 継手構造には関係しないが, 以下の項目も重要である.

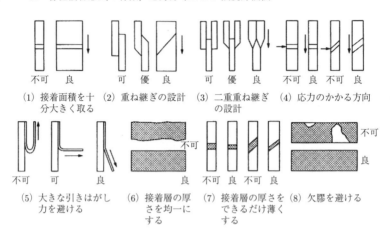

図 5.86　接着接合部の設計要領図[79, 80]

(7) 被着材に適した接着剤を選定する．静的強度試験のみでなく，使用条件に応じて，疲労試験，衝撃接着強度試験，環境耐久性試験，耐薬品性試験などを適切に行う．

(8) 接着剤の選定にあたっては，静的荷重に強くても，衝撃荷重には非常に弱いものがある (特に硬い接着剤の場合) ため，衝撃力が加わるような個所には，2.1 節で述べたような，硬質樹脂と軟らかい樹脂との複合による構造用接着剤を使用し，必ず耐衝撃性試験を実施することが望ましい．

(9) 被着材の表面処理，プライマー塗布などの処理を適切に実施し，アンカー効果を高めたり，接着剤と被着材との結合力を増大させておくことが耐久性の向上に非常に重要である．

5.8.2　接着接合部の設計

a.　T 継手の接合構造

図 5.87 は，T 継手の設計例[81]で，図中の荷重方向に対する適正か否かが，良，可，および不可で示されているが，これらのことは前記の一般的留意事項 (1)–(4) により理解できる．

5.8 最適接合部の設計　　191

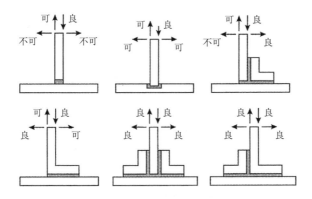

図 **5.87**　T 継手の設計例[81]

b. ハット形補強材の接合構造[81]

　図 5.88 は薄板にハット形補強材を接着する場合で，接着部にははく離力が働くため，補強材の接着部にテーパーを付けたり，溝をつけたりして剛性を減少させる，あるいは薄板の表面または裏面に当て板を接着して補強する，などの方法がとられる[81]．

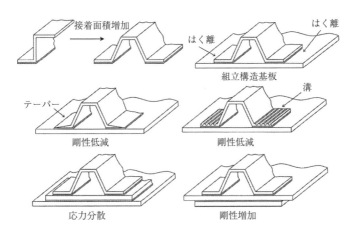

図 **5.88**　ハット形補強材接着接合部の設計例[81]

c. はく離力への対応策[82]

図 5.89 は，はく離力を最小とするように配慮した設計法である[82]．また，図 5.90 は可撓性薄板を接着する場合の注意点である[82]．

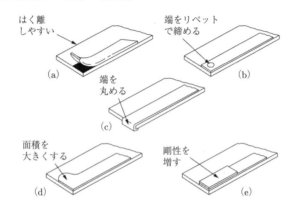

図 5.89 はく離を最小とする接着部設計[82]

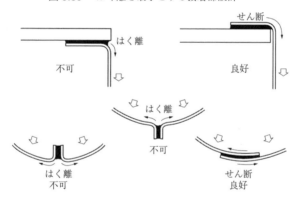

図 5.90 たわみ性材料の接着部設計[82]

文　献

[1] 若林一民:新版接合技術総覧，西口公之 編 (産業技術サービスセンター, 1994), pp. 541–560.
[2] 福村勉郎：接着 理論と応用，高分子学会 編 (丸善, 1959) p. 408.
[3] 金丸競：接着と接着剤 (大日本図書, 1973) p. 69.

[4] 中島常雄, 工業材料, **21**, 102 (1973)

[5] 小畠陽之助：接着—理論と応用, 高分子学会 編 (丸善, 1959) p. 257.

[6] O. F. Volkersen: Luftfahrtforschung, **15**, 41 (1938).

[7] 大沼康二：日本航空学会誌, **7** (60), 41 (1958).

[8] 植村益次：複合材料工学, 林 毅 編 (日科技連, 1971) pp. 839–848.

[9] M. Golland and E. Reissner: J. Applied Mechanics, **11**-1, A17 (1944).

[10] 笠野英秋：新版接合技術総覧, 西口公之 編 (産業技術サービスセンター, 1994) pp. 574–577.

[11] 能野謙介, 永弘太郎：日本接着協会誌, **15**-6, 215 (1979).

[12] 能野謙介, 永弘太郎：日本接着協会誌, **17**-5, 177 (1981).

[13] 宮入裕夫：接着ハンドブック, 第3版, 日本接着学会 編 (日刊工業新聞社, 1996) pp. 177–180.

[14] 前川善一郎：複合材料ハンドブック, 日本複合材料学会 編 (日刊工業新聞社, 1989) p. 201.

[15] R. D. Adams and N. A. Peppiat: J. Strain Analysis, **9**-3, 185 (1974).

[16] N. A. de Bruyne: Aircr. Eng., **16**, 115 (1944).

[17] 鈴木靖昭, 石塚孝志, 水谷裕二, 垣見秀治, 三木一敏, 石槫清孝, 渡辺慶知：にっしゃ技報, **40**-2, 50–60 (1993).

[18] 鈴木靖昭：日本機械学会 (No. 900-86) 材料力学講演論文集, 395–397 (1990).

[19] 山田嘉昭, 横内康人：有限要素法による弾塑性プログラミング (培風館, 1981).

[20] 杉林俊雄, 池上晧三：日本機械学会論文集 C 編, **50**-449, 17–27 (1984).

[21] 杉林俊雄, 池上晧三：日本機械学会論文集 A 編, **50**-451, 373–382(1984).

[22] 樋口 泉, 沢 俊行, 鈴木靖昭：日本接着学会誌, **35**, 144–152 (1999).

[23] 能野謙介, 永弘太郎, 日本機械学会論文集 A 編, **52**-479, 1698–1707 (1986)

[24] Ian A. Ashcroft and Aamir Mubashar: *Handbook of Adhesion Technology*, L. F. M. da Silva et al. (ed) (Springer, 2011) pp. 644–660.

[25] 佐藤千明：次世代自動車 (EV・HV) に向けた自動車材料の樹脂化による車体軽量化 (技術情報協会, 2013) pp. 620–623.

[26] S. Li, M. D. Thouless, A. M. Waas, J. A. Schroeder, and P. D. Zavattieri: Composites Science and Technology, **65**, 281–293 (2005).

[27] S. Li, M. D. Thouless, A. M. Waas, J. A. Schroeder, and P. D. Zavattieri: Engineering Fracture Mechanics, **73**, 64–78 (2006).

[28] 吉村彰記：日本接着学会誌, **50**, 180 (2014).

[29] 横堀武夫：材料強度学 (技報堂, 1966) p. 1, pp. 84–86.

[30] 菊池正紀：材料, **51**, 859 (2002).

[31] 鈴木靖昭：「接着信頼性について考える」日本接着学会中部支部主催講演会予稿集, (1996年3月6日).

194   5. 各種接合形式の特徴，応力分布および強度評価法

[32] 鈴木靖昭：未発表.

[33] (株) 共和電業：HP "応力の大きさと方向の求め方 (ロゼット解析)" (2018).

[34] 成沢郁夫：高分子材料強度学，横堀武夫 監修 (オーム社，1982) p. 29.

[35] 鈴木靖昭，松本 淳，小幡 錬：日本接着協会誌，**18**，7 (1982).

[36] 鈴木靖昭：日本機械学会論文集 A 編，**50**-449，67 (1984).

[37] 鈴木靖昭：日本機械学会第 69 期全国大会講演論文集，No.910-62，A，649–651 (1991).

[38] 大路清嗣，久保司郎，中井善一，井岡誠司：材料，**41**-468，1389–1395 (1992).

[39] J. L. Lubkin: J. Applied Mechanics, **24**, 255 (1957).

[40] 鈴木靖昭：日本機械学会論文集 A 編，**50**-451，526–533 (1984).

[41] 鈴木靖昭：日本機械学会論文集 A 編，**51**-463，926–934 (1985).

[42] H. Neuber: *Kerbspannungslehre* (Julius Springer, Berlin, 1937) p. 142.

[43] 中西不二夫ほか：日本機械学会論文集，**19**-87，14 (1953).

[44] 佐藤和郎，桜井也寸史：日本機械学会論文集，**43**-374，3702 (1977).

[45] 北川正義：日本機械学会論文集 A 編，**50**-456，1539 (1984).

[46] E. R. Parker: *Brittle Behavior of Engineering Structures* (John Wily & Sons, 1957).

[47] 横堀武夫：材料強度学 (岩波書店，1971) pp. 160–164，pp. 183–185.

[48] J. G. Williams (国尾 武，清水真佐男，隆 雅久 共訳)：高分子固体の応力解析とその応用 (培風館，1978) p. 69.

[49] 堀岡邦典：林業試験場研究報告第 89 号 (1956) p. 81.

[50] 北川正義：日本機械学会論文集 A 編，**50**-456，1539 (1984).

[51] 能野謙介：東京工業大学博士論文 "接着継手の応力解析および強度に関する研究"，pp. 211–218 (1986).

[52] 渡辺勝彦：日本機械学会論文集 A 編，**47**-316，406 (1981).

[53] 宇都宮登雄，渡辺勝彦：日本機械学会論文集 A 編，**59**-563，1582 (1993).

[54] 宇都宮登雄，石井敏章，奥 敬人，渡辺勝彦：日本機械学会論文集 A 編，**64**-627，2767–2774 (1998).

[55] 平 修二 監修：現代材料力学 (オーム社，1993) pp. 105–108，p. 155.

[56] 横堀武夫：材料，**20**-211，453 (1971).

[57] 上田芳伸，清水真佐男，国尾 武：日本機械学会論文集，**44**-378，442(1978).

[58] 藤並明徳，今中 誠，鈴木靖昭：材料，**48**，512–519 (1999).

[59] M. Imanaka, A. Fujinami, and Y. Suzuki: J. Material Sci., **35**, 2481–2491 (2000).

[60] M. Imanaka and Y. Suzuki: Journal of Adhesion Science and Technology, **16**, 1687–1700 (2002).

[61] 能野謙介，永弘太郎：日本接着学会誌，**22**，140 (1986).

[62] 鈴木靖昭：日本機械学会論文集 A 編，**53**-487，514–522(1987).

[63] 野田尚昭，宮崎達二郎，内木場卓巳，李戎，佐野義一，高瀬康：エレクトロニクス実装学会誌，**17**，132–142 (2014).

[64] 張玉，野田尚昭，高石謙太郎，蘭 欣：日本機械学会論文集 A 編，**77**-774，128–140 (2011).

[65] 結城良治 編著：界面の力学 (培風館，1993) pp. 86–124.

[66] A. Mintzas and D. Nowell: Engineering Fracture Mechanics, **80**, 13–27 (2012).

[67] 宮崎達二郎，野田尚昭，内木場卓巳，李戎，佐野義一：自動車技術会論文集，**45**，895–901 (2014).

[68] 服部敏雄：日本機械学会論文集 A 編，**56**-523，618–623 (1990).

[69] J.-H. Park, J.-H. Choi, and J.-H. Kweon: Composite Structures, **92**, 2226–2235 (2010).

[70] FM73®Epoxy Film Adhesive Technical Data Sheet, Cytec Industry Inc (2018).

[71] 鈴木靖昭：日本機械学会論文集 A 編，**50**-455，1341–1350(1984).

[72] O. C. Zienkiewicz (吉識雅夫，山田嘉昭 監訳)：基礎工学におけるマトリックス有限要素法 (培風館，1975) p. 23, pp. 54–56.

[73] D. H. Kealble: Trans. Soc. Rheology, **9**-2, 135 (1965).

[74] 柳原榮一：接着のトラブル対策 (日刊工業新聞社，2006) pp. 181–182.

[75] 中尾一宗：工業材料，**31**-4，18 (1983).

[76] 3M ジャパン社 HP：
http://www.mmm.co.jp/tape-adh/bonding/thick/general/lowvoc/#tokuchou

[77] 坂田興亜：精密機械，**47**，302 (1981).

[78] 鈴木靖昭，石塚孝志，水谷裕二：にっしゃ技報，**40**-2，50–60 (1993).

[79] 若林一民：接着ハンドブック，第 3 版，日本接着学会 編 (日刊工業新聞社，1996) p. 960.

[80] 黒田長治：工業材料，**20**-12，18–30 (1972).

[81] L. F. M. da Silva: *Handbook of Adhesion Technology*, L. F. M. da Silva et al. (ed.) (Springer, 2011) pp. 716–719.

[82] 柳原榮一：接着のトラブル対策 (日刊工業新聞社，2006) pp. 181–182.

[83] 野田尚昭，堀田源治，佐野義一，高瀬 康：異種接合材の材料力学と応力集中 (コロナ社，2017) pp. 107–151.

6

接着接合部の故障確率と安全率との関係

6.1 経年劣化による故障発生のメカニズム (ストレス–強度のモデル)

　接着当初には十分な接着強度があっても，屋外暴露 (風雨・太陽光)，応力負荷，振動などの使用環境によって経年劣化が生じ，トラブルが発生する．図 6.1 のように，ストレス (使用応力・設計応力) 分布曲線と材料 (接着継手) の強度分布曲線が，初期においては重なりをもたなくても，経年劣化により強度が下がり (平均値 μ の減少)，ばらつきも大きくなる (標準偏差 σ の増加) とともに重なりをもつようになり，破壊が起こる[1]．したがって，接着継手は実使用条件と同様な湿潤・応力負荷条件下の耐久性試験，促進耐候性試験，疲労試験などの促進試験を行って，経年劣化による強度分布を確認しておくことが重要である．図 6.1 の重なりの部分の面積に対

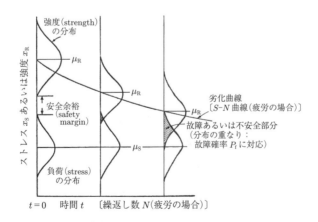

図 **6.1**　ストレス–強度のモデル[1]

198   6. 接着接合部の故障確率と安全率との関係

応する破壊確率 P_f の計算法を次節で述べる.

6.2 所定年数使用後の接着接合部に要求される故障確率確保に必要な安全率の計算法[2, 3]

6.2.1 正規分布について[4, 5]

正規分布は，偶然が原因の積み重ねによって生じる事象の多くが従う分布とされ，多くの部品からなるアイテムの故障分布や材料強度の安全率 (安全係数) の検討などに応用できる．ある未知正規分布の量 x を n 回測定して，測定値 $x_1, x_2, \cdots, x_n$ を得たとき，相加平均 μ は，

$$\mu = \frac{x_1 + x_2 + \cdots + x_n}{n} \tag{6.1}$$

となり，測定の回数が多いときは，この平均値 (最確値) より大きい値と小さい値は同じ回数だけ起こる．

ここで，標準偏差 σ は次式で表され，測定値が正規分布する場合に，そのばらつきの程度を表す．

$$\sigma = \sqrt{\frac{(x_1 - \mu)^2 + (x_2 - \mu)^2 + \cdots + (x_n - \mu)^2}{n}} \tag{6.2}$$

正規分布においては，平均値を μ とするとき，測定値 x が得られる確率密度関数 $f(x)$ および故障率関数 $F(x)$ が，次の式によって表される．

$$f(x) = \frac{1}{\sqrt{2\pi}\sigma} \exp\left[-\frac{1}{2}\left(\frac{x-\mu}{\sigma}\right)^2\right] = NORMDIST(x, \mu, \sigma, FALSE) \tag{6.3}$$

$$F(x) = \int_0^x f(x)\,dx = \frac{1}{\sqrt{2\pi}\sigma} \int_0^x \exp\left[-\frac{1}{2}\left(\frac{x-\mu}{\sigma}\right)^2\right] dx$$

$$= NORMDIST(x, \mu, \sigma, TRUE) \tag{6.4}$$

図 6.2 のように，$f(x)$ は確率変数 $x = \mu$ に関して対称な釣り鐘形の曲線となり，$F(x)$ は斜線の部分の面積であり，$F(\infty) = f(x)$ 曲線下の面積 $= 1$ である．

式 (6.3) および式 (6.4) に示したように，両関数は EXCEL の $NORMDIST$ 関数によっても計算できる．

6.2 所定年数使用後の接着接合部に要求される故障確率確保に必要な安全率の計算法　　199

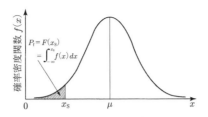

図 6.2　確率密度関数 $f(x)$ と故障確率関数 $F(x)$ との関係

なお，正規分布に従う確率変数 x を

$$t = \frac{x - \mu}{\sigma} \tag{6.5}$$

という変数変換によって，平均値 $\mu = 0$，標準偏差 $\sigma = 1$ の標準正規分布に変換できる．

$$f(t) = \frac{1}{\sqrt{2\pi}} \exp\left(-\frac{t^2}{2}\right) = \phi(t) = NORMDIST(t, 0, 1, FALSE) \tag{6.6}$$

$$F(t) = \int_{-\infty}^{0} f(t)\,dt = \frac{1}{\sqrt{2\pi}} \int_{-\infty}^{t} \exp\left(-\frac{t^2}{2}\right) dt$$

$$= \Phi(t) = NORMDIST(t, 0, 1, TRUE) \tag{6.7}$$

ここで，$\phi(t)$ は標準正規密度関数，$\Phi(t)$ は標準正規分布関数とよぶ[5]．なお，前記のように，両関数は EXCEL の $NORMDIST$ 関数によって計算できるとともに，$\Phi(t)$ は，下式のように，$NORMSDIST$ 関数によっても計算できる．

$$\Phi(t) = NORMSDIST(t) \tag{6.8}$$

6.2.2　ストレス (負荷応力) が一定の場合の希望故障確率確保のための安全率の決定法

図 6.2 において，強度の平均値 μ を許容応力とし，設計応力 (作用するストレス) x_S を一定と仮定すると，安全率 S_c は

$$S_c = \mu / x_S \tag{6.9}$$

となり，このときの故障確率 P_f は，図 6.2 の斜線の面積に等しく，

$$P_f = F(x_S) = \int_0^{x_S} f(x)\,dx \tag{6.10}$$

200   6. 接着接合部の故障確率と安全率との関係

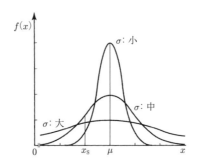

図 **6.3**   確率密度関数 $f(x)$ と標準偏差 σ との関係

となる.

　このように，許容応力 μ に等しく設計応力 x_S をとった場合，すなわち安全率 $S_c = 1$ の場合，使用に供される部品の 50% は破壊しないが，残りの 50% は破壊することになり[4]，不都合である.

　そこで，図 6.2 において，x_S を小さく，すなわち式 (6.9) の安全率 S_c を 1 より大きくとれば，斜線の部分の面積，すなわち式 (6.10) の故障確率 P_f が小さくなる. また，図 6.3 のように，強さのばらつき，すなわち標準偏差 σ の値が大きくなり，$f(x)$ 曲線のピークがブロードになれば，同一の μ および x_S，すなわち同一の安全率でも，式 (6.10) の故障確率 P_f (図 6.2 の斜線の部分の面積) は大きくなることがわかる. したがって，所定の故障確率を確保するためには，ばらつきの大きい材料ほど安全率を大きくとる必要がある. なお，強度のばらつきは，静的，繰返し，衝撃など，加えられる外力の種類によっても異なるため注意が必要である.

　x_S を式 (6.5) により変数変換すれば，安全率 S_c との関係は，

$$t_S = \frac{x_S - \mu}{\sigma} = \frac{1}{\sigma}\left(\frac{\mu}{S_c} - \mu\right) = \frac{\mu}{\sigma}\left(\frac{1}{S_c} - 1\right) = \frac{1}{\eta}\left(\frac{1}{S_c} - 1\right) \tag{6.11}$$

ここで，η は，接着強度のばらつきの程度を示す変動係数である.

$$\eta = \frac{\sigma}{\mu} \tag{6.12}$$

したがって，故障確率 P_f は，式 (6.7) および式 (6.11) により，

$$P_f = F(t_S) = \Phi(t_S) = \Phi\left[\frac{1}{\eta}\left(\frac{1}{S_c} - 1\right)\right]$$

6.2 所定年数使用後の接着接合部に要求される故障確率確保に必要な安全率の計算法

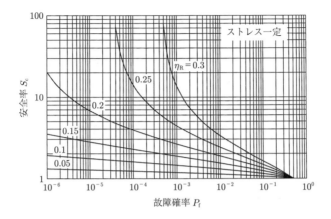

図 6.4 ストレス (負荷応力) が一定の場合の安全率 S_c と故障確率 P_f との関係[2,3]

$$= NORMSDIST \left[\frac{1}{\eta} \left(\frac{1}{S_c} - 1 \right) \right] \quad (6.13)$$

式 (6.13) に安全率 S_c の値を代入すれば対応する故障確率 P_f の値が得られ, S_c–P_f 曲線群が描けるが, 希望故障確率 P_f を与える安全率 S_c の値は, 非線形方程式,

$$\begin{aligned} f_{\mathrm{unc}}(S_c) &= \Phi \left[\frac{1}{\eta} \left(\frac{1}{S_c} - 1 \right) \right] - P_f \\ &= NORMSDIST \left[\frac{1}{\eta} \left(\frac{1}{S_c} - 1 \right) \right] - P_f = 0 \end{aligned} \quad (6.14)$$

を, 2 分法[6] [2 つの S_c の値の中点における $f_{\mathrm{unc}}(S_c)$ の値の正, 負を判別して, 解の存在する範囲を狭めていく方法] などの数値計算法を用いて解くことにより得られる.

図 6.4 および表 6.1 には, ストレスが一定の場合の安全率 S_c の計算結果を示す[2,3].

S_c の計算結果については, 次項で述べる.

6.2.3 ストレス (負荷応力) が変動する場合の接着継手の故障確率の確保のために必要な安全率の決定法[2,3]

図 6.1 および後出の図 6.8, 図 6.10 のようにストレスおよび強度がともに分布する場合, 接着継手の強度を x_R, 作用するストレスを x_S とすれば, 継手の故障確率

表 6.1 ストレス（負荷応力）が一定の場合および変動する（$\eta = 0.3$）場合の安全率 S_c と故障確率 P_f との関係[2,3]

故障確率 P_f	ストレス一定 強度の変動係数 η_R 安全率 S_c						故障確率 P_f	ストレスの変動係数 $\eta_S = 0.3$ 強度の変動係数 η_R 安全率 S_c					
	0.05	0.1	0.15	0.2	0.25	0.3		0.05	0.1	0.15	0.2	0.25	0.3
1.0×10^{-6}	1.31	1.91	3.48	20.28			1.0×10^{-6}	2.55	3.03	4.53	21.29		
1.5×10^{-6}	1.30	1.88	3.34	15.19			1.5×10^{-6}	2.52	2.97	4.36	16.17		
2.0×10^{-6}	1.30	1.86	3.24	12.87			2.0×10^{-6}	2.50	2.94	4.25	13.83		
3.0×10^{-6}	1.29	1.83	3.11	10.56			3.0×10^{-6}	2.47	2.88	4.09	11.49		
5.0×10^{-6}	1.28	1.79	2.96	8.58			5.0×10^{-6}	2.43	2.82	3.91	9.47		
7.0×10^{-6}	1.28	1.77	2.87	7.62			7.0×10^{-6}	2.40	2.78	3.80	8.49		
1.0×10^{-5}	1.27	1.74	2.78	6.80			1.0×10^{-5}	2.38	2.73	3.68	7.65		
3.0×10^{-5}	1.25	1.67	2.51	5.06			3.0×10^{-5}	2.29	2.59	3.35	5.84		
4.0×10^{-5}	1.25	1.65	2.45	4.74	71.94		4.0×10^{-5}	2.26	2.55	3.27	5.49	72.65	
5.0×10^{-5}	1.24	1.64	2.40	4.51	36.56		5.0×10^{-5}	2.25	2.53	3.20	5.24	37.25	
6.0×10^{-5}	1.24	1.62	2.36	4.33	26.00		6.0×10^{-5}	2.23	2.50	3.16	5.06	26.67	
7.0×10^{-5}	1.24	1.62	2.33	4.20	20.85		7.0×10^{-5}	2.22	2.48	3.11	4.91	21.52	
1.0×10^{-4}	1.23	1.59	2.26	3.90	14.24		1.0×10^{-4}	2.19	2.44	3.02	4.60	14.88	
1.5×10^{-4}	1.22	1.57	2.18	3.61	10.40		1.5×10^{-4}	2.15	2.39	2.92	4.28	11.01	
3.0×10^{-4}	1.21	1.52	2.06	3.19	7.04		3.0×10^{-4}	2.09	2.30	2.75	3.81	7.61	
5.0×10^{-4}	1.20	1.49	1.97	2.92	5.64	77.87	5.0×10^{-4}	2.04	2.23	2.63	3.52	6.17	78.36
6.0×10^{-4}	1.19	1.48	1.94	2.84	5.26	35.29	6.0×10^{-4}	2.03	2.21	2.59	3.42	5.78	35.77
7.0×10^{-4}	1.19	1.47	1.92	2.77	4.97	24.04	7.0×10^{-4}	2.01	2.19	2.55	3.34	5.48	24.51
8.0×10^{-4}	1.19	1.46	1.90	2.71	4.74	18.79	8.0×10^{-4}	2.00	2.17	2.52	3.27	5.25	19.25
1.0×10^{-3}	1.18	1.45	1.86	2.62	4.40	13.71	1.0×10^{-3}	1.98	2.14	2.48	3.16	4.89	14.16
1.5×10^{-3}	1.17	1.42	1.80	2.46	3.87	9.12	1.5×10^{-3}	1.94	2.08	2.39	2.98	4.34	9.54
2.0×10^{-3}	1.17	1.40	1.76	2.36	3.57	7.32	2.0×10^{-3}	1.91	2.04	2.32	2.86	4.02	7.73
3.5×10^{-3}	1.16	1.37	1.68	2.17	3.07	5.24	3.5×10^{-3}	1.85	1.97	2.20	2.64	3.49	5.61
5.0×10^{-3}	1.15	1.35	1.63	2.06	2.81	4.40	5.0×10^{-3}	1.81	1.92	2.13	2.50	3.20	4.75
1.0×10^{-2}	1.13	1.30	1.54	1.87	2.39	3.31	1.0×10^{-2}	1.73	1.82	1.98	2.26	2.74	3.62
5.0×10^{-2}	1.09	1.20	1.33	1.49	1.70	1.97	5.0×10^{-2}	1.51	1.56	1.64	1.76	1.94	2.19
1.0×10^{-1}	1.07	1.15	1.24	1.34	1.47	1.62	1.0×10^{-1}	1.39	1.43	1.48	1.55	1.65	1.79
2.0×10^{-1}	1.04	1.09	1.14	1.20	1.27	1.34	2.0×10^{-1}	1.26	1.27	1.30	1.34	1.39	1.44
5.0×10^{-1}	1.00	1.00	1.00	1.00	1.00	1.00	5.0×10^{-1}	1.00	1.00	1.00	1.00	1.00	1.00

6.2 所定年数使用後の接着接合部に要求される故障確率確保に必要な安全率の計算法　　203

P_f は次式で表される (P_r は確率)[5].

$$P_\mathrm{f} = P_\mathrm{r}[x_\mathrm{R} \leq x_\mathrm{S}] \tag{6.15}$$

ここで，強度 x_R が正規分布 $N(\mu_\mathrm{R}, \sigma_\mathrm{R}^2)$，ストレス x_S が正規分布 $N(\mu_\mathrm{S}, \sigma_\mathrm{S}^2)$ に従うならば，$x = x_\mathrm{R} - x_\mathrm{S}$ は正規分布 $N(\mu_\mathrm{R} - \mu_\mathrm{S},\ \sigma_\mathrm{R}^2 + \sigma_\mathrm{S}^2)$ に従う[7,8].

したがって，その確率密度関数は，式 (6.3) より，

$$f(x) = \frac{1}{\sqrt{2\pi(\sigma_\mathrm{R}^2 + \sigma_\mathrm{S}^2)}} \exp\left\{-\frac{[x - (\mu_\mathrm{R} - \mu_\mathrm{S})]^2}{2(\sigma_\mathrm{R}^2 + \sigma_\mathrm{S}^2)}\right\} \tag{6.16}$$

となり[5,7]，その例を後出の図 6.9 および図 6.11 に示す.

図 6.8 および図 6.10 における両曲線の重なり部分に対応する故障確率 P_f は，図 6.9 および図 6.11 の $x \leq 0$ の範囲の曲線下の面積に等しい.

$$t = \frac{x - (\mu_\mathrm{R} - \mu_\mathrm{S})}{\sqrt{\sigma_\mathrm{R}^2 + \sigma_\mathrm{S}^2}} \tag{6.17}$$

とおいて変数変換して，式 (6.16) を標準化すると，故障確率 P_f を与える次式が得られる[5,7].

$$P_\mathrm{f} = \frac{1}{\sqrt{2\pi}} \int_{-\infty}^{u} \exp\left(-\frac{t^2}{2}\right) dt \tag{6.18}$$

ただし，u は $x = 0$ における t の値であり，

$$u = -\frac{\mu_\mathrm{R} - \mu_\mathrm{S}}{\sqrt{\sigma_\mathrm{R}^2 + \sigma_\mathrm{S}^2}} \tag{6.19}$$

したがって，故障確率 P_f は，中央安全率 S_c すなわち，強度 x_R の平均値 μ_R とストレス x_S の平均値 μ_S の比

$$S_\mathrm{c} = \frac{\mu_\mathrm{R}}{\mu_\mathrm{S}} \tag{6.20}$$

と式 (6.7) の標準正規分布関数 $\Phi(t)$ を用いて，次式により与えられる[5,7].

$$
\begin{aligned}
P_\mathrm{f} &= \Phi\left(-\frac{\mu_\mathrm{R} - \mu_\mathrm{S}}{\sqrt{\sigma_\mathrm{R}^2 + \sigma_\mathrm{S}^2}}\right) = 1 - \Phi\left(\frac{\mu_\mathrm{R} - \mu_\mathrm{S}}{\sqrt{\sigma_\mathrm{R}^2 + \sigma_\mathrm{S}^2}}\right) \\
&= 1 - \Phi\left(\frac{S_\mathrm{c} - 1}{\sqrt{S_\mathrm{c}^2 \eta_\mathrm{R}^2 + \eta_\mathrm{S}^2}}\right) = 1 - NORMSDIST\left(\frac{S_\mathrm{c} - 1}{\sqrt{S_\mathrm{c}^2 \eta_\mathrm{R}^2 + \eta_\mathrm{S}^2}}\right)
\end{aligned} \tag{6.21}
$$

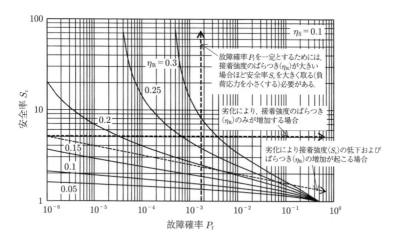

図 6.5 ストレスが分布する場合の安全率 S_c と故障確率 P_f との関係 ($\eta_S = 0.1$)[2,3]

ただし，η_R と η_S は次式 (6.22) で定義した強度とストレスの変動係数である．

$$\eta_R = \frac{\sigma_R}{\mu_R}, \qquad \eta_S = \frac{\sigma_S}{\mu_S} \tag{6.22}$$

なお，対数正規分布においても真数でなく対数値を用いれば，同じ取扱いで故障確率を求めることができる[5]．

また，式 (6.21) において $\eta_S = 0$ (ストレス = 一定) とおけば，$1 - \Phi(t) = \Phi(-t)$ であるため，同式は式 (6.13) に一致する．

式 (6.21) に安全率 S_c の値を代入すれば対応する故障確率 P_f の値が得られ，S_c–P_f 曲線群が描けるが，希望故障確率 P_f を与える安全率 S_c の値は，ストレスが一定の場合と同様に，非線形方程式，

$$\begin{aligned} f_{\text{unc}}(S_c) &= 1 - \Phi\left(\frac{S_c - 1}{\sqrt{S_c^2 \eta_R^2 + \eta_S^2}}\right) - P_f \\ &= 1 - NORMSDIST\left(\frac{S_c - 1}{\sqrt{S_c^2 \eta_R^2 + \eta_S^2}}\right) - P_f = 0 \end{aligned} \tag{6.23}$$

を 2 分法[6]などの数値計算法により解くことで得られる．

前出の表 6.1 にはストレスの変動係数 η_S の値が 0 (ストレスが一定) および $\eta_S = 0.3$ の場合，図 6.5–6.7 には，η_S の値が，0.1，0.2，および 0.3 の各場合について，強度

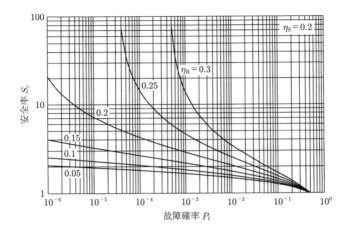

図 6.6 ストレスが分布する場合の安全率 S_c と故障確率 P_f との関係 ($\eta_S = 0.2$)[2, 3]

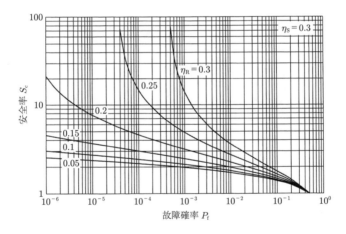

図 6.7 ストレスが分布する場合の安全率 S_c と故障確率 P_f との関係 ($\eta_S = 0.3$)[2, 3]

の変動係数 η_R の値を，0.05 から 0.3 と変化させた場合の安全率 S_c の計算結果を示す[2, 3]．

$\eta_S = 0.05$ の場合の計算結果は，図 6.4 のストレスが一定の場合とほぼ同一であった．

なお，いずれの場合も，$\mu_R - \mu_S = 0$，すなわち強度の平均値とストレスの平均

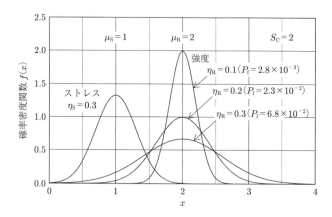

図 **6.8**　ストレス x_R および強度 x_S の分布 (安全率 $S_c = 2$ の場合)[3]

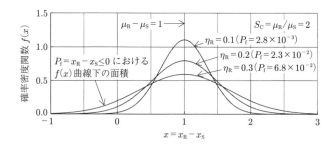

図 **6.9**　$x_R - x_S$ の分布 (安全率 $S_c = 2$ の場合)[3]

値が等しい (安全率 $S_c = 1$) の場合は，式 (6.21) において，$\Phi(0) = 0.5$ であるため，あるいは図 6.9 および図 6.11 において，$x = x_R - x_S \leq 0$ における $f(x)$ 曲線下の面積 = 故障確率 $P_f = 0.5$ (50%) となることは前項のストレスが一定の場合と同じである．

図 6.4–6.7 の計算結果を比較すると，ストレスが一定の場合および変化する場合も，すなわちストレスの変動係数 η_S が変わっても，強度の変動係数 η_R が同じならば，同一故障確率 P_f を与える安全率 S_c の値には大きな差が見られない．

しかし，図 6.5 に示すように，故障確率 P_f を一定とするためには，接着強度のばらつきが大きい，すなわち変動係数 η_R が大きい場合ほど安全率 S_c の値を大きくとる，すなわち負荷応力を小さくする必要がある．図 6.5 中の破線矢印のように，接

6.2 所定年数使用後の接着接合部に要求される故障確率確保に必要な安全率の計算法

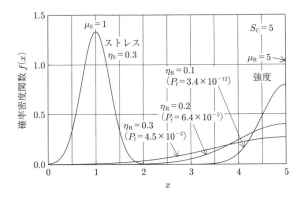

図 6.10 ストレス x_R および強度 x_S の分布 (安全率 $S_c = 5$ の場合)[3]

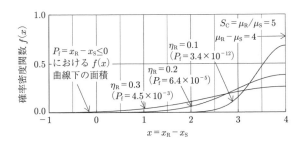

図 6.11 x_R–x_S の分布 (安全率 $S_c = 5$ の場合)[3]

着強度の変動率 η_R の値により必要な安全率 S_c の値は大きく変化し，特に P_f の値が 0.01(1%) 以下になると η_R の増加による影響がはなはだしい．

また，接着継手を有効に使用するためには，安全率は 5 以下にしたいが，たとえば $S_c = 5$ のの場合，図 6.5 中の水平な破線矢印のように，接着強度の変動係数 η_R の値が，0.2，0.25，および 0.3 と増加することにより (環境などによる接着強度のばらつきの増加に起因)，故障確率 P_f の値は，3×10^{-5}，7×10^{-4}，および 4×10^{-3} と大きく増加する (以下の図 6.8–6.11 も合わせて参照)．

図 6.8 には，安全率 $S_c = 2$ の場合のストレス x_S (変動係数 $\eta_S = 0.3$) および強度 x_R (変動係数 $\eta_R = 0.1$, 0.2, および 0.3) に関する確率密度関数 $f(x)$ 曲線，図 6.9 には，同じく $S_c = 2$ の場合の $x = x_R - x_S$ に関する $f(x)$ 曲線を示す．また図 6.10 および図 6.11 には，安全率 $S_c = 5$ の場合の図 6.8 および図 6.9 に相当する曲線を

208   6. 接着接合部の故障確率と安全率との関係

示す. これらの図から, $S_c = 2$ の場合は両曲線の重なり, および P_f がまだ大きいが, $S_c = 5$ とすれば P_f の値が桁違いに小さくなることがわかる.

さらに, 実使用条件において, 図 6.1 に示したように, 環境暴露により接着強度のばらつき (η_R) の増加とともに接着強度平均値 μ_R が減少する場合は, 式 (6.20) の安全率 S_c が低下するため, 図 6.5 中に示すように右下がりの破線曲線となり, 故障確率 P_f の値がさらに増加する.

図 6.4–6.7 において, 接着強度の変動係数 η_R の値が 0.3 の場合, 故障確率 $P_f \leq 0.001$ において, 必要な S_c の値の増加が著しい (10 以上).

実用上は安全率 $S_c \leq 5$ としたいが, 図 6.7 (ストレスの変動係数 $\eta_S = 0.3$) の安全率 $S_c = 5$ において, 接着強度の変動係数 $\eta_R = 0.25$ の場合は故障確率 $P_f < 0.001$, 変動係数 $\eta_R = 0.2$ の場合は故障確率 $P_f < 1/10^4$ となっている. なお, 接着強度平均値 μ およびの変動係数 η_R の値は, 耐用年数経過後または耐用年数分促進劣化試験後の試験片により測定した値を用いなければならない.

6.2.4 接着強度の変動係数実測値

接着強度の変動係数 η_R 実測値としては, 著者らの実験結果[9]によれば, 表 2.3 のように二液性室温硬化型エポキシ系接着剤 (試験片数 20 本) では 0.043 (室温) および 0.096 (湿潤, 49°C, 95% RH 中に 30 日間保持の耐久性試験後), 二液性室温硬化型ポリウレタン系接着剤 (試験片数 10 本) では 0.053 (室温) および 0.109(湿潤:前記条件の耐久性試験後), 表 2.4 の一液性加熱硬化型エポキシ系接着剤 12 種類の場合 (試験片各 5 本), 0.013–0.088, 60 本の平均 0.040 (室温) および 0.010–0.076, 60 本の平均 0.036 (湿潤) という値が得られている.

代表的な航空機用アルミニウム合金の引張強さの変動係数が, 0.026–0.047 であること[10]から, 前記の引張せん断接着強度 (室温, 劣化前状態) の変動係数が 0.05 前後であるということは, 妥当な値と考えられる.

また, ステンレス鋼板の引張せん断接着強度の変動係数について, 二液性室温硬化型アクリル系接着剤および一液性加熱硬化型エポキシ系接着剤の場合, それぞれ 0.03 および 0.19 という値が得られている[11].

表 6.2 には, 引張強さを基準強さとした Unwin の安全率を示す[12]. この安全率の値には, 以上のような信頼性工学的手法によって得られた値に加えて, 材料の寸法効果, 表面粗さ, 切欠き係数などによる増加分が見込まれているものと考えられる[13].

6.2 所定年数使用後の接着接合部に要求される故障確率確保に必要な安全率の計算法   209

表 **6.2** 引張強さを基準強さとした Unwin の安全率[12]

材料	静荷重	繰返し荷重 片振	繰返し荷重 両振	衝撃荷重
鋼	3	5	8	12
鋳鉄	4	6	10	15
木材	7	10	15	20
れんが・大理石	20	30	—	—

6.2.5 繰返し応力負荷 (疲労) による劣化後の継手の強度分布および変動係数の測定法および故障確率の計算法

継手に繰返し応力が負荷されることにより劣化が進行し、接着強度平均値 μ_R が低下するとともにばらつきおよび変動係数 η_R が増加する.

そこで、劣化後の μ_R および η_R は図 6.12 の方法により決定できる.

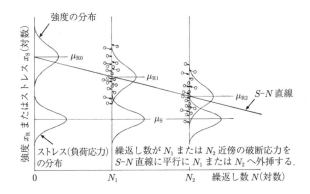

図 **6.12** 繰返し応力負荷による劣化後の継手の接着強度分布の決定方法

負荷応力 S に対する破断繰返し数 N は寿命であるため、後の 9.2 節において述べるように S–N 線図の式はアイリングの式であり、両対数で表せば S–N 線図は直線となる. そこで、たとえば繰返し数 N_1 または N_2 近傍の破断応力実験値 (○印) を S–N 直線に沿って延長し、N_1 または N_2 における垂直線との交点の応力 S_1 または S_2 を N_1 または N_2 における負荷応力実験値 (推定値) とすることができる.

このようにして、試験片数をある程度多くとることにより、それぞれの繰返し数 N 近傍の 20 点ほどの実験値を得て、劣化後の μ_R および η_R を求めることができ、

式 (6.21) により故障確率 P_f と安全率 S_c とを計算することができる．

6.2.6 航空機において安全率が小さくとられる理由

航空機は，機体自身を浮揚させるためにも燃料を消費するため軽量化が必須であり，接着を多用して材料使用量を極限まで減少させ，一般的な産業機械に対する安全率には通常 4 以上の値がとられるのに比して，1.5 という小さい安全率[10]をとるかわりに，検査期間間隔を短くし，故障を早く発見して修理することにより累積故障確率の増加を抑えるという方法をとっている．

航空機の設計思想は，(1) 安全寿命設計：構造部材が寿命中に破損しないようにする設計 (完全な安全寿命設計は不可能)(1940 年代–現在)，(2) フェイルセーフ設計：構造の一部が破損しても致命的な破壊に至らないようにする設計 (1950 年代–現在)，(3) 損傷許容設計：構造部材に存在する傷が点検期間内に致命的なものに成長しないようにする設計 (1970 年代–現在)，というように変遷してきた[14]．

図 6.13 は航空機における損傷許容評価の考え方で，構造のもつ強度が亀裂，腐食，または損傷により低下して耐えられる限界の荷重レベルに達する前に，整備プログラムによる検査により損傷が発見され，初期の強度レベルまで回復する状況を示している[15]．

航空機の機体には，クラックストッパー (ダブラー) が接着され，き裂の進展を止

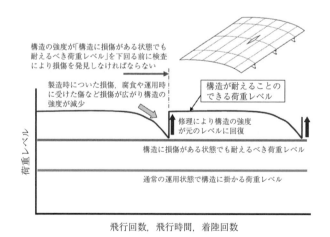

図 **6.13** 損傷許容評価の考え方[15]

6.2 所定年数使用後の接着接合部に要求される故障確率確保に必要な安全率の計算法　　211

表 6.3　欧米における各種荷重の変動係数 η_S [16]

荷重の種類	地　　域			
	西ヨーロッパ		米　　国	
自重 (重量)	コンクリート	0.05 (正規)	0.10 (正規)	
	鋼	0.02		
積載荷重	住宅　　50 年	0.40		
(荷重強度)	事務所　50 年	0.40		
	店舗　　50 年	0.30 (極値 I 型)	0.25(極値 I 型)	
	駐車場　 1 年	0.06		
	50 年	0.05		
風荷重	1 年	0.51 (極値 I 型)	1 年　 0.59(極値 I 型)	
(風圧力)	50 年	0.20	50 年　0.37	
雪荷重	1 年	0.33 (極値 I 型)	1 年　 0.73 (対数正規)	
(荷重強度)	50 年	0.22	50 年　0.26 (極値 II 型)	
地震荷重	50 年	0.50(極値 I 型)	場所による (極値 II 型)	
(最大加速度)				
研究者	Borges		Ellingwood	

注 1) 年数はデータ採取期間, ( ) 中は分布形式.
注 2) 上表における η_S の平均値 = 0.297.

める, または遅らせるように考慮されている[15].

6.2.7　ストレス (負荷荷重) の変動係数について

接着構造に負荷されるストレスの変動係数の値は, 継手が使用される製品により様々な値となるものであり, 特定することが難しく, またその測定事例もわずかである. ここでは, 欧米における自重, 積載荷重, 風荷重, 雪荷重, および地震荷重の変動係数の事例を表 6.3 に示す[16].

表 6.3 において変動係数は, 短期間 (1 年間) の値より 50 年間の値の方が小さく, 全平均値 = 0.297 となっている[16].

また, 国内のシーバースの荷役用ドルフィン (桟橋の係留施設) に作用する最大荷重の 50 年間の変動係数は, 0.087–0.290, 平均値 0.200 であった[16].

6.2.3 項で示したように, 故障確率の評価においては, ストレスの変動係数が大きい場合の方が故障確率が大きくなり安全側となるため, ストレスの変動係数が不明の場合は, 0.2–0.3 程度とするのも一方法である.

また, 機械の実働により接着部に生じるストレスの変動係数 η_S は, 実機接着部の被着材表面の各個所にひずみゲージを貼付け, ひずみの時間的分布を測定記録し, 別に行った接着部の FEM 解析結果により応力値に換算することにより得ることが

212   6. 接着接合部の故障確率と安全率との関係

できる.

文　　献

[1] 塩見 弘：改定三版 信頼性工学入門 (丸善，1998) p. 74.

[2] 鈴木靖昭：最新の接着・粘着技術 Q & A，佐藤千明 編 (産業技術サービスセンター，2013) pp. 244–250.

[3] 鈴木靖昭：長期信頼性・高耐久性を得るための接着/接合における試験評価技術と寿命予測 (サイエンス & テクノロジー，2013) pp. 121–172.

[4] 川田雄一：複合材料工学 (日科技連，1971) pp. 956–960.

[5] 福井泰好：入門 信頼性工学 (森北出版，2007) pp. 64–66，pp. 150–163.

[6] 神足史人：EXCEL で操る!ここまでできる科学技術計算 (丸善出版，2012) p. 13–15.

[7] 真壁 肇 編：新版 信頼性工学入門 (日本規格協会，2010) pp. 161–163.

[8] 機械工学便覧，基礎編 材料力学 (日本機械学会，1992) pp. A4-135–136

[9] 鈴木靖昭，石塚孝志，水谷裕二，垣見秀治，三木一敏，石樽清孝，渡辺慶知：にっしゃ技報，**40**-2，50–60 (1993).

[10] 上山忠夫：造船協会誌，No. 438，25–28 (1966).

[11] 原賀康介：高信頼性接着の実務 事例と信頼性の考え方 (日刊工業新聞社，2013) p. 132.

[12] 機械工学ポケットブック (オーム社，1976) pp. 2–59.

[13] 島村昭治：強化プラスチック，**13**，130–131 (1967).

[14] 冨田康光：(独) 海上技術安全研究所 2004 講演会報告 (2004 年 11 月 12 日) http://www.nmri.go.jp/main/news/generalemeeting/pdf/PP/tomita_11.12.04.pdf

[15] 公益財団法人 航空機国際共同開発促進基金：航空機に関する解説概要「経年機対策について」http://www.iadf.or.jp/8361/LIBRARY/MEDIA/H20_dokojyoho/h20-5.pdf

[16] 白石 悟，上田 茂：港湾技術研究所報告，**26**，No.2，509 (1987).

7

接着接合部の温度と各種ストレスに対する耐久性評価および寿命推定法

7.1 接着接合部の劣化の要因ならびに加速試験と加速係数

7.1.1 接着接合部劣化の要因

接着接合部を劣化させる要因は，(1) 温度ストレス (加温) および (2) 機械的応力負荷，湿度 (水分)，電圧印加などの温度以外のストレスの 2 種類に大別される．これらの要因による劣化，加速試験および寿命予測法については，本章の次節以降において詳述する．

7.1.2 加速試験と加速係数[1]

実際の使用条件による耐久性試験は長時間を要するので不都合であり，短い時間で同様の結果を得るため実使用条件より厳しい試験条件のもとで加速試験を行う．

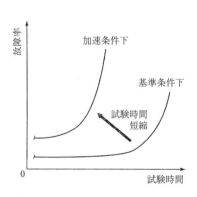

図 7.1 加速試験の概念[1]

214   7. 接着接合部の温度と各種ストレスに対する耐久性評価および寿命推定法

図 7.1 は加速試験の概念図[1]である.

　加速係数は次式によって表される[1, 2].

(1) 加速係数 A_L = 基準条件での寿命 L_1 (時間)/ 加速条件での寿命 L_2 (時間) = L_1/L_2, このとき A_L を寿命加速係数とよぶ.

(2) 加速係数 A_λ = 加速条件での故障率 λ_2/ 基準条件での故障率 λ_1 = λ_2/λ_1, このとき A_λ を故障率加速係数とよぶ.

　加速手段には次の方法がある.

(1) ストレスを厳しくして劣化を強制的に促進させる方法 (加温, 加湿, 機械的応力負荷, 電位差負荷, など)

(2) ストレスや負荷の間欠動作の繰返し度数を増したり, 連続的動作にして時間的加速をはかる方法 (疲労試験, ヒートサイクル試験, 複合サイクル試験)

(3) 特性値の故障判定基準を実際より厳しいところに設置して短時間で故障判定する方法

　加速試験は, JIS Z8115-2000 において次のように定義されている[3].

　「アイテムのストレスへの反応に対する観測時間の短縮, または所定の期間内のその反応増大のため, 基準条件の規定値を超えるストレス水準で行う試験」

　備考として,「妥当性を保つため, 加速試験は基本的なフォールトモードおよび故障メカニズムまたはそれらの相対的な関係を変えることがあってはならない.」とされている.

　すなわち, 加速により故障様式 (劣化反応式) が変わってはいけない, ということである.

7.1.3　加速試験条件の決定方法

　加速試験条件がゆるければ, ほとんどの接着剤および表面処理法が合格になり, また厳しければほとんどの場合不合格になるため, 加速試験条件を決めること自体が1つの研究と考えられる.

　加速条件選定方法としては, 改善すべき現状の接着剤および表面処理法による接着継手の寿命がたとえば1週間から1か月となるように, 温度, 湿度, 応力負荷などについて実際の使用条件より厳しい条件を試行錯誤により選定するという方法が薦められる. 改良後の接着方法による継手の寿命が現状の継手の寿命の何倍 (数週

間から数カ月) になるかということで, 改良方法の性能が判定でき, 実使用条件における寿命は, 次節以降で述べる方法により推定できる.

7.2 アレニウスの式 (温度条件) による劣化, 耐久性加速試験および寿命推定法

7.2.1 化学反応速度式と反応次数[4]

$$aA + bB \rightarrow cC + dD \tag{7.1}$$

上式の化学反応において, A–D は物質, a–d は化学量論係数であり, 反応速度は次式で表される.

$$\frac{d[A]}{dt} = -\kappa[A]^{\alpha}[B]^{\beta} \tag{7.2}$$

ここで, $[A]$ および $[B]$ は時間 t における A および B の濃度, κ は反応速度定数, $\alpha + \beta$ は反応次数, $\alpha + \beta = 0$ は 0 次反応, $\alpha + \beta = 1$ は 1 次反応, $\alpha + \beta = 2$ は 2 次反応である.

なお, α および β は, 式 (7.1) の a および b と直接的には関係がない.

7.2.2 濃度と反応速度および残存率との関係[4–8]

表 7.1 には, 0 次反応, 1 次反応, および 2 次反応における $[A]$ および $[B]$, 時間 t における $[A]$ の残存率 r ($0 \leq r \leq 1$), 残存率 $r = r_m$ となるときまでの時間 t_m, および半減期すなわち $r_m = 0.5$ となる時間 $t_{0.5}$ を与えるそれぞれの式を示す.

表 7.1 において, $[A]_0$ および $[B]_0$ は A および B の初期濃度, κ_0, κ_1, および κ_2 は, それぞれ 0 次反応, 1 次反応, および 2 次反応における反応速度定数である.

また図 7.2 には, 表 7.1 の各次数の反応における濃度 $[A]$ と時間 t との関係を示す.

0 次反応においては, $[A]$ は図 7.2 中のaのように t に関する勾配が $-\kappa_0$ の直線となる. また, 1 次反応では, 図 7.2 中のbのように $[A]$ は t に関する指数関数となって減少し, $\ln[A]$ は t に関する勾配が $-\kappa_1$ の直線となる. 2 次反応では, $[A]$ は, 図 7.2 中のcのように t に関する直角双曲線となり, $1/[A]$ が t に関して勾配 κ_2 の直線となる.

なお, 1 次反応においては, 表 7.1 のように $[A]$ の残存率 r が初期濃度 $[A]_0$ によらないため, t_m および半減期 $t_{0.5}$ も同様に初期濃度 $[A]_0$ によらないことが特徴で

表 7.1 反応速度と残存率との関係[4–8]

項　目	0 次反応	1 次反応	2 次反応
反応速度式	$\dfrac{d[A]}{dt} = -\kappa_0$	$\dfrac{d[A]}{dt} = -\kappa_1[A]$	$\dfrac{d[A]}{dt} = -\kappa_2[A]^2$ $\qquad \dfrac{d[A]}{dt} = \dfrac{d[B]}{dt} = -\kappa_2[A][B]$
A の濃度	$[A] = [A]_0 - \kappa_0 t$	$[A] = [A]_0 e^{-\kappa_1 t}$	$\dfrac{1}{[A]} - \dfrac{1}{[A]_0} = \kappa_2 t$ $\qquad$ $[A]_0$ と $[B]_0$ が等しい場合 $\dfrac{1}{[A]} - \dfrac{1}{[A]_0} = \dfrac{1}{[B]} - \dfrac{1}{[B]_0} = \kappa_2 t$ $[A] = \dfrac{[A]_0}{1 + \kappa_2[A]_0 t}$
A の残存率	$r = \dfrac{[A]}{[A]_0}$ $= 1 - \dfrac{\kappa_0}{[A]_0} t$	$r = \dfrac{[A]}{[A]_0} = e^{-\kappa_1 t}$	$r = \dfrac{[A]}{[A]_0} = \dfrac{1}{1 + \kappa_2[A]_0 t}$
$r = r_m$ となるときまでの時間	$t_m = \dfrac{(1 - r_m)[A]_0}{\kappa_0}$	$t_m = \dfrac{\ln(1/r_m)}{\kappa_1}$	$t_m = \dfrac{1 - r_m}{r_m \kappa_2[A]_0}$
半減期	$t_{0.5} = \dfrac{0.5[A]_0}{\kappa_0}$	$t_{0.5} = \dfrac{\ln 2}{\kappa_1} = \dfrac{0.693}{\kappa_1}$	$t_{0.5} = \dfrac{1}{\kappa_2[A]_0}$

7.2 アレニウスの式 (温度条件) による劣化,耐久性加速試験および寿命推定法

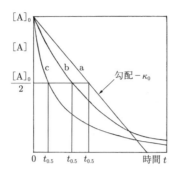

図 7.2 物質濃度 [A] と時間 t との関係[5–8]

あり,どの時点から測っても一定の時間となる.

接着剤の劣化がその酸化反応により進行し,接着強度 σ が接着剤の残存量 $[A]$ に比例すると仮定した場合,表 7.1 中の A の濃度 $[A]$ を表す各式から,接着強度 σ は,0 次反応,1 次反応および 2 次反応において次のように表される.

$$\sigma = \sigma_0 - C_0 \kappa_0 t \tag{7.3a}$$

$$\sigma = \sigma_0 \exp(-\kappa_1 t) \tag{7.3b}$$

$$\sigma = \frac{\sigma_0}{1 + \left(\dfrac{\kappa_2}{C_2}\right)\sigma_0 t} \tag{7.3c}$$

ここで,σ_0 は $t=0$ における接着強度 ($= C_0[A]_0 = C_1[A]_0 = C_2[A]_0$),$C_0, C_1$ および C_2 は比例定数である.また,上式から 0 次反応,1 次反応および 2 次反応にお

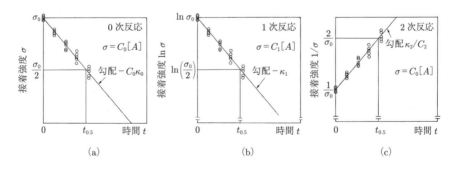

図 7.3 寿命決定法 (接着強度の場合の例)[5–8]

218   7. 接着接合部の温度と各種ストレスに対する耐久性評価および寿命推定法

ける接着強度と時間 t との関係が次式および図 7.3 のように直線化できる.

$$\sigma = \sigma_0 - C_0\kappa_0 t \qquad [\text{この式は式 (7.3) に同じ}] \tag{7.4a}$$

$$\ln\sigma = \ln\sigma_0 - \kappa_1 t \tag{7.4b}$$

$$\frac{1}{\sigma} = \frac{1}{\sigma_0}\left[1 + \left(\frac{\kappa_2}{C_2}\right)\sigma_0 t\right] = \frac{1}{\sigma_0} + \left(\frac{\kappa_2}{C_2}\right)t \tag{7.4c}$$

これらは,接着継手の寿命 (たとえば半減期) を求めるために接着強度実験値と経過時間 t との関係を直線化するための指標となる式であり,実験値をプロットして最も適合する式を選ぶことになる.

7.2.3 材料の寿命の決定法[5–8]

次の 7.2.4 項で述べるアレニウス式を用いて,より低い温度 (たとえば室温) における寿命を推定するためには,より高い少なくとも 2 種類の温度における寿命実験値を必要とする.

a. 寿命到達時が明確な場合[5–8]

機械的分離破断,絶縁破壊などの現象により,材料が寿命に達した時間が明確にわかる場合は,その時間を寿命とする.

b. 材料の物性が低下して実用に供さなくなる場合[5–8]

この場合は,その材料の物性値が実用に供さない値になる時間を寿命とする.故障判定基準としては,材料や機器によって多様な値が採用されており,LED の場合は順電圧が規格最大値の 1.1 倍,光束が規格最小値の 0.7 倍,あるいは動作電流が規格値の 1.2 倍に達したとき,導電性接着剤においては抵抗値が初期抵抗値の 5 倍になったとき,コンデンサにおいては初期静電容量値からの変化が規定範囲 (一般的には ±20–±30%) を超えた場合,漏れ電流値が規格値を超えた場合などが採用されている.

寿命試験において,同一条件に対する試料数が多く取れる場合は,各寿命実験値と累積故障率 (不信頼度関数) $F(t)$ との関係をワイブル確率紙にプロットして,各温度条件における直線の傾きが同じ,すなわち故障モードが同一であることを確認し,たとえばメディアン寿命,すなわち累積故障率 $F(t) = 50\%$ における t を寿命とする.

7.2 アレニウスの式(温度条件)による劣化,耐久性加速試験および寿命推定法

一般的には,材料のある温度 T における寿命を決定する方法として,対象とする物性値(たとえば強度,弾性率,など)の残存率 r が一定値 r_m となるときまでの時間 t_m を寿命とするという方法が採用される.劣化の進行により固くなる,すなわち弾性率が増加する場合もあるが,その場合は故障判定基準を弾性率初期値より大きい値とする.

ここでは,劣化により反応量に比例して物性値が低下する場合について述べる.t_m としては,半減期すなわち $r_m = r_{0.5} = 0.5$ となる $t_{0.5}$ が用いられることが多い.方法としては,図 7.3 のように,たとえば接着強度 σ と経過時間 t との関係をプロットし [式 (7.4) のように,0 次反応の場合 $\sigma - t$,1 次反応の場合 $\ln\sigma - t$,2 次反応の場合 $1/\sigma - t$ の関係が直線となる],σ がたとえば半減する時間 t を寿命 $t_{0.5}$ とする.ここで,寿命 $t_{0.5}$ は極端な外挿によって決定することは避けるべきであり,内挿により決定することが望ましい.

図 7.4 は,エポキシ樹脂を 300°C の N_2 雰囲気中で加熱劣化させたときの質量残存率と曲げ強度との関係である.この質量残存率はエポキシ樹脂が酸化され分子の一部が分解して気体となって放出されことによる値であるのに対し,表 7.1 の $[A]$ の残存率はエポキシ樹脂の機能が保持される値であり,両者の間には大きな隔たりがあるため,図 7.4 において曲げ強度 (エポキシ樹脂の機能が保持される率) は質量残存率 90% においてほぼ半減値 45 MPa となっている.

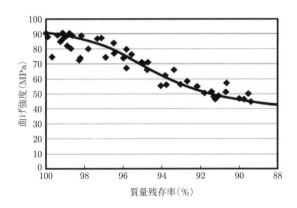

図 7.4 エポキシ樹脂の質量残存率と曲げ強度との関係[9].試験片寸法 10×4×1.2 mm,雰囲気 N_2,劣化温度 300°C.

7.2.4 反応速度定数と温度との関係

スエーデンの科学者 アレニウス (S. A. Arrhenius) (1903 年ノーベル化学賞受賞) は，反応速度定数 κ と絶対温度 T に関する次の実験式を提出した[10, 11]．

$$\kappa = A\exp\left(-\frac{E_\mathrm{a}}{RT}\right) \tag{7.5}$$

ここで，A は温度に無関係な係数 (頻度因子)(物質量/時間)，E_a は活性化エネルギー (J/mol)(図 7.5 参照)，R は気体定数 (8.3145 J/mol/K)$= kN_\mathrm{A}$，k はボルツマン定数 $= 1.3806 \times 10^{-23}$(J/ K)，N_A はアボガドロ数 $= 6.0221 \times 10^{23}$(1/mol)，T は絶対温度 (K) である．

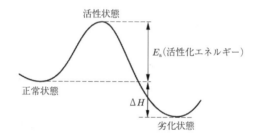

図 **7.5**　活性化エネルギー

反応速度定数 κ は，活性化エネルギー E_a の値が小さく，温度 T が高いほど大きくなる．

7.2.5 アレニウスの式を用いた寿命推定法[5–8]

材料の酸化反応などにより劣化が生じ，その寿命を，物性値 (強度など) の残存率 r が r_m となるときまでの時間 t_m または半減期 $t_{0.5}$ (表 7.1 参照) として定義すれば，寿命はすべて反応速度定数 κ_0, κ_1，および κ_2 に反比例する．

したがって，材料の寿命はアレニウスの式 (7.5) で表される反応速度定数 κ に反比例する．すなわち，寿命 t_m または $t_{0.5}$ をまとめて L で示せば，それは次式で表される．

$$L = C\exp\left(\frac{E_\mathrm{a}}{RT}\right) \tag{7.6}$$

ここで，C (時間) は比例定数である．

7.2 アレニウスの式 (温度条件) による劣化, 耐久性加速試験および寿命推定法

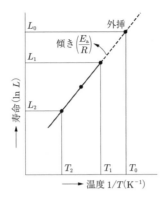

図 7.6 アレニウスプロットによる寿命の推定

式 (7.6) の両辺の対数をとれば, 次式が得られる.

$$\ln L = \ln C + \frac{E_a}{RT} \tag{7.7}$$

式 (7.7) により, 寿命 L の対数と絶対温度 T の逆数が図 7.6 のように直線関係となり, その勾配が E_a/R であり, E_a の値が得られる.

したがって, より高い 2 種類以上の温度 (たとえば図 7.6 の T_1 および T_2, $T_1 < T_2$) における寿命の実験値 (L_1 および L_2) を外挿することにより, より低い温度 (たとえば室温 T_0) における寿命 L_0 を次式により推定できる.

$$\ln L_0 = \frac{1/T_0 - 1/T_2}{1/T_1 - 1/T_2} \ln\left(\frac{L_1}{L_2}\right) + \ln L_2 \tag{7.8}$$

このとき, 加速係数 A_L, すなわち温度 T_1 および T_2 ($T_1 < T_2$) における寿命 L_1 および L_2 の比は, 次式により表される.

$$A_L = \frac{L_1}{L_2} = \exp\left[\frac{E_a}{R}\left(\frac{1}{T_1} - \frac{1}{T_2}\right)\right] \tag{7.9}$$

また, 実験値 (L_1, T_1) または (L_2, T_2) と E_a を用いて, 次式により C の値が得られ, 寿命予測式 (7.6) が確定する.

$$C = \exp\left(\ln L - \frac{E_a}{RT}\right) \tag{7.10}$$

222   7. 接着接合部の温度と各種ストレスに対する耐久性評価および寿命推定法

　経験的に室温付近では温度が $10°C$ 増加すると寿命が半減する ($10°C$ 則) といわれているので，$20°C$ から $30°C$ の $10°C$ の温度増加で寿命が半減する場合，すなわち加速係数 $A_L = 2$ の場合の E_a を式 (7.9) により求めてみる.

$$\ln 2 = \frac{E_a}{R} \left(\frac{1}{293.15} - \frac{1}{303.15} \right) \tag{7.11a}$$

$$0.69315 = \frac{E_a}{R}(3.4112 - 3.2987) \times 10^{-3} \tag{7.11b}$$

$$\text{直線の勾配}\frac{E_a}{R} = 6160\,\text{K} \tag{7.11c}$$

$$E_a = 51.2\,\text{kJ/mol} = 0.531\,\text{eV} \tag{7.11d}$$

　なお，7.3.3 項 a(i)(233 ページ) において，一液性加熱硬化型エポキシ系接着剤による SUS 継手の応力・加湿条件下の耐久性試験結果から，$E_a = 118\,\text{kJ/mol}$ を算出している.

7.2.6　倉庫保管中に劣化した粘着テープの納入時の接着強度の推定例

　業者から納入され室温の倉庫で 3 年間保管した粘着テープを製品に適用して出荷したところ，多数がはく離するという不具合が生じた. そこで残りの未使用粘着テープの接着強度を測定したところ，メーカーの製品規格を満たしていなかった.

　そこで，納入時には規格値を満たしていたのか否かを判断するため，現存する 3 年保管後の粘着テープを用いて，7.2.5 項の方法により，図 7.3 の室温における接着強度の経時変化予測式を求めて，時間 $t = -3$ 年を代入 (外挿) することにより，納入時の接着強度を推定することにする.

　仮定として接着強度は粘着剤の濃度すなわち残存量 $[A]$ に比例するものとする.

　加速試験温度は，7.1.2 項で述べたように粘着剤の酸化劣化反応機構が室温と変わらない，すなわち前述のアレニウスの式 (7.5) の活性化エネルギー E_a の値が変わらない範囲の温度としなければならないので 60–80°C 程度が望ましいと考えられる. 室温を $20°C$ として，およその目安として $10°C$ 則が成立するものとすれば，$60°C$ における加速係数 $= 2^4 = 16$ となり，室温 3 年分の劣化がおよそ 2 か月で実現できるものと考えられる.

　まず，図 7.3 の方法により，室温 T_0 より高い，たとえば $T_1 = 333.15\,\text{K}$ (60°C) および $T_2 = 353.15\,\text{K}$ (80°C) における寿命 L_1 および L_2 の値を実験により求めて式 (7.9) により劣化反応の活性化エネルギー E_a の値を得る.

7.2 アレニウスの式 (温度条件) による劣化，耐久性加速試験および寿命推定法

式 (7.3) および (7.4) における反応速度定数 κ_0, κ_1 および κ_2 はアレニウスの式 (7.5) により表され，劣化反応機構が同じで A および E_a が一定であれば，図 7.3 の室温より高い温度 T_1 および室温 T_0 における直線の勾配の絶対値の比は，両温度における反応速度の比すなわち式 (7.9) で表される加速係数 A_L となり，次式で表される．

$$A_L = \frac{L_0}{L_1} = \frac{\kappa_{0T_1}}{\kappa_{0T_0}} = \frac{\kappa_{1T_1}}{\kappa_{1T_0}} = \frac{\kappa_{2T_1}}{\kappa_{2T_0}} = \exp\left[\frac{E_a}{R}\left(\frac{1}{T_0} - \frac{1}{T_1}\right)\right] \quad (7.12)$$

したがって，室温 $T_0 = 293.15\,\mathrm{K}$ における 0 次反応，1 次反応，および 2 次反応の反応速度定数 κ_{0T_0}, κ_{1T_0} および κ_{2T_0} は，T_1 (たとえば $60 + 273.15\,\mathrm{K} = 333.15\,\mathrm{K}$) における反応速度定数 κ_{0T_1}, κ_{1T_1} および κ_{2T_1} を用いて次式で推定される．

$$\kappa_{0T_0} = \kappa_{0T_1}/A_L, \qquad \kappa_{1T_0} = \kappa_{1T_1}/A_L, \qquad \kappa_{2T_0} = \kappa_{2T_1}/A_L \quad (7.13)$$

なお，式 (7.4) に示されているように，0 次反応および 2 次反応においては，図 7.3 の温度 T_1 における直線の勾配の実験値からは，κ_{0T_1} および κ_{2T_1} ではなく，$C_0\kappa_{0T_1}$ および κ_{2T_1}/C_2 が得られる．

そこで，式 (7.3) の接着強度 σ–時間 t 関係式に，図 7.3 の絶対温度 T_1 のときの実験による近似直線の勾配の絶対値，$C_0\kappa_{0T_1}$, κ_{1T_1}, または κ_{2T_1}/C_2 を代入すれば，劣化反応が 0 次反応，1 次反応，および 2 次反応の場合の時間 t における接着強度

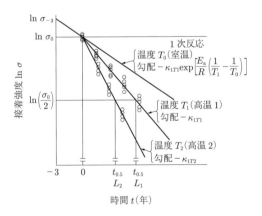

図 **7.7** 室温における接着強度 σ_t の推定法 (1 次反応の場合)

σ_t の予測式として次式が得られる．

$$\sigma_t = \sigma_0 - C_0 \kappa_{0T_0} t = \sigma_0 - (C_0 \kappa_{0T_1}/A_L)t \tag{7.14a}$$

$$\sigma_t = \sigma_0 \exp(-\kappa_{1T_0} t) = \sigma_0 \exp[-(\kappa_{1T_1}/A_L)t] \tag{7.14b}$$

$$\sigma_t = \frac{\sigma_0}{1+(\kappa_{2T_0}/C_2)\sigma_0 t} = \frac{\sigma_0}{1+(\kappa_{2T_1}/C_2 A_L)\sigma_0 t} \tag{7.14c}$$

図 7.7 には，1 次反応により劣化が起こる場合の，加速温度 T_1 および T_2 における寿命 (半減期) L_1 および L_2 の値を用いて式 (7.9) から活性化エネルギー E_a の値を求めるとともに，加速温度 T_1 における $\ln \sigma$–t 近似直線の実験値の勾配 $-\kappa_{1T1}$ から，式 (7.13) により T_0 (室温) における同直線の勾配を求めて，T_0 における $\ln \sigma$–t 直線が得られることを示している．この直線を $t = -3$ 年まで外挿することにより，遡った接着強度が推定される．

7.3 アイリングの式によるストレス負荷条件下の耐久性加速試験と寿命推定法[5–8]

接着継手に対し応力，湿度などのストレスが作用すると，寿命に影響を与えるので，あらかじめ耐久性試験を行っておく必要がある．

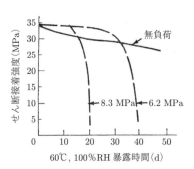

図 **7.8** 高温高湿条件下の重ね合せ継手の残存せん断接着強度に対する負荷応力の影響[12]．変成エポキシ系接着剤 (121°C 加熱硬化)，被着材 Al．

図 7.8 は，加熱硬化形エポキシ系接着剤で接着した Al 試験片の高温，高湿条件下の耐久性試験結果で[12]，無負荷応力条件では残存接着強度は長期間大きく保たれているが，応力負荷条件下では急速に低下しているので注意が必要である．

7.3 アイリングの式によるストレス負荷条件下の耐久性加速試験と寿命推定法　225

接着剤を構成する樹脂の種類によってはこれ以上に負荷応力の影響を受けやすい接着剤があるので注意を要する.

7.3.1 アイリングの式を用いた寿命推定法

アイリング (H. Eyring) は，絶対反応速度論によりまったく理論的に，温度およびそれ以外の機械的応力，湿度，温度差サイクル，電圧などのストレスの影響も考慮した反応速度式を導出した[13, 14]. P, V の変化が無視できれば，$\Delta G = U - T\Delta s$ である.

$$\kappa = a\left(\frac{kT}{h}\right)\exp\left(\frac{-\Delta G}{kT}\right) = a\left(\frac{kT}{h}\right)\exp\left(\frac{\Delta s}{k}\right)\exp\left(-\frac{U}{kT}\right) \tag{7.15}$$

ここで，ΔG は 1 分子あたりの自由エネルギーの差 (J)，U は 1 分子あたりの活性化エネルギー (J)，T は絶対温度 (K)，Δs はエントロピー変化 (J/K)，κ は反応速度定数 (物質量/時間)，a は比例定数 (物質量/時間) である.

温度ストレス以外のストレスを含む表現は[1, 2, 13–17]，

$$\begin{aligned}\kappa &= a\left(\frac{kT}{h}\right)\exp\left[f(S)\left(b+\frac{c}{T}\right)\right]\exp\left(-\frac{U}{kT}\right)\\&= a_1 T\exp\left[f(S)\left(b+\frac{c}{T}\right)\right]\exp\left(-\frac{E_\mathrm{a}}{kT}\right)\end{aligned} \tag{7.16}$$

ここで，a, a_1 は比例定数 (物質量/時間)，b, c は定数，k はボルツマン定数 $= 1.3806 \times 10^{-23}\,\mathrm{J/K} = R/N_\mathrm{A}$，$R$ は気体定数 (8.3145 J/mol/K)，N_A はアボガドロ数 $= 6.0221 \times 10^{23}\mathrm{mol}^{-1}$，$h$ はプランク定数 $= 6.6261 \times 10^{-34}\mathrm{J \cdot s}$，$E_\mathrm{a}$ は 1 mol あたりの活性化エネルギー (J/mol)$= UN_\mathrm{A}$，$f(S)$ は温度以外のストレス S (応力，湿度，温度差サイクル，電圧など) の関数である.

式 (7.16) と比較すると，式 (7.5) のアレニウス式の定数 A (頻度因子) は，正確には絶対温度 T に比例する量であることがわかるが，T の変化に比して $\exp(-E_\mathrm{a}/RT)$ の変化の方が桁違いに大きいため，狭い温度範囲では，T は一定とみなすことができる.

式 (7.16) において，$f(S) = \ln S, (b+c/T) = n$ とおき，$a_2, \cdots, a_4$ を比例定数とすれば[1, 2, 13–17]，

$$\begin{aligned}\kappa &= a_2 TS^n\exp\left(-\frac{E_\mathrm{a}}{RT}\right) \simeq a_3 S^n\exp\left(-\frac{E_\mathrm{a}}{RT}\right)\\&= a_4 S_\mathrm{h}^h S_\mathrm{m}^m\exp\left(-\frac{E_\mathrm{a}}{RT}\right)\end{aligned} \tag{7.17}$$

式 (7.17) の ≃ より右の項は，T の狭い領域について成立する近似アイリング式である[1,2,13–17]．温度以外のストレスが複数個 (たとえば湿度 S_h および機械的応力 S_m) ある場合はそれらのべき乗の積とする．このとき，寿命 L (時間) は次式で表される．なお，$d_1, \cdots, d_4$ は比例定数である．

$$L = d_1 S^{-n} \exp\left(\frac{E_a}{RT}\right) = d_2 S_h^{-h} S_m^{-m} \exp\left(\frac{E_a}{RT}\right) \tag{7.18}$$

$$\ln L = d_3 - n \ln S + \frac{E_a}{RT} = d_4 - h \ln S_h - m \ln S_m + \frac{E_a}{RT} \tag{7.19}$$

加速係数 A_L は次式で表される．

$$\begin{aligned} A_L = \frac{L_1}{L_2} &= \left(\frac{S_2}{S_1}\right)^n \exp\left[\frac{E_a}{R}\left(\frac{1}{T_1} - \frac{1}{T_2}\right)\right] \\ &= \left(\frac{S_{h_2}}{S_{h_1}}\right)^h \left(\frac{S_{m_2}}{S_{m_1}}\right)^m \exp\left[\frac{E_a}{R}\left(\frac{1}{T_1} - \frac{1}{T_2}\right)\right] \end{aligned} \tag{7.20}$$

式 (7.19) により，ストレスが 1 種類の場合，ストレス S の対数と寿命 L の対数が図 7.9 のように直線関係となり，その直線の勾配が $-n$ である．この直線を外挿することにより，より小さいストレスにおける寿命を推定することができる．

ストレスが複数個，たとえば，湿度と応力の 2 個ある場合，寿命予測式 (7.18) の E_a，指数 h，および m の値は，それぞれ，温度，湿度，または負荷応力以外のパラメータを一定にして，2 点以上の使用条件より高い温度，高い湿度，または大きな

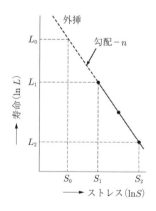

図 **7.9** アイリング式プロットによる寿命の推定

7.3 アイリングの式によるストレス負荷条件下の耐久性加速試験と寿命推定法　　227

応力における寿命を測定し，7.2.5 項の図 7.6 のアレニウスプロットの勾配から E_a，図 7.9 のアイリング式プロットの勾配から次数 h または m を決定する．

そのようにして決定された E_a，指数 h，および m の値と，それらの決定に用いた複数個の寿命 L の実験値により，式 (7.18) から複数個の定数 d_2 が得られるので，それらの平均をとって代表的 d_2 とすれば，任意の温度，湿度，および応力における寿命予測式が得られることになり，その予測式の決定に用いた温度，湿度，および応力からかけ離れた条件でなければ，寿命予測式として用いることができる．

式 (7.15)–(7.20) における具体的なストレス S としては，機械的応力 σ，絶対および相対湿度 (P および RH)，温度差サイクル試験における温度差 Δt，電圧 ΔE などがあげられる．

なお，経験的に n の値は，コンデンサに対して直流電圧負荷の場合 $n \simeq 5$，電球のフィラメントの電圧ストレス対して $n \simeq 13$–14，ボールベアリングの破壊に対して $n \simeq 3$–4 などといわれている[2]．

7.3.2　アイリングの式を用いた湿度に対する耐久性評価法

湿度ストレスとしては，絶対湿度と相対湿度があり，それぞれの場合の耐久性評価法について述べる．

a.　絶対水蒸気圧

P を絶対水蒸気圧とすれば，式 (7.18) において，$S = P$ とした場合である[18]．

$$L = d_1 P^{-n} \exp\left(\frac{E_a}{RT}\right) \tag{7.21}$$

b.　相対湿度モデル 1

式 (7.18) において，$S = RH$ (相対湿度) とした場合である[18]．

$$L = d_1 (RH)^{-n} \exp\left(\frac{E_a}{RT}\right) \tag{7.22}$$

相対湿度 S_h および応力 S_m の値を一定として，温度 T_1 および T_2 における寿命 L_1 および L_2 の測定値から，式 (7.20) の加速係数 A_L を用いて活性化エネルギー E_a を求めた場合，T_1 および T_2 における絶対湿度の値は異なるため，得られた E_a はみかけの活性化エネルギー (2 つの絶対湿度を用いて得た E_a の中間の値) となるが，温度 T_1 および T_2 の間にそれほど大きな差がない場合は，寿命予測に用いられる．

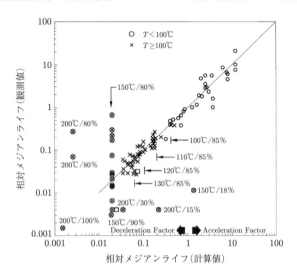

図 7.10 85°C85% RH に対する観測データと計算データと相関寿命[19]

図 7.10 は，HAST 劣化試験 (Highly Accelerated Temperature and Humidity Stress Test) によるエポキシ樹脂封止半導体パッケージのアルミ配線の腐食による故障時間の実測値と計算値を比較した図で，85°C85% RH の故障時間を1としてプロットしたものである[19]．

ここでは相対湿度を用いて，式 (7.18) のアイリングの式により解析しているので[19]，得られた E_a の値はみかけの活性化エネルギーとなるが，エポキシ樹脂のガラス転移温度 145°C 以下では，寿命実験値と計算値とがほぼ一致しているので，相対湿度を用いてもほぼ妥当な寿命予測ができるものと考えられる．

c. 相対湿度モデル 2 (Lycoudes モデル)[18,20,21]

Lycoudes により導出されたモデルで，次式で表される．

$$L = d_3 \exp\left(\frac{E_a}{RT}\right) \exp\left(\frac{\beta}{RH}\right) \tag{7.23}$$

d_3 (時間) および β (%) は定数である．式 (7.23) の両辺の対数をとれば，

$$\ln L = \left(\frac{E_a}{RT} + \frac{\beta}{RH}\right) + \ln d_3 \tag{7.24}$$

7.3 アイリングの式によるストレス負荷条件下の耐久性加速試験と寿命推定法

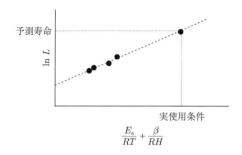

図 7.11 Lycoudes モデルによる温度および湿度を考慮した寿命予測[18, 20, 21]

式 (7.24) を用いた温度および湿度の影響を考慮した寿命予測の方法を図 7.11 に示す．

(i) Lycoudes モデルによる寿命予測方法例 室温 (20°C) で 60% RH における接着継手の寿命を，アイリングモデルを使用して予測する方法について述べる．

温度および湿度により加速するため，たとえば，60°C ($T = 333.15\,\mathrm{K}$), $RH = 70\%$, 70°C ($T = 343.15\,\mathrm{K}$), $RH = 70\%$ ，および 80°C ($T = 353.15\,\mathrm{K}$), $RH = 70\%$ において寿命試験を行う．寿命は，たとえば半減期 $t_{0.5}$ とする．

この場合，相対湿度 RH が一定であるため，$\beta/RH =$ 一定 となり，式 (7.23) および式 (7.24) は，それぞれアレニウスの式 (7.6) および式 (7.7) に一致する．そこで，図 7.6 のアレニウスプロットを行い，その直線の勾配から E_a/R の値が得られ，したがって E_a の値が得られる．この直線を 20°C に外挿することにより，20°C, $RH = 70\%$ における寿命が予測できる．

次に，式 (7.23) および式 (7.24) における湿度 RH に関する項の定数 β の値を決定するため，たとえば，70°C ($T = 343.15\,\mathrm{K}$), $RH = 60\%$ および 70°C, $RH = 80\%$ において寿命試験を行い，すでに実施した 70°C, $RH = 70\%$ における寿命実験値とを組み合わせる．

ここで注意すべきことは，高温のうえ湿度が非常に高いため，蒸発潜熱により火傷しやすいことである．

これらの条件において，温度 $T = 343.15\,\mathrm{K}$ が同一であるため，式 (7.23) および式 (7.24) における $E_\mathrm{a}/RT =$ 一定 となる．また，3 条件における実験値を用いて，$\ln L$ と $1/RH$ との関係をプロットしたとき得られる直線の勾配が β (%) となる．

したがって，以上の 5 条件における寿命実験値を用いて，図 7.11 を作成し，そ

の直線を実使用条件，たとえば $20°$C $(T = 293.15\,\mathrm{K})$, $RH = 60\%$ における横軸値 $E_\mathrm{a}/(293.15 \times R) + \beta/60$ まで外挿することにより，$20°$C, $RH = 60\%$ における寿命が予測できる．

(ii) Lycoudes モデルによる寿命予測の具体例　図 7.12 はフェノール樹脂封止集積回路の累積故障率 $F(t)(\%)$ と試験時間との関係 (Weibull プロット)[21]，図 7.13 は同じくフェノール樹脂封止集積回路の $90°$C におけるメディアン寿命 t_{50} [7.9.3 項 b 参照] と相対湿度の逆数との関係である[21]．図 7.13 において，直線の勾配から Lycoudes の式 (7.23) の定数 $\beta = 304$ という値が得られている．

図 7.14 はフェノール樹脂およびエポキシ樹脂封止集積回路について，Lycoudes の式 (7.23) を用いて外挿により $30°$C の寿命を予測した結果である[21] (図 7.11 に相当)．

7.3.3　Sustained Load Test による接着継手の温度，湿度，および応力負荷条件下の耐久性評価結果

Sustained Load Test は，米国 3M 社の W. D. Sell により開発された方法で，同社の A. V. Pocius らは，Al 板の重ね合せ接着継手に対し，コイルばねによって負荷をかけ，温度および高湿度条件下の長期の耐久性をしらべた[22, 23]．

a.　接着剤 A (一液性 $120°$C/1h 硬化エポキシ系) の場合

著者らは，温度，湿度，および応力に関し，Pocius らと同一条件下で，ステンレス鋼板の接着継手 (溶剤脱脂のみ) の耐久性をしらべた[24]．

図 7.15 に試験片形状，図 7.16 に応力負荷装置を示す．なお，図 7.16 の応力負荷装置は，試験片破断時に反動で図の右方向に飛び出して危険であるため，架台に固定しておく必要がある．

図 7.17 に耐久性試験結果の一例 ($120°$C/1h 硬化，一液性エポキシ系接着剤) を示す[24]．

図 7.17 においては，前記式 (7.19) を適用して，寿命 L (保持時間) およびストレス S (応力) の対数をとっているが，温度一定 ($38°$C) においてはほぼ直線を示しており，アイリングの式の妥当性が確認された．温度が $38°$C および $60°$C における直線の勾配はほぼ等しく，両温度においてはほぼ同一のモードの劣化反応が進行していることが推定される．

溶剤脱脂を施したのみのステンレス鋼は，アンカー効果があまり期待できないた

7.3 アイリングの式によるストレス負荷条件下の耐久性加速試験と寿命推定法 231

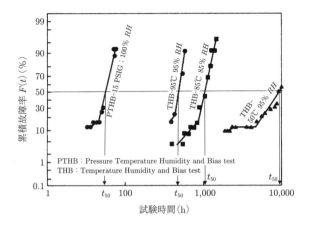

図 **7.12** 集積回路の累積故障率 $F(t)$ (%) と試験時間との関係[21]．フェノール樹脂封止，印加電圧 30 V (75 V/mil)．

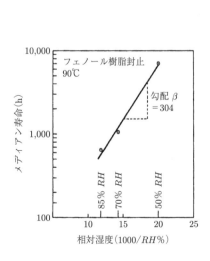

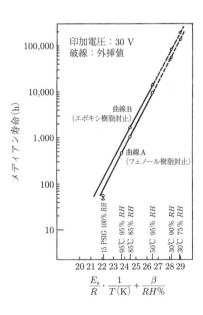

図 **7.13** 集積回路のメディアン寿命と相対湿度の逆数との関係[21]

図 **7.14** 集積回路のメディアン寿命と絶対温度の逆数 + 相対湿度の逆数との関係 [21]

232　7. 接着接合部の温度と各種ストレスに対する耐久性評価および寿命推定法

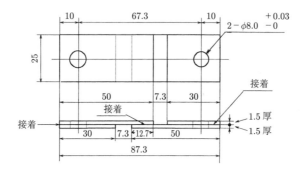

図 **7.15**　耐久性試験片 (単位 mm)[24]

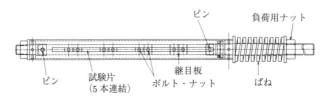

図 **7.16**　応力負荷装置[24]

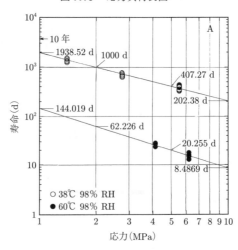

図 **7.17**　一液性エポキシ系接着剤 A の Sustained Load Test 結果 (アイリング式プロット)[24]. 接着剤は一液性エポキシ系 (120°C/1 h 硬化), 被着材は溶剤脱脂 SUS304 (1.5 mm 厚), 引張せん断接着強度 29.7 MPa (20°C).

め，図 7.17 の結果は，後出の図 7.20 の Pocius らのフィルムタイプの接着剤 (被着材は FPL エッチング Al 材) の耐久性にははるかに及ばないが，Pocius らによる一液性のエポキシ系接着剤 (被着材は同じく FPL エッチング Al 材) の耐久性の最小値 [22] とはほぼ同等の値を示した．

(i) 継手のみかけの活性化エネルギー E_a の算出　図 7.17 の 38°C および 60°C，応力 = 5 MPa の実験結果 (近似直線) から，7.2.5 項の加速係数の計算式 (7.9) を適用して，活性化エネルギー E_a の値を求めてみる．

なお，7.3.2 項 b で述べたように，図 7.17 における寿命 L は，絶対湿度 = 一定ではなく，相対湿度 = 一定の条件における実験値であるため，得られた E_a の値はみかけの活性化エネルギーである．

応力 = 5 MPa，温度 $T_1 = 311.15$ K (38°C) および $T_2 = 333.15$ K (60°C) における寿命 $L_1 = 4.0727 \times 10^2$ d，$L_2 = 2.0255 \times 10^1$ d を式 (7.9) に代入して両辺の対数をとれば，

$$\ln\left(\frac{407.27}{20.255}\right) = \ln 20.107 = \frac{E_a}{R}\left(\frac{1}{311.15} + \frac{1}{333.15}\right) \tag{7.25a}$$

$$3.0011 = \frac{E_a}{R}(3.2139 - 3.0017) \times 10^{-3} \tag{7.25b}$$

$$\text{直線の勾配}\ \frac{E_a}{R} = 14143\,\text{K} \tag{7.25c}$$

$$E_a = 118\,\text{kJ/mol} = 1.223\,\text{eV} \tag{7.25d}$$

このように，この接着継手の劣化反応の活性化エネルギー E_a の値は，式 (7.11) の 10°C 則の値の 2.3 倍あり，この接着継手の耐久性が比較的大きいことがわかる．また，式 (7.10) により，寿命予測式 (7.6) の C を計算すれば，

$$C = \exp(\ln 4.0727 \times 10^2 - 14143/311.15) = 7.41 \times 10^{-18}\,\text{d} \tag{7.26}$$

を得る．

(ii) アレニウスの式による応力負荷条件下の接着継手の室温における寿命の推定
図 7.17 の接着剤 A のアイリング式プロットの近似直線から，$T_1 = 311.15$ K (38°C) および $T_2 = 333.15$ K (60°C)，負荷応力 $S = 1, 2, 5$, および 10 MPa における寿命 L_1 および L_2 を読み取り表 7.2 に示した．

式 (7.8) の寿命予測式に $T_1 = 311.15$ K および $T_2 = 333.15$ K を代入すれば，次式

234   7. 接着接合部の温度と各種ストレスに対する耐久性評価および寿命推定法

表 7.2　室温 (20°C) における応力負荷条件下の継手の寿命の推定結果

負荷応力 (MPa)	寿命 L_1 ($T_1 = 311.15$ K) (98% RH) (d)	寿命 L_2 ($T_2 = 333.15$ K) (98% RH) (d)	推定寿命 L_0 ($T_0 = 293.15$ K)(20°C)			
			(98% RH)		(60% RH)	
			(d)	(年)	(年)($h = 1$)	(年)($h = 2$)
1	1938.52	144.019	22124	60.6	99	164
2	1000.00	62.226	13226	36.2	59	98
5	407.27	20.255	6634	18.2	30	49
10	202.38	8.4869	3863	10.6	17	29

この接着剤 A の室温における引張せん断強度は 27.8 MPa (284 kgf/cm^2) (表 2.4 の接着剤 A と同一接着剤であるが，試験片の製作時期が異なる．)

が得られ，

$$\ln L_0 = \frac{1/293.15 - 1/333.15}{1/311.15 - 1/333.15} \ln\left(\frac{L_1}{L_2}\right) + \ln L_2 = 1.9298 \ln\left(\frac{L_1}{L_2}\right) + \ln L_2 \quad (7.27)$$

この式に表 7.2 の各応力における L_1 および L_2 の値を代入し，室温 20°C ($T_0 = 293.15$ K) における寿命 L_0 を求めて表 7.2 に併記した．

この継手の場合，20°C，98% RH において，負荷応力が 1 MPa (10 kgf/cm^2) から倍の 2 MPa になると，推定寿命が 60% に低下することがわかる．なお，この接着試験片の耐久性試験前の室温における引張りせん断接着強度は，27.8 MPa (284 kgf/cm^2) と比較的大きく，負荷応力 1 MPa は，そのわずか 3.6% である．

ここでは，湿度は相対湿度 RH により規定しているが，厳密には絶対湿度 (g H$_2$O/m^{3}air) で規定するべきである．相対湿度により規定する方法は，7.3.2 項 b の相対湿度モデル 1 および 7.3.2 項 c の相対湿度モデル 2 (Lycoudes モデル) としても用いられていて，比較的狭い温度範囲では便宜的に使われる．

絶対湿度で規定する場合と相対湿度で規定する場合とでは，式 (7.17)–(7.20) における湿度ストレス S_h に関する指数 h の値が当然異なる．

表 7.2 の 98% RH における寿命から，たとえば 60% RH(参考:日本の年間平均湿度=58% RH) における寿命を推定するためには，98% RH 以外の湿度，たとえば 60°C，75% RH における寿命を測定し，図 7.9 のアイリング式プロットを行って h の値を決定する (直線の勾配 $= -h$) 必要があり，h の値が決まれば，式 (7.20) から，60% RH における寿命は次式で与えられる．

$$60\% \text{ RH のときの寿命} = 98\% \text{ RH のときの寿命}$$
$$\times (S_{h_2}/S_{h_1} = 98/60 = 1.633)^h \quad (7.28)$$

7.3 アイリングの式によるストレス負荷条件下の耐久性加速試験と寿命推定法

しかし，98% RH 以外の湿度における寿命実験値がないため，h が決定できない．そこで，$h = 1$ および $h = 2$ と仮定すれば，式 (7.28) の $1.633^h = 1.633$ および 2.7 となり，推定した各負荷応力における 20°C, 60% RH の寿命を表 7.2 に併記した．

(iii) アイリングの式の次数 n の算出　次に，図 7.17 の 38°C におけるアイリング式プロットの近似直線から，アイリングの式 (7.17) の指数 n の値を求めてみる．

図 7.17 の 38°C の実験値の近似直線を延長すれば，応力 1 MPa および 10 MPa における寿命 $L_1 = 1.93852 \times 10^3$ d および $L_2 = 2.0238 \times 10^2$ d が得られる．これらの値を加速係数の計算式 (7.20) に代入すれば，温度は一定であるため，次式が得られる．

$$A_L = \frac{1938.52}{202.38} = 9.58 = \left(\frac{S_2}{S_1}\right)^n = \left(\frac{10}{1}\right)^n \tag{7.29a}$$

$$\log 9.58 = 0.981 = n \log 10 = n \tag{7.29b}$$

この接着継手の場合，$n \simeq 1$ であり，寿命 L は負荷応力 S にほぼ逆比例して減少している．

なお，図 7.18 は，2.12 節で接着剤 A (凝集破壊率 10%) と比較した接着剤 C (凝

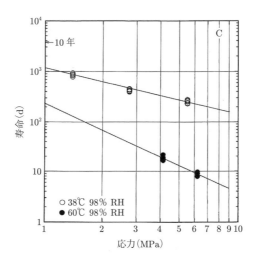

図 **7.18**　一液性エポキシ系接着剤 C の Sustained Load Test 結果 (アイリング式プロット)[24]．接着剤は一液性エポキシ系 (120°C/1 h 硬化)，被着材は溶剤脱脂 SUS304 (1.5 mm 厚)，引張せん断接着強度 26.6 MPa (20°C)．

集破壊率 100%) の Sustained Load Test 結果である[24]. 図 7.17 の接着剤 A の方が耐久性が少し上回っているので，表面処理法が限定されていて凝集破壊率を 100% にできない場合は，凝集破壊率のみにより接着剤の性能の評価はできないことがわかる．

b. 接着剤 F (二液性 60°C/3 h 硬化エポキシ系) の場合

図 7.19 は，著者らによる接着剤 F の 38°C, 98% RH における Sustained Load Test 結果 (アイリング式プロット) である[24]. 図 7.19 の実験値の近似直線を延長すれば，応力 1 MPa および 10 MPa における寿命 $L_1 = 4.13 \times 10^3$ d および $L_2 = 4.39 \times 10$ d が得られる．

これらの値を加速係数の計算式 (7.20) に代入すれば，温度は一定であるため，次式が得られる．

$$A_L = \frac{4130}{43.9} = 94.1 = \left(\frac{S_2}{S_1}\right)^n = \left(\frac{10}{1}\right)^n \tag{7.30a}$$

$$\log 94.1 = 1.973 = n \log 10 = n \tag{7.30b}$$

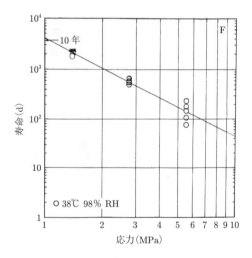

図 7.19 二液性エポキシ系接着剤 F の Sustained Load Test 結果[24]. 接着剤は二液性エポキシ–ポリアミド系 (60°C/3h 硬化)，被着材は溶剤脱脂 SUS304 (1.5 mm 厚)，引張せん断接着強度 24 MPa (20°C).

この接着剤の場合，$n \simeq 2$ と，前記の一液性接着剤 A の場合の約 2 倍で，寿命は接着剤 A の場合より負荷応力の影響を受けやすい．

この接着剤は二液型であり，室温硬化も可能であるが，60–80°C で加熱硬化させているため接着強度が向上している．

なお，この接着試験片の耐久性試験前の室温における引張りせん断接着強度は，24 MPa であった．

c. フィルム型接着剤 (177°C 加熱硬化ノボラック・エポキシ系) の場合[22, 23]

図 7.20 は，Pocius らによる，典型的な航空機構造用フィルムタイプの接着剤による継手 [177°C 硬化，ノボラックエポキシ系，被着材は FPL 処理 (硫酸–クロム酸処理) 純 Al クラッド 2024T-3] の Sustained Load Test 結果である[22, 23]．

試験片の形状・寸法は図 7.15 と同一である．表面処理が適切で，高温加熱硬化であることに加えて，接着剤にはエポキシ基が多く，架橋密度が高いため，図 7.17 のペースト型 120°C 硬化接着剤の場合 (60°C) の寿命に比して，2 桁以上大きい驚異的な寿命を示している．

図 7.20 の実験値の近似直線を延長すれば，応力 8 MPa および 20 MPa における

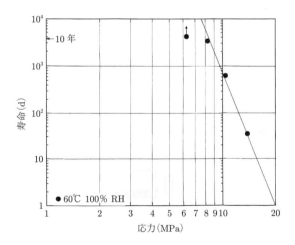

図 **7.20** フィルム型エポキシ系接着剤の Sustained Load Test 結果[22, 24]．接着剤はノボラックエポキシ系フィルム型 3M AF143/EC3917 (177°C 硬化)，被着材は純 Al クラッド 2024T-3 (FPL 処理)，引張せん断接着強度は 22.39 MPa (20°C)．

238   7. 接着接合部の温度と各種ストレスに対する耐久性評価および寿命推定法

寿命 $L_1 = 6 \times 10^3$ d および $L_2 = 1.0$ d が得られる．これらの値を加速係数の計算式 (7.20) に代入すれば，次式が得られる．

$$A_L = \frac{6000}{1} = 6000 = \left(\frac{S_2}{S_1}\right)^n = \left(\frac{20}{8}\right)^n \tag{7.31a}$$

$$\log 6000 = 3.7782 = n \log 2.5 = 0.39794n \tag{7.31b}$$

$$n = \frac{3.7782}{0.39794} = 9.49 \tag{7.31c}$$

このように，この接着剤の場合は，寿命は非常に大きいが，応力の影響を受けやすい．なお，この接着試験片の耐久性試験前の室温における引張りせん断接着強度は，22.39 MPa である．

以上のように，同じエポキシ系といっても，種類，硬化剤，加熱温度などにより，その耐久性には大きな違いが見られるため，使用にあたっては，使用条件を考慮した耐久性試験の実施が不可欠である．

7.3.4　加速劣化法により耐用年数相当分劣化後の接着強度分布を求めて故障確率を推定する方法

まず，7.3 節のアイリングの寿命予測式 (7.18) および加速係数 A_L の式 (7.20) を用いて，それぞれ 2 条件以上の温度 T，湿度 S_h，および負荷応力 S_m において加速試験を実施し，活性化エネルギー E_a，湿度ストレス S_h および応力ストレス S_m に対する指数 h および m を決定しておく必要がある．

次に，実際の使用条件における温度を T_1，湿度 (絶対湿度または相対湿度) を S_{h_1}，負荷応力を S_{m_1} として，式 (7.20) の加速係数 A_L の値が十数倍以下となるように (大きすぎると劣化反応様式が変化する可能性があり，この程度に収めておくのが無難である)，加速条件における温度 T_2，湿度 S_{h_2}，負荷応力 S_{m_2} を決定する．加速係数 A_L の値が十数倍というのは，温度および湿度に関する加速倍率をそれぞれ 4 倍以下，応力に関する加速倍率を 1 倍以下 (加速劣化途中で破断する試験片を出さないようにするため) と考えた場合である．

クリープ破断に関する Larson–Miller 式にもとづいて，短時間高温強度を外挿することによって長時間低温強度を推定することができるが，10 倍以上の長時間側の外挿は正確ではないといわれている[25]．

次いで，次式により促進劣化時間を決定し，加速劣化を行う．試験片の個数は 20

7.3 アイリングの式によるストレス負荷条件下の耐久性加速試験と寿命推定法　239

本以上とする.

$$加速劣化時間 = 継手の耐用年数/促進倍率 A_L \qquad (7.32)$$

加速劣化途中で試験片の破断が起こった場合は，加速劣化はその時点までとなり，

$$使用条件に相当する劣化時間 = 加速劣化時間 \times 加速係数 A_L$$

となって，耐用年数分の加速劣化が達成できなかったということになる.

このようにして加速劣化させた試験片全数について接着強度試験を行えば，耐用年数相当分劣化した継手の接着強度の平均値 μ_R，標準偏差 σ_R，次いで変動係数 $\eta_R = \sigma_R/\mu_R$ を得ることができ，安全率 $S_c = \mu_R/\mu_S$ (μ_S は負荷応力の平均値) と負荷応力の変動係数 η_S を指定して，式 (6.21) により，耐用年数相当分劣化後の接着継手の故障確率 P_f を推定することができる.

なお前記接着強度試験は，接着継手の実使用条件下 (温度および湿度) に十分な時間保管後，その条件下で実施する必要がある.

7.3.5　水蒸気存在下の材料の酸化反応促進メカニズムの第一原理分子動力学法解析結果[26]

水分子は，多くの化学反応のカギになる重要な働きをする. 以下には水蒸気の存在によって酸化が促進されるメカニズムを第一原理分子動力学計算によって明らかにした例[26]を示す.

半導体デバイスに使用されるシリコンの (001) 表面にはダングリングボンドとよばれる反応性の高い原子軌道が並んでいるが，そこで水分子が複数個作用してプロトンの受け渡しをすることできわめて容易に水分子が –OH と–H に解離して吸着する様子が明らかになった[26].

図 7.21 において，スタート時に平衡位置から大きくずれている水素原子 A が，10–80 フェムト (10^{-15}) 秒においては水素原子 B となって次々と移動している. また，10–80 フェムト秒においては次々と別の水素原子が平衡位置から大きくずれている[26].

プロトン (水素イオン) 移動の反対方向には電子の移動も起こり，それが酸化 (還元) 作用であり，その作用は水分子が複数個集まることでより強力に現れてくる[26].

以上により，材料の表面の水分子が多いほど，すなわち絶対湿度が高いほど酸化反応が進みやすく，材料の劣化速度も大きくなることがわかる. これが湿度ストレ

240   7. 接着接合部の温度と各種ストレスに対する耐久性評価および寿命推定法

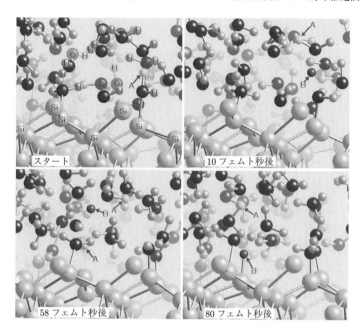

図 **7.21**　Si 表面に接触した水の複数分子を経由するプロトンリレー[26].大きな球は Si 原子,中くらいの球は O 原子,小さな球は H 原子である.A は平衡位置から大きくずれている H,B はちょうど移動中の H.1 フェムト秒 (fs)= 10^{-15} 秒.

スの作用のメカニズムと考えられる.

7.4　ジューコフの式を用いた応力下の継手の寿命推定法

7.4.1　ジューコフの式

　高分子の破壊における速度論による取扱いが,ゴム状粘弾性体の分子間結合 (2 次結合) についてはトボルスキー–アイリング (Tobolsky–Eyring)[27, 28]により,応力負荷状態における高分子の分子内結合 (1 次結合) についてはジューコフ (S. N. Zhurkov) ら[29, 30]により行われた[31–34].

　それらにおいて,寿命 t_b と負荷応力 σ との関係は次式により表される.

$$t_b = C \exp\left(\frac{E_a - \alpha\sigma}{RT}\right) = C \exp\left(\frac{E_a}{RT}\right) \bigg/ \exp\left(\frac{\alpha\sigma}{RT}\right) \quad (7.33)$$

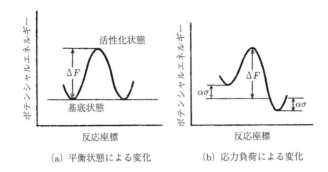

図 7.22 速度過程によるポテンシャル障壁[31]

ここで，C は比例定数 (時間)，α は活性化体積とよばれる．

上式の C は式 (7.6) の C と同一のものであり，式 (7.5) の A の逆数に比例する値である．A は 7.3.1 項で述べたように正確には T に比例する値であるが，狭い温度範囲では定数とみなすことができるため，C も同様に狭い温度範囲では定数とみなすことができる．

式 (7.33) は，図 7.22a のような平衡状態において応力 σ が作用することにより，図 7.22b のように障壁の活性化エネルギー ΔF が正方向には $\alpha\sigma$ だけ低くなって原子，分子の移動速度が速くなり，逆方向には障壁が $\alpha\sigma$ だけ高くなり原子，分子の移動速度が遅くなることにもとづいて導かれた[31]．

機械的応力 σ に加えて，湿度ストレス μ (本来は絶対湿度) を考慮する場合，式 (7.30) は次式のようになる．

$$t_b = C \exp\left[\frac{E_a - (\alpha_1 \sigma + \alpha_2 \mu)}{RT}\right]$$
$$= C \exp\left(\frac{E_a}{RT}\right) \bigg/ \left[\exp\left(\frac{\alpha_1 \sigma}{RT}\right) \exp\left(\frac{\alpha_2 \mu}{RT}\right)\right] \quad (7.34)$$

7.4.2　ジューコフの式による接着継手の **Sustained Load Test** 結果の解析

式 (7.33) から応力 σ_1 および σ_2 ($\sigma_1 < \sigma_2$) における寿命の加速係数 A_L は，

$$A_L = \frac{t_{b1}}{t_{b2}} = \exp\left[\frac{\alpha(\sigma_2 - \sigma_1)}{RT}\right] \quad (7.35)$$

242　7. 接着接合部の温度と各種ストレスに対する耐久性評価および寿命推定法

となり，α は次式から求められる．

$$\alpha = \frac{RT \ln(t_{b1}/t_{b2})}{\sigma_2 - \sigma_1} \tag{7.36}$$

　式 (7.35) に，図 7.17 の一液性エポキシ系接着剤 A による継手の温度 38°C ($T =$ 311.15 K) における耐久性試験結果から読み取った値，

$$\sigma_1 = 1\,\text{MPa}, \quad t_{b1} = 1938.52\,\text{d}$$

$$\sigma_2 = 10\,\text{MPa}, \quad t_{b2} = 202.38\,\text{d}$$

の値を代入することにより，次のように α の値が得られる．

$$\alpha = \frac{8.3145 \times 311.15 \ln(1938.52/202.38)}{10 - 1} = 649.50\,\text{J/MPa/mol} \tag{7.37}$$

　したがって，この継手の劣化反応においては，38°C，98% RH 条件下で，負荷応力 σ が 1 MPa 増すごとに，実質的活性化エネルギー E_a が 649.50 J/mol 減少することになる．

　式 (7.33) の右辺の $\exp(\alpha\sigma/RT)$ ($\geq 1, \sigma = 0$ において 1) は，応力 σ を付加することによる劣化の加速係数とみなされ，図 7.17 の一液性エポキシ系接着剤 A の場合，1.29 ($\sigma = 1\,\text{MPa}$) および 1.65 ($\sigma = 2\,\text{MPa}$) となる．

　また，式 (7.33) の C の値は，次式により得られる．

$$C = t_b / \exp[(E_a - \alpha\sigma)/RT] \tag{7.38}$$

$t_b = 1938.52\,\text{d}$, $E_a = 1.18 \times 10^5\,\text{J/mol}$ (7.3.3 項参照), $\alpha = 649.50\,\text{J/MPa/mol}$, $\sigma = 1\,\text{MPa}$, $T = 311.15\,\text{K}$ (38°C) を代入すれば，

$$C = 1938.52/\exp[(1.18 \times 10^5 - 649.50 \times 1)/(8.3145 \times 311.15)]$$

$$= 3.8690 \times 10^{-17}\,\text{d} \tag{7.39}$$

が得られて，この継手に関する 38°C，98% RH 条件下のジューコフの寿命予測式 (7.33) が確定する．

7.5　ウェッジテスト法による試験結果と実機航空機における耐久性結果との比較

　ウェッジテスト法 (JIS K 6867, ISO 10354, ASTM D3762) は，Boeing 社により開発された耐久性試験法で，概略は以下の通りである．図 7.23 の試験片 (10 個以

7.5 ウェッジテスト法による試験結果と実機航空機における耐久性結果との比較

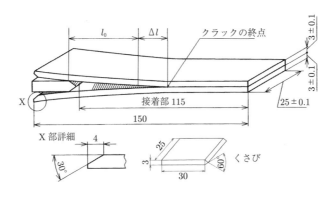

図 7.23 くさび破壊法試験片 (単位 mm)[35]

上) を用いて，適切なくさび打ち込み装置により図のようなステンレス製のくさびを打ち込む．このときのクラック長さを l_0 とする．各試験片を，安定した環境条件下 (加温，加湿，または水中浸漬) に 60 ± 10 分間保持し，クラック長さの平均伸長値 Δl を測定する．また，試験片の 2 枚を離して，ISO 10365 によって破壊様式を求め，破壊様式ごとに Δl の算術平均値を求める．Δl が小さい方が耐久性が大きいと判断される．

Boeing 社の試験結果は，接着接合体の実際の使用上の耐久性とウェッジ試験法によるクラックの成長度合いとは強い相関があることを示しており[12,36,37]，ウェッジ試験法は短時間で継手の耐久性がしらべられる有用な方法である．

すなわち，1 つの接着接合法について実使用条件およびウェッジテストの両方の耐久性データがある場合，その相関性を用いて，別の接着継手についてのウェッジテスト結果から，その継手の実使用条件における耐久性を推定するという応用法も考えられる．

図 7.24 は，Boeing 社において行われた最適化 FPL エッチングとリン酸陽極酸化処理を行った Al 接着継手のウェッジテストにおけるクラック長の比較であり[12]，次のような結果が得られている．接着においては，プライマー BR127，5 mil 厚 (0.127 mm 厚) の 120°C 硬化，変成エポキシ系フィルム形接着剤 FM-123-2 (Cytec 社) および AF126 (3M 社) を用いている．

FPL エッチングにおいて，910 個の試験片数の 50% はクラック長が 0.14 in (3.6 mm) 以下であった．また，FPL エッチングにおいては，直線 AB と直線 BC に分かれ，

244   7. 接着接合部の温度と各種ストレスに対する耐久性評価および寿命推定法

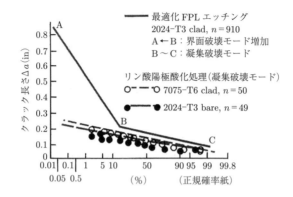

図 **7.24** 最適化 FPL エッチングおよびリン酸陽極酸化処理による Al 接着継手の ウェッジテスト結果 (Boeing 社)[12].

両直線は確率 15% の線で交わり，B から A とクラック長が長くなるほど界面破壊の割合が増加した．直線 BC においては，100% 凝集破壊であった．

リン酸陽極酸化法においては，クラック長は 0.2 in (5 mm) 以下であり，すべて凝集破壊を示した．リン酸陽極酸化法は，従来の標準の工業的処理法であるが，優れた表面を与える．リン酸陽極酸化法による酸化物の耐水性は，接着部の安定性改善

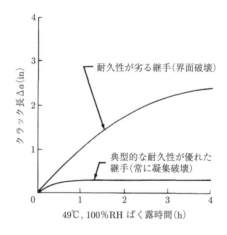

図 **7.25** 種々の条件の FPL エッチングによる接着接合体の高温高湿条件下のウェッジテスト結果 (Boeing 社)[36, 37]

7.5 ウェッジテスト法による試験結果と実機航空機における耐久性結果との比較

と水に対する低感受性の大きな要因である．

図 7.25 は，種々の条件の FPL エッチングにより接着接合体 1 250 個をつくり，その一部を 49°C，100% RH 条件下でウェッジテストを行った結果であり，残りの試験体は実際の航空機でテストした[36, 37]．

ウェッジテスト結果は，短いクラックの成長と接着剤が凝集破壊する耐久性の優れた接合体 (実際の航空機における使用中ほとんど接着部分のはがれを起こさなかった) と長いクラックの成長と界面破壊する低い耐久性の接合体 (実際の航空機における使用中，いくつかは破壊を示した) の 2 種類に分かれた[36, 37]．

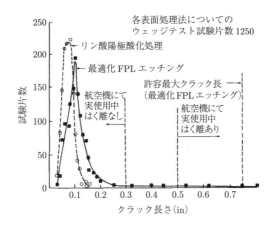

図 **7.26** 最適化 FPL エッチングおよびリン酸陽極酸化処理による Al 接着接合体のウェッジテスト結果と実際の航空機におけるはがれとの関係 (Boeing 社)[36, 37]

図 7.26 は，最適化 FPL エッチングおよびリン酸陽極酸化処理による Al 接着接合体 (各 1 250 個) のウェッジテスト結果と実際の航空機に使用中のはがれの有無との関係である (Boeing 社)[36, 37]．

FPL エッチングについては，クラック長が 0.2 in (5 mm) 以上の条件の場合は，実際の航空機においてはがれが生じた．また，クラック長が 0.2 in (5 mm) 以下の条件の場合，実際の航空機においてはがれが生じなかった．

リン酸陽極酸化処理の場合は，クラック長はすべて 0.2 in (5 mm) 以下であり，実際の航空機においてもはがれを示していなかった．

Boeing の航空機の胴体の部分について，十分な飛行時間を経た後で破壊試験を

行ったところ，リン酸陽極酸化処理をした接着部は，はがれを示していなかった．

以上のような結果にもとづいて，航空機用アルミニウム合金の接着においては，リン酸陽極酸化処理法が標準的に用いられている．

文　　献

[1] 福井泰好：入門 信頼性工学 (森北出版，2007) p.151.

[2] 塩見 弘：改定三版 信頼性工学入門 (丸善，1998) pp. 242–265.

[3] 真壁 肇，鈴木和幸，益田昭彦：品質保証のための信頼性入門 (日科技連，2011) pp. 173–180.

[4] C. Capellos, B. H. J. Bielski (鍛冶健司 訳)：システム反応速度論 (地人書館，1977) pp. 1–19.

[5] 鈴木靖昭：粘着剤，接着剤の最適設計と適用技術 (技術情報協会，2014) pp. 370–386.

[6] 鈴木靖昭：接着耐久性の向上と評価—劣化対策・長寿命化・信頼性向上のための技術ノウハウ (情報機構，2012) pp. 57–78, pp. 190–204.

[7] 鈴木靖昭：最新の接着・粘着技術 Q & A, 佐藤千明 編 (産業技術サービスセンター，2013) pp. 457–460, pp. 484–491.

[8] 鈴木靖昭：長期信頼性・高耐久性を得るための接着/接合における試験評価技術と寿命予測 (サイエンス & テクノロジー，2013) pp. 133–153.

[9] 久保内昌敏：エポキシ樹脂技術協会特別講演「エポキシ樹脂の熱加速による寿命評価試験と余寿命推定」テキスト (エポキシ樹脂技術協会，2014).

[10] 福井泰好：入門 信頼性工学 (森北出版，2007) pp. 152–153.

[11] 塩見 弘：改定三版 信頼性工学入門 (丸善，1998) pp. 248–251.

[12] J. A. Marceau, Y. Moji and J. C. McMillan: Adhesive Age, October , 28–34 (1976).

[13] 塩見 弘：故障物理入門 (日科技連，1970) pp. 77–84.

[14] S. Glastone, K. J. Laidler, H. Eyring (長谷川繁夫，平井西夫，後藤春雄 訳)：絶対反応速度論，上，下巻 (吉岡書店，1968).

[15] J. Vaccaro and H. C. Gorton: RADC Reliability Phisics Notebook, AD624769 (1965).

[16] H. S. Endicott, T. M. Walsh: Proc. 1966 Annual Symp. on Reliability.

[17] J. Vaccaro and J. S. Smith: Proc. 1966 Annual Symp. on Reliability.

[18] ソニー株式会社：半導体品質・信頼性ハンドブック (2012) pp. 2-26–2-27.

[19] 中村和裕：エレクトロニクス実装学会誌，**6**，540–545 (2003).

[20] LED 照明推進協議会 編：LED 照明信頼性ハンドブック (日刊工業新聞社，2011) pp. 130–132.

[21] N. Lycoudes: Solid State Technology, **53** (1978).

[22] A. V. Pocius, D. A. Womgsness, C. J. Almer, A. G. McKown: *Adhesive Chemisiry—Developments and Trends*, L. H. Lee (ed.) (Plenum Press, 1984).

文　献　247

[23] 上坊武夫：高性能構造用接着材料の開発に関する調査研究報告書 [(財) 大阪科学技術セン
ター, 1985] p. 438.

[24] 鈴木靖昭, 石塚孝志, 水谷裕二：日本接着学会誌, **41**, 143 (2005).

[25] 日本材料学会 編：材料強度学 (日本材料学会, 1986) pp. 153–154.

[26] 東京大学大学院理学系研究科 常行研究室 HP
http://white.phys.s.u-tokyo.ac.jp/research.html (2009.10.11 アクセス)

[27] A. Tobolsky, H. Eyring: J. Chemical Physics, **11**, 125–134 (1943).

[28] R. P. L. Patrick (三刀基郷 訳)：Treatise on Adhesion and Adhesives Vol. 4, *Structural Adhesives with Emphasis on Aerospce Application* (Marcell Dekker, 1976).

[29] S. N. Zhurkov and E. E. Tomashevsky: Zhurn.Tekhn. Fiz., **25**, 66 (1955).

[30] S. N. Zhurkov: Int. J. Fracture Mechanics, **1**, 311–323 (1965).

[31] 横堀武夫 監修, 成沢郁夫：高分子材料強度学 (オーム社, 1982) pp. 259–265.

[32] S. R. Hartshorn (ed.): *Structural Adhesives—Chemistry and Technology* (Plenum Press, 1986) p. 400.

[33] 早川 淨：高分子材料の寿命評価・予測法 (アイピーシー, 1994) pp.109–205.

[34] 深堀美英：高分子の寿命と予測—ゴムでの実践を通して (技報堂出版, 2013) pp. 110–111

[35] JIS K6867; ISO10354 接着剤—構造接着接合品の耐久性試験方法—くさび破壊法.

[36] J. C. McMillan: AGARD Lecture Series No. 102, *Bonded Joints and Preparation for Bonding* (AGARD, Hartford House, London, 1979) pp. 7-4–7-30.

[37] A. V. Pocius (水町 浩, 小野拡邦 訳)：接着剤と接着技術入門 (日刊工業新聞社, 1999) p. 75, pp. 219–230.

8

接着継手の耐水性と耐油性に関する熱力学的検討および耐水性向上法

8.1　液体中における接着接合部の安定性の熱力学的検討

8.1.1　液体中における接着仕事 W_{AL} の計算式

1.4 節でも示したように，乾燥空気のような不活性媒体中での接着仕事 W_{A} は，次式で計算される．

$$W_{\mathrm{A}} = \gamma_{\mathrm{A}} + \gamma_{\mathrm{S}} - \gamma_{\mathrm{AS}} \tag{8.1}$$

ここで，γ_{A} は接着剤の表面自由エネルギー，γ_{S} は被着材の表面自由エネルギー，γ_{AS} は接着界面の自由エネルギーを表す．

また，水などの液体中における接着仕事 W_{AL} は，次式で表される[1]．

$$W_{\mathrm{AL}} = \gamma_{\mathrm{AL}} + \gamma_{\mathrm{SL}} - \gamma_{\mathrm{AS}} \tag{8.2}$$

ここで，γ_{AL} は水などの液体と接着剤との界面自由エネルギー，γ_{SL} は水などの液体と被着材との界面自由エネルギーを表す．

なお，式 (8.1) および式 (8.2) は，被着材と接着剤の結合は，ファン・デル・ワールス力または水素結合などの 2 次結合によるものであり，化学結合 (1 次結合) は生じていないとして導かれている．

一方，物質 1 と物質 2 の界面自由エネルギーは，Owen ら[2]と Kealble ら[3]による次の拡張 Fowkes の式により求められる[1]．

$$\gamma_{12} = \gamma_1 + \gamma_2 - 2\sqrt{\gamma_1^{\mathrm{D}} \gamma_2^{\mathrm{D}}} - 2\sqrt{\gamma_1^{\mathrm{P}} \gamma_2^{\mathrm{P}}} \tag{8.3}$$

250   8. 接着継手の耐水性と耐油性に関する熱力学的検討および耐水性向上法

表 8.1   各種物質の表面自由エネルギーの分散力成分と極性成分[1, 4, 5]

界　面	表面自由エネルギー $(\mathrm{mJ/m^2})$		
	γ^{D}	γ^{P}	γ^{T}
エポキシ接着剤	41.2	5.0	46.2
アルミナ $(\mathrm{Al_2O_3})$	100	538	638
シリカ $(\mathrm{SiO_2})$	78	209	287
酸化鉄 $(\mathrm{Fe_2O_3})$	107	1250	1357
水	22	50.2	72.2

$\gamma^{\mathrm{T}} = $ 全表面自由エネルギー $= \gamma^{\mathrm{D}} + \gamma^{\mathrm{P}}$

ここで，γ^{D} および γ^{P} は，表面自由エネルギーの分散力成分および極性成分で，その合計が総自由エネルギー γ^{T} である．

$$\gamma^{\mathrm{T}} = \gamma^{\mathrm{D}} + \gamma^{\mathrm{P}} \tag{8.4}$$

式 (8.1) および式 (8.2) の各界面自由エネルギーは，式 (8.3) により求められ，それらを式 (8.1) および式 (8.2) に代入することにより得られる次の 2 式により，W_{A} と W_{AL} がそれぞれ計算できる[1]．

$$W_{\mathrm{A}} = 2\sqrt{\gamma_{\mathrm{A}}^{\mathrm{D}}\gamma_{\mathrm{S}}^{\mathrm{D}}} + 2\sqrt{\gamma_{\mathrm{A}}^{\mathrm{P}}\gamma_{\mathrm{S}}^{\mathrm{P}}} \tag{8.5}$$

$$W_{\mathrm{AL}} = 2\left[\gamma_{\mathrm{L}} - \sqrt{\gamma_{\mathrm{A}}^{\mathrm{D}}\gamma_{\mathrm{L}}^{\mathrm{D}}} - \sqrt{\gamma_{\mathrm{S}}^{\mathrm{D}}\gamma_{\mathrm{L}}^{\mathrm{D}}} - \sqrt{\gamma_{\mathrm{A}}^{\mathrm{P}}\gamma_{\mathrm{L}}^{\mathrm{P}}} - \sqrt{\gamma_{\mathrm{S}}^{\mathrm{P}}\gamma_{\mathrm{L}}^{\mathrm{P}}} + \sqrt{\gamma_{\mathrm{A}}^{\mathrm{D}}\gamma_{\mathrm{S}}^{\mathrm{D}}} + \sqrt{\gamma_{\mathrm{A}}^{\mathrm{P}}\gamma_{\mathrm{S}}^{\mathrm{P}}}\right]$$

$$= 2\gamma_{\mathrm{L}} + W_{\mathrm{A}} - 2\left(\sqrt{\gamma_{\mathrm{A}}^{\mathrm{D}}\gamma_{\mathrm{L}}^{\mathrm{D}}} + \sqrt{\gamma_{\mathrm{S}}^{\mathrm{D}}\gamma_{\mathrm{L}}^{\mathrm{D}}} + \sqrt{\gamma_{\mathrm{A}}^{\mathrm{P}}\gamma_{\mathrm{L}}^{\mathrm{P}}} + \sqrt{\gamma_{\mathrm{S}}^{\mathrm{P}}\gamma_{\mathrm{L}}^{\mathrm{P}}}\right) \tag{8.6}$$

表 8.1 にいくつかの代表的な γ^{D} と γ^{P} の値を示す[1, 4, 5]．

この値を用いて，エポキシ接着剤と金属 (その表面に必ず生じる酸化物)，$\mathrm{SiO_2}$ (ガラス，セラミックス)，および CFRP 界面に関する W_{A} と W_{AL} を求めて，実際の継手の無応力状態下の浸漬で，はく離の有無を比較したものが表 8.2 である[1, 4–6]．

表 8.2   各種界面の乾燥空気中および水中における接着仕事[1, 4–6]

界　面	接着仕事 $(\mathrm{mJ/m^2})$		無応力下の水中浸漬
	空気中	水中	ではく離が生じたか？
エポキシ接着剤/鋼 $(\mathrm{Fe_2O_3})$	291	-255	Yes
エポキシ接着剤/Al $(\mathrm{Al_2O_3})$	232	-137	Yes
エポキシ接着剤/シリカ $(\mathrm{SiO_2})$	178	-57	Yes
エポキシ接着剤/CFRP	88–90	22–44	No

8.1 液体中における接着接合部の安定性の熱力学的検討　251

　各組合せのうち，水中における接着仕事 W_{AL} が正である CFRP の場合は界面は
く離が生じなかったが，金属 (表面の酸化物) および SiO_2 の場合は W_{AL} がすべて負
であり，実際にも水中では無応力負荷ですべて界面はく離が生じている．したがっ
て，液体中に浸漬されて使用される接合部に関しては，W_{AL} を計算することにより，
その耐久性が推定できるが，浸漬試験を行って耐久性を確認しておくことも必要で
ある．

8.1.2　接着仕事 W_A および W_{AL} の具体的計算例

a.　接着継手の耐水性の検討

　表 8.1 のエポキシ・アミン (接着剤)，酸化鉄 (鋼板，被着材)，および水 (浸漬液体)
に関する表面エネルギーの分散成分 γ_D および極性成分 γ_P の値を用いて，式 (8.5)
および式 (8.6) により W_A および W_{AL} の値を求めて，表 8.2 のエポキシ接着剤/酸
化鉄 (鋼板) に関する W_A および W_{AL} の値を確認する．

　式 (8.5) および式 (8.6) において，添字 A はエポキシ・アミン (接着剤)，添字 S
は酸化鉄 (鋼板の酸化物・被着材)，添字 L は水 (浸漬液体) を示す．

　表 8.1 から，それぞれの表面自由エネルギー (mJ/m^2) は次の値である．

$$\gamma_A^D = 41.2, \quad \gamma_A^P = 5.0, \quad \gamma_S^D = 107, \quad \gamma_S^P = 1\,250, \quad \gamma_L^D = 22, \quad \gamma_L^P = 50.2$$

これらの値を式 (8.5) および式 (8.6) に代入すれば，

$$
\begin{aligned}
W_A &= 2\sqrt{\gamma_A^D \gamma_S^D} + 2\sqrt{\gamma_A^P \gamma_S^P} \\
&= 2\sqrt{41.2 \times 107} + 2\sqrt{5.0 \times 1\,250} = 291\,mJ/m^2
\end{aligned}
\tag{8.7}
$$

$$
\begin{aligned}
W_{AL} &= 2\gamma_L + W_A - 2\left(\sqrt{\gamma_A^D \gamma_L^D} + \sqrt{\gamma_S^D \gamma_L^D} + \sqrt{\gamma_A^P \gamma_L^P} + \sqrt{\gamma_S^P \gamma_L^P}\right) \\
&= 2 \times (22 + 50.2) + 291 - 2\left(\sqrt{41.2 \times 22} + \sqrt{107 \times 22}\right. \\
&\quad \left. + \sqrt{5.0 \times 50.2} + \sqrt{1250 \times 50.2}\right) \\
&= 144.4 + 291 - 690.4 = -255\,mJ/m^2
\end{aligned}
\tag{8.8}
$$

のように，表 8.2 の値が得られる．

　式 (8.8) の値が大きく負になったのは，酸化鉄の $\gamma_s^P = 1250$ という非常に大きな
表面自由エネルギー値に対し，水の $\gamma_L^P = 50.2$ という大きな値が乗じられたこと，
すなわち被着材の大きな極性と液体の大きな極性との相乗効果が大きく影響してい
ることがわかる．

b. 接着継手の耐油性の検討

水は極性が大きいため，表面自由エネルギーが表 8.1 のように大きいが，潤滑油のような飽和炭化水素は無極性であり，表面張力は，表 1.2 によれば，オクタン 22 mJ/m², トルエン 29 mJ/m² と小さい．ここでは，潤滑油の値として，表 1.3 (のポリプロピレンの値にほぼ等しい値 $\gamma_L^D = 30$, $\gamma_L^P = 0\,\mathrm{mJ/m^2}$ を用いて，鋼をエポキシ系接着剤で接着した場合の接着仕事 W_A および W_{AL} の値を，式 (8.5) および式 (8.6) により計算する．

表 8.1 より，$\gamma_A^D = 41.2$, $\gamma_A^P = 5.0$, $\gamma_S^P = 107$, $\gamma_S^P = 1250$ であり，潤滑油の値は前記の通り，$\gamma_L^D = 30$, $\gamma_L^P = 0\,\mathrm{mJ/m^2}$ である．

これらの値を式 (8.5) および式 (8.6) に代入すれば，W_A については空気中の値であるため，式 (8.7) と同一で $W_A = 291\,\mathrm{mJ/m^2}$ であり，W_{AL} は次のようになる．

$$
\begin{aligned}
W_{AL} &= 2\gamma_L + W_A - 2\left(\sqrt{\gamma_A^D \gamma_L^D} + \sqrt{\gamma_S^D \gamma_L^D} + \sqrt{\gamma_A^P \gamma_L^P} + \sqrt{\gamma_S^P \gamma_L^P}\right) \\
&= 2 \times (30 + 0) + 291 - 2(\sqrt{41.2 \times 30} + \sqrt{107 \times 30} \\
&\quad + \sqrt{5.0 \times 0} + \sqrt{1250 \times 0}) \\
&= 60 + 291 - 2(35.16 + 56.66 + 0 + 0) \\
&= 60 + 291 - 183.64 = 167.39\,\mathrm{mJ/m^2}
\end{aligned}
\tag{8.9}
$$

このように，極性が大きい Fe_2O_3 の $\gamma_S^P = 1250\,\mathrm{mJ/m^2}$ という大きな値に対し，極性がない潤滑油の $\gamma_L^P = 0\,\mathrm{mJ/m^2}$ という値を乗じることにより，その影響がなくなり，W_{AL} が大きい正の値となるため，このエポキシ系接着剤による接着接合部は潤滑油中で安定となる．

以上のように，接着剤，被着材，および浸漬液体の表面自由エネルギー γ^D および γ^P の値を用いて，接着接合部の液体中における安定性が検討できる．

8.2 接着接合部の耐久性に水が及ぼす影響の実例

接着界面へ水分 (液体の水または水蒸気による) が浸入することにより，以下のように劣化が促進される．

(1) 物理的影響：接着剤を可塑化，膨潤させるとともに，接着層および接着界面に微小な亀裂を生じさせる．

(2) 化学的影響
- 接着剤を加水分解し，劣化させる．
- 被着材表面を酸化し，脆弱な酸化物および水酸化物被膜を生成する．

次に，継手の接着強度に水の与える影響例を挙げる．

8.2.1 鋼のエポキシ系接着剤による突合せ継手の耐水性試験結果

図 8.1 は，エポキシ系接着剤による鋼の突合せ継手についての引張り接着強度と環境中保持時間との関係である[1]．

20°C，56% RH 保持 (空気中) においては接着強度にはほとんど変化が見られないが，試験片を 20–90°C の水中に浸漬した場合にはかなり接着強度の低下が見られ，温度が高い場合ほど低下の割合が大きい．

図には示していないが，温度の影響を見るために，湿度 0% RH で 40, 60, および 90°C の環境においた場合には，2 500 h 経過後もほとんど接着強度の減少が見られなかったので，図 8.1 の結果は温度を上げたことのみが影響しているわけではない．

前出の表 8.2 の結果から，図 8.1 において，大気中に比べて水中の耐久性が劣っていたことが理解される．

以上の結果から，屋外で使用され雨水にぬれる接合部においては，接着端面が水にぬれない接合構造にするか，接着端面を耐水性シーリング材によりシールする，などの対策が必要である．

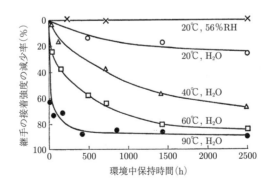

図 8.1 突合せ接着継手の強度と環境中保持時間との関係[1]

8.2.2 アルミニウム合金のエッチングと耐久性との関係

図 8.2 は，前出の図 3.5 の重クロム酸–硫酸浴化成処理 (FPL)，リン酸陽極酸化処理 (PAA) およびクロム酸陽極酸化処理 (CAA) によるアルミニウムの接着部の耐水性 (60°C の水中に浸漬) を後記のウェッジテストにより評価した結果である[6,7]．耐水性の優れている順序は，PAA>CAA>FPL となった．図 3.5 に見られるように，酸化皮膜は CAA 法の方が PAA 法より約 4 倍厚い上に空洞部体積が小さいため，接着剤が酸化皮膜空洞部の深部にまで含浸され難いと推定され，また FPL エッチングの酸化物突起は細く短く，それらのことが耐水性の優劣に表れたものと考えられる．

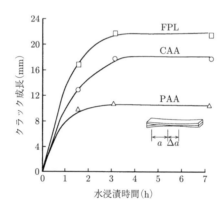

図 **8.2** ウェッジテストにおける 60°C 水浸漬時間とクラック成長[6,7]．図中 a は初期クラック，Δa は曝露中のクラックの進行．

8.2.3 実走行自動車の残存接着強度

表 8.3 のような実走行年数が約 5 年の乗用車 2 台を回収し，図 8.3 の構造部位およびヘミング部から幅 8–15 mm の試験片を切り出し，ラップ長さ 8–15 mm となるように両面からスリットを入れて引張りせん断接着強度と界面破壊比率を測定した

表 **8.3** 接着接合部の強度を測定した自動車の走行距離[9]

車両	走行年数	走行距離 (km)	使用地域
No. 1	4 年 5ヶ月	116 790	国内
No. 2	5 年 0ヶ月	51 620	国内

8.2 接着接合部の耐久性に水が及ぼす影響の実例　255

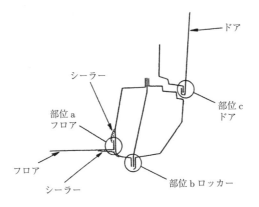

図 **8.3**　ロッカー部付近の断面[9]

結果が図 8.4 である[9].

接着強度の平均値は，a (フロア) > d [フード (ボンネット)] > c (ドア) > b (ロッカー) の順になっており，これは水の影響を受けにくい順に一致している[9]. すなわち，c (ドア) および b (ロッカー) の接着部には液体の水がたまりやすく，8.1.1 項で

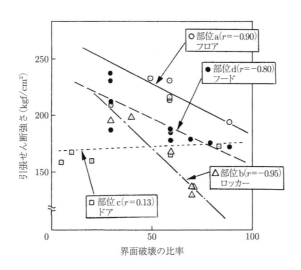

図 **8.4**　実走行自動車車体の残存接着強度[9]. 推定初期接着強度 $238\,\mathrm{kgf/cm^2}$. 図中 r は相関係数.

述べた理由により接着部が劣化しやすいが，a (フロア) はシーラーで保護されているため，水分の影響を受けにくく残存接着強度が大きい．c (ドア) には，めっき材が使用されているので，傾向が他の部位とは異なっている[9]．

このように，市場において実使用された接着剤の耐久性データは貴重であり，性能を比較したい新接着剤とともに，7.3.3 項の Sustained Load Test あるいは 7.5 節のウェッジテストを実施して，両接着剤の加速耐久性試験結果を比較することにより，新接着剤の市場における耐久性を推測するという方法も考えられる．

8.3 接着接合部の耐水性向上法

表 8.2 に示したように，液体中に浸漬したとき接着仕事が負の値を示す接着継手は，無応力状態下でも早晩はく離が生じる．

第 1 章からここまで述べてきたことを総括すれば，接着接合部の耐水性を向上させるためには，大別して以下の 3 方法およびそれらの併用法が挙げられる．

いずれの場合も，最終的には実使用条件に則した適切な条件で耐水性・耐久性試験を行って，性能を確認しておくことが必須である．

8.3.1 エッチング，レーザー照射などにより被着材の実質表面積を増加させる方法

接着部の水による劣化は，界面へ水が侵入することにより生じるため，第 4 章で述べた湿式エッチング法 (ケミブラスト法，NMT 法，PAL-fit 法，アマルファ法，など) あるいはレーザー処理 (レザリッジ法，D LAMP 法，AKI-Lock 法，など) により微細な凹凸を形成させ，被着材の表面積を数倍〜数十倍に増加させれば，劣化速度が数分の 1 ないし数十分の 1 に減少する．

また，この方法により，単位接着面積あたりの負荷応力も数分の 1 から数十分の 1 になるため，第 7 章のアイリングの式 (7.17) により，継手に加わる機械的ストレスに起因する耐久性も大きく増加する．

8.3.2 接着剤と反応性をもつ官能基系のシランカップリング剤を金属表面に化学結合させる方法

図 3.15 に示すように，金属酸化物表面の OH 基とシランカップリング剤 $X\text{-}Si(OR)_3$ (X は官能基) が加水分解して生成した $X\text{–}Si(OH)_3$ とを化学結合 (1 次結合) させるこ

とにより，金属表面の酸化物がもつ大きな自由エネルギー (Fe_2O_3 の場合，$\gamma_S^D = 107$，$\gamma_S^P = 1250\,\mathrm{mJ/m^2}$ を接着剤と同一の自由エネルギー (たとえばエポキシ系シランカップリング剤を用いた場合，エポキシ系接着剤の値，$\gamma_A^D = 41.2$，$\gamma_A^P = 5.0\,\mathrm{mJ/m^2}$ と同一とみなす) まで減少させることができる．そこで，シランカップリング剤の官能基 X とエポキシ系接着剤とが，単にファン・デル・ワールス結合および水素結合する場合は，式 (8.6) による W_{AL} 計算値は，次のようになる．なお，表 8.1 から，それぞれの表面自由エネルギー ($\mathrm{mJ/m^2}$) は次の値である．

$$\gamma_A^D = \gamma_S^D = 41.2, \quad \gamma_A^P = \gamma_S^P = 5.0, \quad \gamma_L^D = 22, \quad \gamma_L^P = 50.2$$

これらの値を式 (8.5) および式 (8.6) に代入すれば，

$$
\begin{aligned}
W_A &= 2\sqrt{\gamma_A^D \gamma_S^D} + 2\sqrt{\gamma_A^P \gamma_S^P} \\
&= 2\sqrt{41.2 \times 41.2} + 2\sqrt{5.0 \times 5.0} = 92.4\,\mathrm{mJ/m^2} \tag{8.10} \\
W_{AL} &= 2\gamma_L + W_A - 2\left(\sqrt{\gamma_A^D \gamma_L^D} + \sqrt{\gamma_S^D \gamma_L^D} + \sqrt{\gamma_A^P \gamma_L^P} + \sqrt{\gamma_S^P \gamma_L^P}\right) \\
&= 2 \times (22 + 50.2) + 92.4 - 2(\sqrt{41.2 \times 22} + \sqrt{41.2 \times 22} \\
&\quad + \sqrt{5.0 \times 50.2} + \sqrt{5.0 \times 50.2}) \\
&= 144.4 + 92.4 - 2 \times (2 \times 30.11 + 2 \times 15.84) \\
&= 144.4 + 92.4 - 2 \times 91.9 = 53.0\,\mathrm{mJ/m^2} \tag{8.11}
\end{aligned}
$$

このように，W_{AL} が正の値となり，この接着接合部は水中でも安定となる．

　この計算結果から，表 8.2 における CFRP のマトリクス樹脂がエポキシ樹脂であり，水中におけるエポキシ系接着剤による接着仕事が 22–$44\,\mathrm{mJ/m^2}$ と正の値になっていることが理解できる．

　ところで，エポキシ系シランカップリング剤の官能基は，表 3.15 のようにエポキシ基を含んでおり，両被着材ともに金属または無機材料である場合，カップリング剤は被着材表面の OH 基と化学結合 (1 次結合) するだけでなくエポキシ系接着剤とも化学結合 (1 次結合) するため，結合が理想的に行われる場合，結合エネルギーは図 1.1 によれば式 (8.5) および式 (8.6) による値の数倍と大きくなり，表 4.10 の分子接着剤使用の場合のように，耐水性の大幅な向上が期待できる．

8.3.3 化学結合により接着する方法

化学結合による接着を行うためには，前項で示した接着剤と反応性を有する官能基 X をもったシランカップリング剤，4.8 節の分子接着剤を用いる方法[10–13]，および 4.9 節のゴムと樹脂の架橋反応による化学結合法[14, 15]が現実的に薦められる方法である．

将来的には，4.10 節で紹介した「鈴木–宮浦クロスカップリングを利用した共有結合形成による材料の直接接着法」[16]を被着材に対して適切に選択し，共有結合 (1 次結合) により接着すれば，大きな接着強度が期待できる．

文　　献

[1] R. A. Gledhill and A. J. Kinloch: J. Adhesion, **6**, 315–330 (1974).

[2] D. K. Owen and R. C. Wendt: J. Appl. Polym. Sci., **13**, 740 (1969).

[3] D. H. Kealble and K. C. Uy: J. Adhesion, **2**, 50 (1970).

[4] 山辺秀敏：日本接着協会誌，**29**，15 (1993).

[5] A. J. Kinloch: *Durability of Structural Adhesive*, A. J. Kinloch (ed.) (Applied Science Publishers, London, 1983).

[6] A. J. Kinloch, L. S. Welch, and H. E. Bishop: J. Adhesion, **16**, 165 (1984).

[7] 三刀基郷：構造接着の基礎と応用，宮入裕夫 編 (シーエムシー出版，2006) pp. 227–243.

[8] JIS ハンドブック，No. 29，接着 (日本規格協会，2007) pp. 203–205.

[9] 山田邦雄，松川不二夫：シンポジウムおよび展示会 No. 12 「新時代を担う構造接着技術—その基礎と自動車ボデーへの適用」講演テキスト [(社) 自動車技術会，1990] pp. 148–150.

[10] 森 邦夫：日本接着学会誌，**43**，242–248 (2007)

[11] 平井勤二：塗布と塗膜，**1**，No. 1，22–27 (2012).

[12] 東亜電化 (株) 技術資料，TRI System—金属と樹脂の一体接合技術 http://www.toadenka.com/gijutsu/TRI_HP.pdf

[13] 公開特許公報 特開平 8-25409.

[14] 中山義一：(公財) 科学技術交流財団 平成 28 年度異種材料接合研究会テキスト (2016).

[15] 六田充輝：工業材料，**65** (6), 53–58 (2017)

[16] 高島義徳，橋爪章仁，山口浩靖，原田 明：日本接着学会誌，**51**，472–478 (2015).

9

繰返し応力(疲労)およびクリープによる加速耐久性評価法

9.1 接着継手の引張せん断疲労特性試験方法[1]

　JIS K 6864 (ISO 9664) 接着剤-構造用接着剤の引張せん断疲れ特性試験方法により規定がある．図 9.1 は疲労試験に用いる繰返し正弦波形応力であり，静的応力と交番応力の重ね合せと見なせる．

　図中に示したように，平均応力 τ_m (MPa) は，最大応力 τ_{max} と最小応力 τ_{min} の和の 1/2，応力振幅 τ_a (MPa) は，τ_{max} と τ_{min} の差の 1/2 である．

　最小応力 τ_{min} は，引張りせん断接着継手の疲れ強さ試験においては，常に正でなければならない．また，応力比 R_r は，τ_{max} と τ_{min} の比である．

　S–N 線図は，応力 τ_a または τ_{max} $(= \tau_a + \tau_m)$ (通常目盛りまたは対数目盛で表示

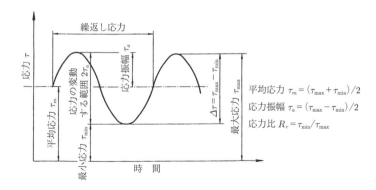

図 **9.1**　疲れ繰返し応力[1]

260   9. 繰返し応力 (疲労) およびクリープによる加速耐久性評価法

となっているが，次節によれば対数目盛が正しい) と繰返し数 N(対数目盛) との間
の実験的に得られた関係を表す．τ_m または R_r のどちらか一方を一定にして実験を
行う．

規定がなければ周波数は 30 Hz とする．

試験片は，鋼板では単純重合せ継手 (ほかに，あて板を用いない試験片も規定)，
アルミニウム合金板では二重重ね合せ継手による．

6 個以上の試験片を用いて，静的せん断強さ τ_R の測定を行った後に疲れ試験を行
う．破壊が 10^4–10^6 回の間で起こるように，3 水準の異なった τ_a で，その各水準で
4 個以上の試験片で試験を行う．したがって，疲れ試験片の最少個数は 12 個となる．

破壊までの繰返しサイクル数を疲労寿命という．疲労寿命は τ_a，τ_m のいずれにも
依存するが，τ_a への依存性の方が大きい[2]．これは，疲労の本質が応力ないしはひ
ずみの繰返しにあることに対応している．

炭素鋼では応力振幅がある限界値以下になると何回繰返しても破壊せず，S–N 曲
線が水平部を持ち，この限界値を疲労限度という．傾斜部と水平部との境の繰返し数
を限界繰返し数といい，通常 $N = 10^6$ と 10^7 との間にある[2]．しかし，アルミニウ
ム合金などの非鉄金属およびプラスチック材料では明確な疲労限度を示さず，S–N
曲線は水平部をもたない．この場合には，$N = 10^7$ 回に耐える最大応力を疲労限度
と見なす[2]．通常，同一荷重の試験片 4 本の内 3 本 (または試験片 3 本のうち 2 本)
が破壊しない最大応力を疲労限度とする．

9.2 アイリングの理論から誘導される S–N 曲線[3, 4, 9]

材料に負荷した応力振幅を S，繰り返し数を N としたとき，疲労寿命を表す S–N
曲線 (図 9.2 参照) は，

$$S = cN^{-m} \tag{9.1}$$

c および m は正の定数である．また，第 7 章の式 (7.18) で，$T =$ 一定，$L = N$，
$n = 1/m$ と置けば，

$$N = c_1 S^{-1/m} \tag{9.2}$$

両辺を m 乗して逆数をとれば，

$$N^{-m} = c_2 S \tag{9.3}$$

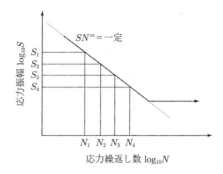

図 9.2　S–N 曲線[3, 4]

となって式 (9.1) に一致する．すなわち，破断繰り返し数 N は応力振幅 S に対する寿命であるから，図 9.2 は第 7 章の図 7.9 のアイリング式プロットそのものである．

9.3　マイナー則 (線形損傷則)[3]

　寿命に達するということを「ある劣化量が蓄積し，それがあるしきい値を超えたときである」と考えたモデルがマイナー則である．

　その代表例が疲労寿命で，S–N 曲線において，ある応力振幅 S_i に対する寿命 (繰返し数) を N_i とするとき，S_i を n_i 回 ($n_i < N_i$) ($i = 1, \cdots, m$)(m 種類の応力振幅) 加えたとき，

$$\sum_{i=1}^{m} \frac{n_i}{N_i} = 1 \tag{9.4}$$

の関係を満足する場合に破壊に至ると考え，これを破壊条件とするというのがマイナー則とよばれる線形損傷則である．マイナー則は金属材料の疲労破壊だけでなく，電球，電気ドリル，モータなどの故障に対しても成り立つことが知られている．

　蓄積劣化モデルの一種であるマイナー則は，ある時間ごとに段階的に試験条件の厳しさを変えて行うステップストレス試験と定ストレス試験とを関係づけるのにも利用される．

　なお，劣化が蓄積されないと考えられる試験においてはマイナー則が適用できない．

9.4 スポット溶接–接着併用継手の応力解析および疲労試験結果

9.4.1 スポット溶接–接着併用継手の応力解析[5,8,9]

既出の図 5.85 に，スポット溶接–接着併用継手試験片およびそれに引張り荷重を加えたときの中心線 AB に沿った接着層境界における von Mises の相当応力の 3 次元弾性 FEM 解析結果を示した．

9.4.2 接着継手およびスポット溶接–接着併用継手 (ウェルドボンディング) の疲労試験結果[5,8,9]

図 5.85b に示したように，薄板のスポット溶接部においては大きな応力集中が生じ，疲労強度が低下する原因となるが，接着剤を併用すれば応力集中はほとんど消失することが推定された．そこで，図 5.85a の継手試験片を製作し，疲労試験を行ってそのことを確認した．

図 9.3 は各継手の静的引張り強度試験による荷重–伸び (クロスヘッドの移動距離) 線図である．

図 9.3c のウェルドボンディングの線図から，接着部が破断するまでは，接着層が引張り荷重の大部分を負担し，接着層破断後スポット溶接部に荷重がかかっている

(a) スポット溶接　(b) 接着　(c) ウェルドボンディング

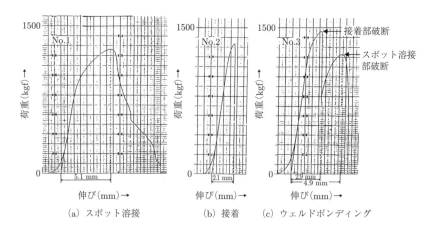

図 9.3　各継手の静的引張り荷重–伸び線図[5]

9.4 スポット溶接–接着併用継手の応力解析および疲労試験結果

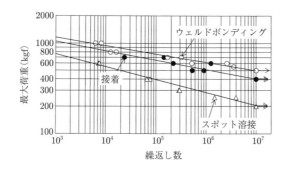

図 9.4 各継手の S–N 線図 (スポット溶接, 接着, ウェルドボンディング)[5]. 片振り引張りせん断 (応力比 0) 25 Hz, 母材 SUS (1.5 mm 厚, 表面 2B 仕上げ), 試験片幅 30 mm, ラップ長さ 25 mm, 接着剤 一液性加熱硬化型エポキシ系 (120°C/1 h)

ことがわかる．この事実により，図 5.85b において，ウェルドボンディングのナゲットに応力集中が生じなかったことが理解される．

図 9.4 は接着継手，ウェルドボンディング，およびスポット溶接継手の疲労試験による S–N 線図である．

10^7 回においても，いずれの試験片も線図が水平にならないため，10^7 回における荷重を疲労限度とすれば，その値は，接着継手が 400 kgf，ウェルドボンディングが 500 kgf となって，接着の併用効果が現れており，スポット溶接継手は 200 kgf と小さな値を示した．ウェルドボンディングにおける併用効果は，スポット部が引張り荷重の一部を負担し，接着部の応力が軽減されるために生じるものと考えられる．

併用効果をさらに向上させるためには，図 9.3 のウェルドボンディングの荷重–伸び線図において，接着部破断時の伸びがスポット溶接部破断時の伸びにほぼ一致するように，接着剤の縦弾性係数を今回用いた接着剤の値 493 kgf/mm^2 (この接着剤は一液性加熱硬化型エポキシ系で金属充填剤が入っているためかなり硬い) より小さくなるように，可撓性接着剤を用いることが必要と考えられる．引張り力に対する接着部のせん断剛性とスポット部のせん断剛性がほぼ等しくなるように，接着面積あたりのスポット溶接の点数に応じて接着剤の縦弾性係数または接着層厚さを変える必要がある．接着層厚さが厚くなると接着層のせん断剛性は小さくなる．

なお，図 5.85 のような接合部の FEM 解析を行えば，適切な接着剤の縦弾性係数および接着層厚さの目安を得ることができるが，最終的には継手の静的強度試験および疲労試験を行って，最適縦弾性係数などを有する接着剤と接着層厚さを選定す

264   9. 繰返し応力 (疲労) およびクリープによる加速耐久性評価法

表 9.1　各種接着剤による接着継手，ウェルドボンディングおよびスポット溶接の静的引張り強度[6,7]

被着材	接着剤	硬化条件	引張せん断強度 (lbs)		
			スポット溶接	接着	ウェルドボンド
2036-T4, 1.26 t	なし	—	770		
	ポリサルファイドエポキシ	室温		700	1 175
	高はく離エポキシ	室温		1 385	1 090
	ポリアミドエポキシ	室温		735	875
	ビニルプラスチゾル	未硬化	690		
	〃	350°F, 2 h		910	1 450
	一液型エポキシ	未硬化	750		
	〃	350°F, 2 h		1 610	1 270
軟鋼版, 0.8 t	なし		1 440		
	ビニルプラスチゾル	未硬化	1 380		
	〃	350°F, 2 h		900	1 800
	一液型エポキシ	未硬化	1 430		
	〃	350°F, 2 h		2 000 (材破)	1 930

る必要がある.

　表 9.1 は，Minford らによる可撓性および硬質接着剤を用いた接着継手，ウェルドボンディング，およびスポット溶接の静的引張り強度測定結果である[6,7].

　軟らかい接着剤であるポリサルファイドエポキシ系，ポリアミドエポキシ系およびビニルプラスチゾル系接着剤を用いた場合は接着継手よりウェルドボンディングの方が強度が大きく出ているが，硬い一液性加熱硬化型エポキシ系接着剤を用いた場合は逆の実験結果となっており (スポット溶接部だけ接着面積が減少することとスポット近傍の接着剤の焼損によるものと推定)，このことからも併用効果の向上には，前述の理由により適切な縦弾性係数を有する接着剤の使用と適切な接着層厚さの保持が薦められる.

9.5　リベット−接着併用継手 (リベットボンディング) の疲労試験結果[5,9]

　図 9.5 は，アルミニウム合金 A6N01-T5 板 (厚さ 2.3 mm) とステンレス鋼 SUS301L-ST 板 (厚さ 2 mm) のリベット接合試験片およびリベット−接着併用試験片 (以下リベットボンディングとよぶ) の形状および寸法である. 二液性加熱硬化 (60°C) 型エポキシ系接着剤を用いている.

9.5 リベット–接着併用継手 (リベットボンディング) の疲労試験結果　　　265

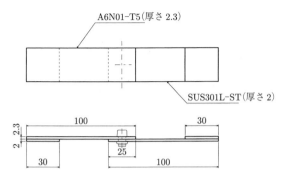

図 9.5　リベットボンディング試験片の形状および寸法 (単位 mm)[5]

また，図 9.6 は，リベットのみ，接着のみ，およびリベットボンディングの静的引張試験における荷重–伸び (クロスヘッドの移動距離) 線図である．前述のウェルドボンディングの場合と同様に，このリベットボンディングの場合においても，通常はほぼ全荷重を接着層が負担し，接着層が破壊した後リベット接合部に荷重がかかることがわかる．

図 9.7 は，図 9.5 のリベット継手，接着継手，およびリベットボンディングの S–N 線図である．各継手の 10^7 回における疲労限度の値は，それぞれ 200 kgf，400 kgf，

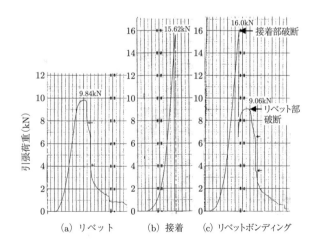

図 9.6　静的引張り荷重–伸び線図 (リベット，接着，およびリベットボンディング)[5]

266   9. 繰返し応力 (疲労) およびクリープによる加速耐久性評価法

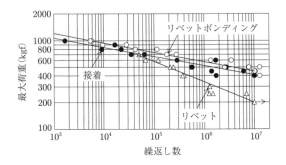

図 **9.7** リベット継手，接着継手，およびリベットボンディングの S–N 線図[5]．片振り引張せん断 25 Hz，母材 Al (2.3 mm 厚)+SUS (2.0 mm 厚)，試験片幅 30 mm，ラップ長さ 25 mm，接着剤 二液性加熱 (60°C) 硬化型エポキシ系．

および 450 kgf であり，接着部の値はリベット部の 2 倍となるとともに，接着とリベットの併用効果がみられた．

　リベットボンディングの場合も併用効果を向上させるためには，接着部とリベット接合部の破断時の伸びがほぼ一致するように，あるいは適切な荷重負担割合をもつように，接着面積あたりのリベットの本数を考慮して，最適縦弾性係数を有する接着剤と接着層厚さを，静的強度試験および疲労試験を実施して選定する必要がある．

9.6　接着接合部のクリープ破壊強度評価方法

9.6.1　大変形クリープの一般的特性[10]

　一定の応力または荷重を加えたときに生じる変形が時間とともに進行する現象は，金属材料だけでなく，岩盤 (地殻)，高分子材料などにも見られ，一般にクリープ (creep) とよばれる．一定荷重下のクリープひずみが不可逆的な変形を含む場合のクリープ曲線は，一般に図 9.8 のように模式化される[10]．

　クリープ曲線の形状は同じでも，金属材料と高分子材料のクリープの微視的機構は異なる．金属材料における遷移クリープは，熱活性化を受けて生ずる塑性流動が，ひずみの増加および硬化の増加とともに次第に生じにくくなることによるものである[11]が，負荷応力が小さい場合における高分子材料の遷移クリープは遅延弾性機構によるものであり，弾性変形が材料内部の種々の抵抗を受けて現れるものと解釈される．

9.6 接着接合部のクリープ破壊強度評価方法　267

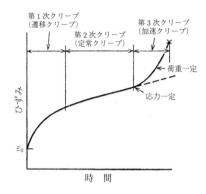

図 **9.8**　大変形の一般的なクリープ曲線[10]

したがって，このときの遷移クリープひずみは除荷すれば時間とともに次第に回復し，最終的には完全に回復する．このような遷移クリープは，図 5.31 のようなばねとダッシュポットによるモデルで定性的に説明できる[10]．

9.6.2　クリープ破壊強度，破壊時間，温度間の関係式 (Larson–Miller の式)[12]

応力依存型速度過程の起こる速度 r は一般に，

$$r = A \exp\left[-\frac{Q(S)}{RT}\right] \tag{9.5}$$

というアレニウス形式にて表される．ここで，S は外部からの応力，Q は過程の活性化エネルギー，A は定数，R は気体定数，T は絶対温度である．クリープ過程を考えれば，r はひずみ速度に相当する．

式 (9.5) はアレニウスの式 (7.5) において活性化エネルギー E_a がストレス S の関数となった形である．

クリープ破壊は，伸びが一定 (ε) になったときに起こると考えると，

$$\varepsilon = \int_0^t r\, dt \tag{9.6}$$

にて破断までの時間 t が決まる．

r が時間に無関係に一定と考えられる場合には，

$$t = \frac{\varepsilon}{r} = \frac{\varepsilon}{A} \exp\left[\frac{Q(S)}{RT}\right] \tag{9.7}$$

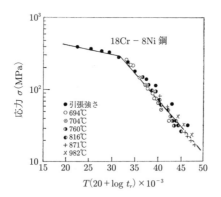

図 9.9 Larson–Miller パラメータによって整理されたクリープ破断曲線[14]．図中の式で T は絶対温度 (K)，t_r は破断時間 (h)．

にて破断時間 t が与えられる．

式 (9.7) の両辺の対数をとり整理すれば，

$$T(\log t + C) = \frac{Q(S)}{2.303R} = K(S) \tag{9.8}$$

ここに，

$$C = \log \frac{A}{\varepsilon} \tag{9.9}$$

Larson および Miller[13] は，材料，応力に無関係に $C = 20$ にとって，種々の温度，種々の応力における破断の実験結果について，式 (9.8) の左辺と負荷応力 S の対数をプロットすると，いずれもほぼ同一曲線 (折線) 上にのることを示した．

図 9.9 には，18Cr-8Ni 鋼の実験結果を示す[14]．

本来，C の値は式 (9.9) からもわかるように，材料および応力に依存する[12]．

C の値は，金属材料ではほぼ 20 で[14]，材質によって 15–23 であり[13,15]，正確には材料ごとに最適値を求める必要がある．プラスチックの場合，20–50 と報告されている[16,17,23]．

この方法により，短時間高温強度を外挿することによって長時間低温強度を推定することができるが，10 倍以上の長時間側の外挿は正確ではないといわれている[14]．

9.7 クリープ破断データから Larson–Miller の式を求める方法[27]

9.7.1 visual-fit 法

手作業で，グラフを画きながらパラメータを決定する方法である．クリープ破断データは，一般に図 9.10 のように，3–5 レベルの温度 T で，それぞれの温度ごとに 3–5 レベルの応力 S に対応する破断時間 t，すなわち等温度クリープ破断曲線により構成される．

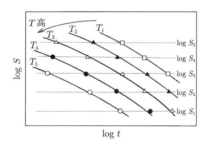

図 **9.10** 等温クリープ破断曲線 (データ)[27]

式 (9.8) から次式が得られる．

$$\log t = \frac{Q(S)}{2.303R} \cdot \frac{1}{T} - C = \frac{K(S)}{T} - C \qquad (9.10)$$

式 (9.10) によれば，同一応力 S に関する破断時間の対数 $\log t$ と絶対温度の逆数 $1/T$ との関係は，勾配が，

$$K(S) = \frac{Q(S)}{2.303R} \qquad (9.11)$$

$\log t$ 軸との切片が $-C$ の直線群を形成するので[18]，$\log t$–$1/T$ に関する図 9.11 を描くことにより，各応力 S に関して得られた切片 C の値の平均値を採用することで Larson–Miller の式の C の値が得られる[27]．

次に，図 9.11 の各応力 S に関する直線の勾配から，式 (9.10) および式 (9.11) の $K(S)$ の値を求め，図 9.12 のようにプロットして，S に関する近似多項式として $K(S)$ が得られ，式 (9.8) の Larson–Miller 式が決定される．ここで，式 (9.11) を

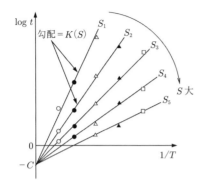

図 9.11 $\log t$–$1/T$ に関する等応力直線 [27]

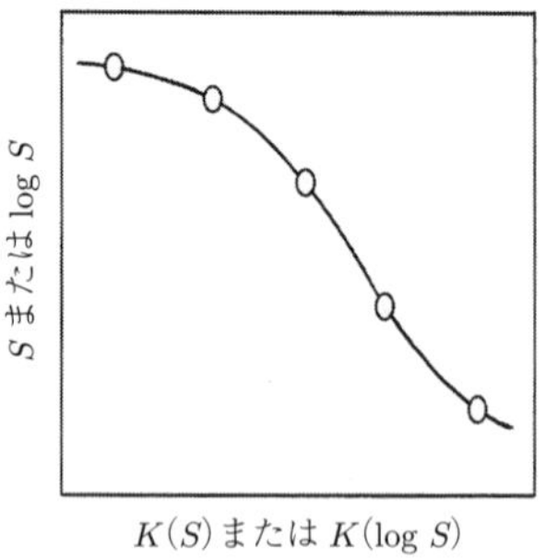

図 9.12 S–$K(S)$ 曲線 [27]

$\log S$ の多項式として近似してもよい．

$$K(S) = \sum_{i=0}^{n} a_i S^i \tag{9.12}$$

$$K(\log S) = \sum_{i=0}^{n} a_i (\log S)^i \tag{9.13}$$

ここで，a_i は，近似式の係数である．

図 9.12 の曲線は，$K(S)$–S の実験値が m 個 (= 応力のレベル数) あるとき，$n = m - 1$ 次の補間式 (ラグランジュの補間法またはスプラインの補間法による)，または n ($< m - 1$) 次の最小二乗近似式となるように決定する．いずれも EXCEL により計算できる [19]．

9.7.2 統計的解析法 1

クリープ破断データ (T, t, S) に対して，次式の回帰曲線

$$T(\log t + C) = \sum_{i=0}^{n} a_i (\log S)^i \tag{9.14}$$

を用いて，パラメータ C の値および回帰式の次数 n の値を変えながら当てはめを行い，関与率 (相関係数の 2 乗) が最も大きくなる C および次数 n を選定する [20]．

4 種類の鋼材に関する温度 500–700°C，30 000 h までのクリープ試験結果により，

9.8 プラスチックのクリープ試験における Larson–Miller 線図　　271

C の値は 15–21 (各鋼材により異なる)，回帰式の次数 n は (5 次までの場合)，一般に大きいほど関与率が大きく (誤差が少なく) なるという結果が得られている[20].

9.7.3　統計的解析法 2

$n+2$ 個以上のクリープ破断データ (T, t, S) を用いて，次式のクリープ破断時間の対数値の残差平方和 S_E が最少になるように，式 (9.14) におけるパラメータ C および回帰式の係数 $a_0, \cdots, a_n$ の計 $n+2$ 個を未知数として決定する方法である[18,21]. 式 (9.14) の回帰式の次数 $n \leq 5$ である.

$$S_E = \sum_{j=0}^{m} (Y_{ej} - Y_j)^2 \tag{9.15}$$

ここに，Y_{ej} および Y_j は，j 番目のクリープ破断データの破断時間の対数 $\log t_{ej}$ およびそれに対応する回帰式 (9.14) による破断時間の対数の推定値 $\log t_j$ である.

以上の Larson–Miller 式によるデータ解析法に加え，Orr–Sherby–Dorn の式および Manson–Haferd の式によるクリープ破断解析も可能な，時間–温度パラメータ (TTP) を用いて統計的なあてはめを行うソフトウェアパッケージ ECRTTP(Evaluation of Creep-Rupture Data Using TTP) が開発されている[21,22].

9.8　プラスチックのクリープ試験における **Larson–Miller** 線図

図 9.13 は，ポリアセタール樹脂に関する $K = T(C + \log t)$–S 曲線 (Larson–Miller 曲線に相当) の測定値である[17]. C の値は，18.5 (水中)，21 (高流動グレード)，および 40 (高重合度グレード) という値が得られている[17].

また，図 9.14 は，ガラス繊維強化エポキシ樹脂 (Volan 処理ガラスクロス 181, Epon 828) のクリープ試験 (温度 −48 ないし 260°C) における破断時間と負荷応力に関する Larson–Miller のマスター曲線 $(C = 20)$ である[23,24]. 破断時間に対応する Larson–Miller の式による破断応力の予測値と実験値は，引張りおよび曲げの場合とも，よい一致を示した[23,24].

また，図 9.15 は，20–70°C における硬質塩化ビニル樹脂のクリープ試験に関する Larson–Miller 曲線 $(C = 50)$ である[23,25]. この場合も，各温度における実験値は 1 本のマスターカーブによく一致している.

クリープ破壊挙動の測定に，はじめ金属材料の熱間クリープに対して適用された Larson–Miller パラメータ $T(C + \log t)$ は，理論的には速度論的根拠にもとづくも

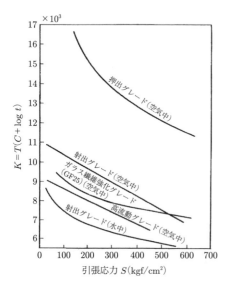
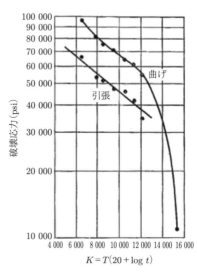

図 **9.13** ポリアセタール樹脂の $K = T(C + \log t)$–S 曲線[17]

図 **9.14** ガラス繊維強化エポキシ樹脂の Larson–Miller 曲線 $(C = 20)$[23, 24]. 温度 -55 ないし $500°F$ (-48 ないし $260°C$).

のであるため，C を適切に選ぶことにより，高分子材料の一軸クリープ破壊挙動の推定に対してきわめて有効であることがわかる[23]．

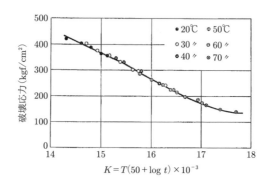

図 **9.15** 硬質塩化ビニル樹脂の Larson–Miller 曲線 $(C = 50)$[23, 25]

9.9 JIS K6859　接着剤のクリープ破壊試験方法[26]

　被着材は，金属，プラスチック，FRP，木材および木質材料の厚板とする[26]．引張クリープ試験片の形状および寸法は JIS K 6849 の丸棒引張接着強さ試験片と同一とし，金属，プラスチックおよび FRP の引張せん断クリープ試験片の形状および寸法は，JIS K 6850 の引張せん断試験片と同一である[26]．

　試験片数は一定応力レベルについて 3 個以上，試験応力レベルは 3 個以上とする[26]．

　クリープ試験機には，本格的な装置としては重錘式およびてこ式があるが，大がかりとなるので，荷重が 200 kgf 程度の場合は，ばね式装置 [第 7 章の図 7.14 の Sustained Load Test (応力負荷装置)] が簡便である．

　試験の結果は，グラフに表す．縦軸は応力 (N/mm^2)，横軸は破壊までの時間の対数とする．

　なお，実験結果を 9.7 節で述べた Larson–Miller 法により整理すれば，種々の応力および温度におけるクリープ破断データの負荷応力-破断時間の関係が 1 本の曲線で表され，寿命予測ができるので便利である．この場合，負荷応力も対数軸とする．

　なお，クリープ試験は，大気中で行われるが，高温，高湿度という環境条件下で行うのが，第 7 章で紹介した促進耐久性試験である．

文　　献

[1] JIS ハンドブック，No. 29，接着 (日本規格協会，2007) pp. 189–196.

[2] 日本材料学会編：材料強度学 (日本材料学会，1986)，pp. 92–93

[3] 福井泰好：入門 信頼性工学 (森北出版，2007)，p. 155

[4] 塩見 弘：故障物理入門 (日科技連出版社，1970)，pp. 60–61，pp. 162–163.

[5] 鈴木靖昭，石塚孝志，水谷裕二，垣見秀治，三木一敏，石樽清孝，渡辺慶知：にっしゃ技報，**40**-2，50–60 (1993).

[6] 原賀康介，児玉峯一：溶接学会誌，**56**，151 (1987).

[7] J. D. Minford, F. R. Hoch, and E. M. Vader: SME Tech., Pap. Ser., No. SAE-750462 (1975).

[8] 鈴木靖昭：接着・粘着製品の分析，評価事例集 (技術情報協会，1012) pp. 212–216.

[9] 鈴木靖昭：接着耐久性の向上と評価 劣化対策・長寿命化・信頼性向上のための技術ノウハウ (情報機構，2012) pp. 224–233.

274   9. 繰返し応力 (疲労) およびクリープによる加速耐久性評価法

[10] 成沢郁夫：高分子材料強度学，横堀武夫 監修 (オーム社，1982) p. 289.

[11] E. Orowan: Trans. West of Scotl. Iron Steel Inst (1947) p. 45.

[12] 横堀武夫：材料強度学 (技報堂，1966) pp. 143–148.

[13] F. R. Larson and J. Miller: Trans. ASME., **74**, 765 (1952).

[14] 日本材料学会 編：材料強度学 (日本材料学会，1986) pp. 153–154.

[15] 塩見 弘：故障物理入門 (日科技連出版社，1970) p. 81.

[16] 本間精一：プラスチックス，**55**-2，93 (2004).

[17] 高野菊雄 編：ポリアセタール樹脂ハンドブック (日刊工業新聞社，1992) pp. 159–160.

[18] 松田昭博：筑波大学原子炉構造設計講義ノート，No.1，(2013).

[19] 神足史人：EXCEL で操る！ここまでできる科学技術計算 (丸善出版，2012) pp. 32–45.

[20] 河田和美，横井 信，田中千秋，門馬義雄，新谷紀雄：鉄と鋼，**56**，1034 (1970).

[21] 門馬義雄，芳須 弘：高知工科大学紀要，**6** (1)，81–86 (2009).

[22] 門馬義雄，芳須 弘：ECRTTP 利用の手引き，KUT-NIMS (Dec.2008)

[23] 伊藤勝彦：高分子，**9**，480–484 (1960).

[24] S. Goldfein: Bulletin ASTM, No.224, 36 (TP156), (Sep. 1957)

[25] 末沢慶忠，北条英光，坂本裕彦：材料試験，**6**，No. 45，100 (1957).

[26] JIS ハンドブック，No. 29，接着 (日本規格協会，2007) pp. 167–169.

[27] 鈴木靖昭：最新の接着・粘着技術 Q & A，佐藤千明 編 (産業技術サービスセンター，2013)
    pp. 474–477.

10
接着トラブルの原因と対策[1,2]

接着トラブルの原因を大別すれば，接着剤，表面処理法，施工方法，および接着部構造のそれぞれ選定法に起因するもの並びに接着部の耐久性不足に起因するものがある．それらは，さらに細かく分類され，原因別分類および対策をまとめて表 10.1 に示す[1,2]．

接着トラブルの具体的事例の内のいくつかを取り上げて，その対策とともに以下に紹介する．

10.1　接着剤の選定に起因するトラブル事例およびその対策

10.1.1　被着材と接着剤の SP 値の不適合

1.8 節で述べたように，各種ポリマーの SP 値 (溶解度パラメーター)，すなわち単位体積あたりの凝集エネルギー (cal/cm^3) の平方根は，物質の相溶性の目安となる値で，図 1.13 で示されるように，被着剤の SP 値に近い SP 値の接着剤が適しており，接着剤選定の指標となる．被着材と接着剤との SP 値がかけ離れていれば，大きな接着強度は得られない．

10.1.2　被着材に含まれる可塑剤による接着剤の可塑化によるトラブル事例—床用軟質塩化ビニルシートの接着 (その 1)[3]

(i) 現象　少し古い事例であるが，非多孔質で大面積の材料に適したスプレータイプのニトリルゴム (NBR) 系接着剤が市販されていなかったとき，軟質塩化ビニルシート (裏布なし) を塗装鋼板製床にスプレータイプのクロロプレンゴム (CR) 系接着剤を用いて接着した．6ヵ月ないし 1 年後接着力が極度に低下するという現象が生じた．接着層はねばねばした状態となり，粘着テープより接着強度が小さく，ポマードで接着した程度の接着強さになった．

表10.1 接着トラブルの原因別分類および対策[1, 2]

原因分類	原因	原因詳細	対策など	本書関連項目*	事例掲載文献
	被着材との組合せ（相性）	被着材と接着剤のSP値の不適合	適正接着剤の選定	1.7, 1.8	[1],[2],[3]
	被着材中の可塑剤の被着材への移行	被着材中に含まれる可塑剤による接着剤の可塑化	SP値が可塑剤と異なる接着剤の選定	1.9.1 10.1.2	[1],[3]
	接着剤中の可塑剤の被着材への移行	接着剤に含まれる可塑剤による被着材表面の可塑化	被着材表面への難可塑化のコーティング	1.9.2 10.1.3	[1],[2]
	吸湿性接着剤の使用	接着作業中の吸湿	作業室内の低湿度化/接着剤の真空吸引	5.3.4 10.1.4	[1],[3]
	保存中の変質	接着剤の酸化劣化	要冷蔵	10.1.5	
	保存中の成分分離	偏った成分使用による接着力不足	使用時の撹拌の励行	10.1.6	[1],[9]
	充てん剤の吸湿性	不適切保存方法により吸湿した充てん剤を混合使用	充てん剤の密閉容器中保存	10.1.7	[1],[2],[10]
	耐熱応力性の不足	接着剤の硬化収縮または接着後の温度変化により接着強度を超える熱応力が発生	弾塑性接着剤の選定による応力緩和/接合部構造の変更	5.5 10.1.8	[1],[2],[3],[10]
接着剤	耐衝撃性不足	耐衝撃性不足の接着剤の使用	弾塑性接着剤の選定による緩和	10.1.9	[1],[3]
	接着剤中の溶剤により被着材にソルベントクラックが発生	接着剤がモール ド系で残留応力があったことも、付加要因となった	マイルドな脂肪族系の溶剤を用いた接着剤に変更	1.8.3 10.1.10	[1],[10]
	接着剤モノマーにより被着材にソルベントクラックが発生	皿ねじ止めにより、被着材サラ穴部に引張り応力が生じているところ、ねじのゆるみ止めのためのメタクリル酸エステル系接着剤を含浸	従来使用していて問題が発生していない、酢酸ビニル系（溶剤はメタノール）使用に戻した	1.8.3 10.1.11	[2],[11]
	CR系接着剤の熱分解によりHClが発生	発生したHClと空気中の水分が結合して塩酸酸性となり、プリント基板を劣化させ電気絶縁性が低下	ポリアミド系のホットメルト接着剤またはUV硬化形エポキシ系接着剤に変更した	10.1.12	[14]
	塩化ゴム系接着剤の熱分解によりHClが発生	HClが被着材AlまたはZnめっきと反応して塩化物を生成しては離が生じた	接着剤を難燃性エポキシ系に変更するとともに、接着剤と反応性を有する官能基をもったシランカップリング剤を用いた	10.1.12	[2]
	接着後の悪臭の残留	接着剤選定ミス（CR系を用いるべきところ、NBR系を使用）	適正接着剤の選定	10.1.13	[1],[3]

* 10章にはトラブル事例を紹介した。

10.1 接着剤の選定に起因するトラブル事例およびその対策　277

表 10.1 (続き 2)

原因分類	原因	原因詳細	対策など	本書関連項目	事例掲載文献
	表面処理後の水洗不足	アミンなどの残存アルマイト処理剤により、シリコーン RTV の硬化が阻害され、LSI のアルミキャップの接着が数日後にはく離した	洗浄工程を追加した		[14]
	表面処理後の被着材表面への水分の吸収	ブラスト処理したアルミニウムを湿度のある雰囲気に放置したため、水分を吸収して接着力が低下した	表面処理後、速やかに接着するか、乾燥空気中に保管する	3.1 10.2.1	[14]
	被着材中の吸収水分により接着不良が発生	プラスチック被着材中の水分により、加熱硬化系の接着剤が発泡した	接着前に被着材を十分に乾燥させる	10.2.2	[14]
表面処理法	表面の酸化物除去不足	不適切な除去方法の選定	工具を用いたサンディング、サンドブラストなどの機械的研磨の実施	3.1	
	脱脂不足	ウェスによる脱脂回数の不足・不適切な脱脂方法の選定	アルカリ脱脂、超音波洗浄、などの適正な脱脂方法の選定	3.1, 3.2	
	表面粗さの不足	適正表面粗さの不足	サンドブラスト、ショットブラスト、グリットブラストなどを採用し機械化する	3.1	[14]
	プライマーの必要性	適正表面粗さの存在	シランカップリング剤などの使用	3.3	
	その他表面処理の必要性	大きな結合力およびアンカー効果を得るための表面処理の必要性	リン酸陽極酸化法、ケミカルエッチング処理、プラズマ処理、レーザー処理などの採用し、機械化する	3.1,3.2	

表 10.1（続き3）

原因分類	原因	原因詳細	対策など	本書関連項目	事例掲載文献
	混合比誤り		適正混合比の保持（スタティックミキサー、二液吐出混合装置などの使用）	10.3.1	[15],[16]
	混練不足		スクリュー混合機、スタティックミキサー、二液吐出混合装置などの使用	10.3.1	[15],[16]
	結露などによる水分の混入	冷蔵後容器の開缶中の結露	室温に戻してから開缶使用する	10.3.2	[1],[10]
	オープンタイム不足	溶剤型接着剤	適正なオープンタイムの設定	10.3.3	[1],[3]
施工方法	ポットライフオーバー	二液型接着剤の混練後、施工までの時間の取り過ぎ			
	加熱温度不足	加熱炉温度と被着材温度との相違	被着材の温度上昇曲線の測定	10.3.4	[1],[2],[17]
	加熱時間不足	同上	同上	10.3.4	[1],[2],[17]
	圧縮力不足	圧縮装置不具合／被着材の構造の不適切	圧縮装置の改善／接着材の構造の変更	10.3.5	[18]
	接着面への空気の巻き込み	広面積の場合、空気の逃げ道の確保の必要性	片側から順次貼り合わせ	10.3.6	[1],[3]
	作業者の熟練度不足		作業者の教育・訓練の実施	10.3.7	[18],[19],[20]
接着部の構造	応力集中過大	適正接着部構造選定の必要性	応力解析の実施	5	
	はく離応力過大	硬い接着剤の使用	軟質接着剤の選定	5	
	接着面積不足		十分な接着面積の確保	5	
	耐光性・耐候性不足	太陽光線および風雨による接着剤の劣化	促進光試験を行い、適正接着剤を選定	7	
	湿潤・応力負荷状態における耐久性不足	接着結合力不足による接着界面への水の浸入	同上	7,8	
接着部の耐久性	疲労強度不足		疲労試験を行い、適正接着剤を選定	9.1-9.5	
	耐ヒートサイクル性不足		応力緩和性のある接着剤を選定	2	
	接着材界面の劣化・吸湿	光、温度、水による劣化	光の遮断、防水シールなどの施工	7,8	

(ii) 原因 現在ではよく知られていることであるが，軟質塩化ビニル中に含まれている DOP，DBP などの可塑剤が接着剤中へ移行して接着剤が可塑化され，軟化したものてある．なお，SP 値は以下のようになっている[4, 5]．SP 値 CR:8.85，NBR:9.64，DOP:8.9

(iii) 対策 当時はハケ塗りタイプのニトリルゴム系接着剤はあったが，それは粘度が高いため溶剤で希釈してスプレーしたところ糸状となってうまく塗付できなかった．そこで接着剤メーカーへスプレータイプのニトリルゴム系接着剤の開発を依頼し，以後はその接着剤を使用することにした．

10.1.3 接着剤に含まれる可塑剤による被着剤表面の可塑化によるトラブル事例—変成シリコーン系接着剤によりアルミ製窓枠へ接着した PMMA 板のはく離[1, 2]

(iv) 現象 アルミ製窓枠に対し，変成シリコーン系接着剤用いて PMMA 板を接着し (シラン系プライマー適用)，使用していたところ，6 箇月ほど経過した頃から，PMMA 板の表面において接着剤のはく離 (界面破壊) が生じるようになった．

(v) 原因 原因究明のため，FTIR により PMMA 表面の分析を行ったところ，接着剤中に含まれる可塑剤の DOP が検出された．これは，接着剤中の DOP が熱可塑性樹脂である PMMA へ移行し，その表面を可塑化したため接着強度が低下したものと推定された．

(vi) 対策 熱硬化性樹脂であり DOP により可塑化されにくいエポキシ樹脂により PMMA 表面をコーティングしたところ，接着剤のはく離が防止できた．

10.1.4 吸湿性接着剤の使用によるトラブル事例—吸湿性の大きい接着剤による試験片の接着[1, 3]

(vii) 現象 硬化剤としてジエチレントリアミンを加えたエポキシ樹脂系接着剤を使用して，鋼のスカーフおよびバット接着試験片を製作した．接着面は砥石により機械研磨し，MEK により超音波洗浄を 3 回行った．接着剤はへらにより接着面に塗布し，7 日間保持して硬化させた．引張り試験を行ったところ，予想よりかなり小さい接着強度が得られ，しかもほとんど界面破壊であり，ばらつきも大きかった．

(viii) 原因 ジエチレントリアミンなどの脂肪族ポリアミンは，分子中に親水基のアミノ基含有率が大きく，水に対する溶解度が無限大である．そのため，それを硬

化剤として用いた接着剤を接着面に塗布する時，被着材表面および大気中の水分を吸収して白濁する (アミンブラッシング現象[7,8]). 吸収される水分の量はそのときの室内の気温および湿度に左右され，それにともなって硬化した接着層の機械的強度および接着力も同様に大きく影響を受ける．吸収される水分の量はわずかでも接着層が薄くその容積が非常にわずかであるため影響が大きい．水分の影響は予想をはるかに超えるものであった．

(ix) 対策 硬化剤を配合した接着剤は真空脱泡後ただちに注射器中に吸入した．またあらかじめ希望する接着層の厚さだけ被着材間にすき間をあけてジグに固定し，シリカゲルを充てんしたデシケータ中に保存しておき，そこへ注射器から接着剤を滴下し真空吸引して注入し硬化させ，所定の厚さの接着層を形成させた．その結果気泡および水分の含有率が非常に低い接着層を得ることができ，表 5.11 に示したように接着強度のばらつきもかなり少なくなり，接着強度およびその再現性を向上させることができた．

10.1.5　保存中の変質によるトラブル事例—接着剤の酸化劣化

　エポキシ系接着剤においては，主剤は非常に安定な物質であるが，ポリアミド系やポリアミン系の硬化剤は吸湿性があり，比較的酸化劣化しやすい．そのため，密封し冷蔵する必要がある．

10.1.6　保存中の成分分離によるトラブル事例—分離で生じた偏った成分を使用することによる接着力不足[9]

　ゴム系の溶剤型接着剤は，保管中に 2 相に分離し，接着剤として使用できなくなることがしばしば生じる．特にチューブに入ったものは，接着剤が分離していることが確認できないため，チューブから最初に出てきたものが合格となっても，後で出てきたものを使用したとき不合格となる可能性がある．したがって，冷蔵するとともに，使用期限を厳格に守ることが必要である．

10.1.7　添加充填剤の吸湿によるトラブル事例—エポキシ樹脂系接着剤に不適切保存で吸湿した充てん剤を混合使用[10]

(x) 現象 電機メーカーで電子部品の端子固定のために，金属用二液性加熱硬化型エポキシ系接着剤を二液混合した後，珪酸塩系粉末を加え，増粘して用いていた．ところが，この珪酸塩系粉末状充てん剤を継続使用して残り少なくなった時点より，

急激に硬化不良を引き起こした.

(xi) 原因 生産工程チェック,製品検査データの見直しをしたが異常はなく,さらに組成分析を行っても異常はなかった.

しかし,工場における接着剤の使用状況を見たところ,珪酸塩系粉末状充てん剤を入れた容器のふたが開けられたままで,空気中の水分を吸着していることがわかり,水分の混入が金属用二液性加熱硬化型エポキシ系接着剤の硬化機能を狂わしていることが判明した.

(xii) 対策 珪酸塩系粉末状充てん剤が空気中の水分を吸着しないように,取り出した後は必ず容器のふた閉めを行うようにすることで,硬化不良は解決した.

10.1.8 接着剤の硬化収縮および接着後の温度変化により被着材強度または接着強度を超える熱応力が発生

a. 室内外温度差に起因する熱応力による被着材ガラスの破壊のトラブル事例—ガラスとびらと取手の接着[10]

(i) 現象 ある公民館で屋内外の通路に面するとびらを,全体がガラス板で構成されるとびらに変えた.ガラス製とびらの取手部分には金属製のものを用い,金属用二液性常温硬化型エポキシ樹脂系接着剤でこれらを接着した.

ところが,冬期に入って取手のまわりの部分のガラスにひび割れを生じた.

(ii) 原因 秋期にガラスのとびらの取り付け工事を行ったが,冬季に至り屋内暖房と屋外の寒冷化によりガラス板一枚をへだてた内外の温度差があり,エポキシ樹脂系接着剤により接着された金属製取手部分に発生する熱応力が,ガラス板の引張強度を上まわり,ひび割れを生じたものである.

(iii) 対策 ガラスに穴をあけ,ゴムのパッキンを介して取手をねじ止めするか,さらに応力緩和性のよい常温硬化型エポキシ樹脂系接着剤を使用する.

b. 両被着材間の線膨張係数の差に起因する熱応力による接着はく離のトラブル事例—アルミ化粧パネルとスチレン樹脂モールド品の接着[10]

(i) 現象 厚さ 0.3 mm の化粧アルミ板 (幅 60 mm × 長さ 180 mm) を,スチレン樹脂の成形品である TV 全面パネルに接着した.接着剤はフェノール樹脂の多い耐熱性のあるクロロプレンゴム系のものを両面にハケ塗りして接合し,乾燥時間は十分にとり,圧締した.製品に組み立てられて出荷されたが,輸送経路がシベリア鉄道

であり，厳寒期であったことやその振動により，欧州に到着したときに多数のはがれ，浮きが発見された．

(ii) 原因 接着剤の組成から見て，接着皮膜が硬く，アルミ，スチレン樹脂といった熱膨張率の異なる材料どうしの接着には，追随しにくい．さらに，$-50°C$にもなる条件下では無理であった．

(iii) 対策 材料の伸縮にフレキシブルに順応する，軟らかく，しかも接着力のある再生ゴム系およびSBR系の接着剤に変更した．コストは高くなるが，アクリル樹脂架橋型両面粘着テープへの変更も有効と考えられる．

c. 両被着材間の線膨張係数の差に起因する熱応力による接着はく離のトラブル事例—天井ダクト用サンドイッチパネルの接着[3]

(i) 現象 図10.1のパネルにおいて，用いているポリウレタン系の接着剤は，(1) 価格が高い，(2) 発泡性があるため大がかりな圧縮が必要，(3) 硬化時聞か常温で6-10時間と長い，(4) 低粘度のため塗付時の作業性が悪い(流れ落ち)などの欠点があるため，今回，無臭性の可撓性エポキシ樹脂系接着剤に変更した．その結果作業性および作業効率が向上し，接着強度も十分であったが，完成して約2ヵ月経過した時点でパネルにそりが生じ，パネル端部のアルミ板とFRP板とが直接接着されている幅約20mmの部分のみ全長にわたり接着はく離が生じた．はく離はアルミ板表面における界面破壊であった．

(ii) 原因 端部のはく離の原因は，異種表面材を用いているため温度上昇による両表面材の伸びが異なり，その差が端部に近づくほど大きくなるが，さらに端部では表

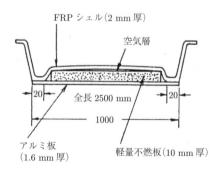

図 **10.1** 天井ダクト断面[3]

面材どうしが直接接触するため発生するせん断応力が特に大きくなったことと，使用したエポキシ樹脂系接着剤は可撓性があるといっても従来のポリウレタン系接着剤に比してヤング率が大きいため，端部に生じるせん断応力が大きくなったことによるものと推定される．

(iii) 対策 応急処置としては，はく離した端部にポリウレタン系接着剤を注入し接着した．また，当面はエポキシ樹脂系接着剤の使用を止めて，以前のポリウレタン系の接着剤を用いることにした．さらに，恒久的対策としては，後出の図 10.16 に示したように，表面板として両面ともにアルミ板を用いるように設計変更し，可撓性エポキシ系接着剤を用いるようにした．

d. 気温の上昇に起因する熱応力および接着力不足によるはく離のトラブル事例―室内内装化粧板のつなぎ板の接着[3]

(i) 現象 図 10.2 のように，室内のポリカーボネート製化粧板の継目へ，同じくポリカーボネート製つなぎ板をエチレン酢酸ビニル樹脂系ホットメルト接着剤とビス止めの併用により取り付けたのであるが，断面図のように接着がはく離し，つなぎ板に波打ちが生じた．

(ii) 原因 つなぎ板とその上下のアルミ製モールとの間に間隙をほとんど設けておかなかったため，気温の上昇によりつぎ目板が膨張して，接着層にはく離力が作用し，さらに使用した接着剤の接着強度が十分でなかったためこのような現象が生じ

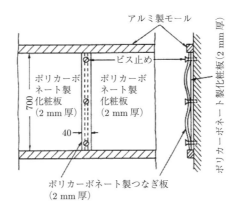

図 **10.2** 室内化粧板つなぎ板の接着[3]

たものである．ホットメルト接着剤を用いたのは，その性質上硬化が非常に速く作業性がよいためであるが，ここで用いた接着剤は接着強度があまり大きいものでなく，接着剤の選定が正しくなかった．

(iii) 対策　とりあえずの対策としては，クロロプレンゴム系接着剤を用いて再接着した．また以後はつなぎ板とその上下のアルミ製モールとの間に間隔を設けるように設計支更し，接着剤もクロロプレンゴム系のものに変えた．

e. 両被着材間の線膨張係数の差に起因する熱応力による接着はく離のトラブル事例—スイッチボックスのふたの接着[3]

(i) 現象　図 10.3 のように，スイッチボックスのアルミ合金製ふたに，補強のため裏側に鋼板を二液性のアクリル樹脂系接着剤により接着した．上端にちょうつがいをねじ止めしている．数週間後下端においてアルミ板と鋼板との接着がはく離した．

(ii) 原因　気温の上昇および低下と，アルミ板と鋼板との線膨張係数の差により，両素材板の伸び縮みに差が生じるが，上端のみねじ止めされているため，下端において両素材板間のずれおよびそれに伴って接着層に生じるせん断応力が最大になり，下端の応力が接着強度を超えた部分の接着がはく離したものと考えられる．

(iii) 対策　ふたの下端にリベット打ちを行った．以後は可撓性のあるポリウレタン系接着剤を使用した．

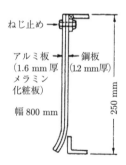

図 **10.3**　スイッチボックスふたの接着[3]

10.1.9 接着剤の耐衝撃性不足によるはく離のトラブル事例—窓ガラスの取手の接着[3]

(iv) 現象 枠なしの窓ガラスに青銅鋳物の取手をエポキシ樹脂系接着剤により接着したところ,開閉特の衝撃により接着部がはく離し取れてしまった.

(v) 原因 接着剤が硬いため応力集中が緩和されず,開閉特の衝撃吸収性が乏しかった.

(vi) 対策 自動車の窓ガラスにおいてみられるように,ガラスに穴をあけゴムのパッキンを介して取手をねじ止めした.

10.1.10 接着剤中の溶剤により被着材にソルベントクラックが発生のトラブル事例—アルミ銘板とメタクリル樹脂モールド品の接着[10]

(vii) 現象 図 10.4 のように,メーカーのシンボルマークのアルミ銘板 (厚さ 0.3 mm,一辺 25 mm の菱形) をメタクリル樹脂モールドのレコードプレーヤーのふた (厚さ 2.5 mm) の中心部の射出成形あと (へそ,ピンゲート) の目隠しを兼ねて,クロロプレン系の接着剤で貼った.小さなものゆえ,片面塗布であり,十分に溶剤が乾燥しないうちに接着した.1 日以内でモールドにクラックが発生し,商品価値を損なった.

(viii) 原因 このようなモールドの接着部分には残留ひずみがあり,接着剤に含まれる溶剤により容易にひびが入ったり (ソルベントクラック),はなはだしい場合は割れたりする.

(ix) 対策 マイルドな脂肪族系の溶剤を用いた再生ゴム系の接着剤に変更した.この場合は,無溶剤のエポキシ樹脂系のものや,水性アクリル粘着剤,両面接着テープへの変更がベターである.

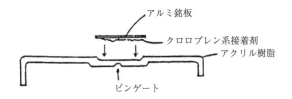

図 **10.4** アルミ銘板とメタクリル樹脂モールド品の接着[10]

10.1.11 嫌気性封着剤モノマーにより被着材にソルベントクラックが発生のトラブル事例—ポリカーボネート製標識差しの皿ねじ止め部[2,11]

(x) 現象　図 10.5a のように，PC 製標識差しの 4 隅を，皿ねじにより鋼板に立て込み止めし，ゆるみ止めとしてメタクリル酸エステル系速硬化嫌気性封着剤を含浸させたところ，図 10.5a および図 10.5b のように厚さ全体にわたりクラックが発生した．クラックの開始点は図 10.5c のように，皿取り底部角であり，その近傍は図 10.6a (起点部) のようにソルベントクラックの特徴である平坦な破面を呈していた．なお，図 10.6 は図 10.5c とはクラック発生場所が異なるとともに上限が逆転している．

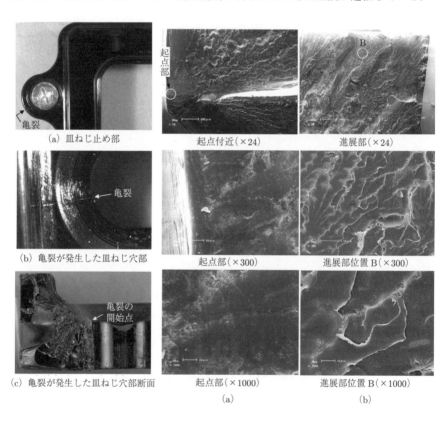

図 10.5　ソルベントクラックが発生した PC 製標識板差しの皿ねじ止め部[2,11]

図 10.6　PC 製標識板差しのソルベントクラック破面 SEM 写真[2,11]

10.1 接着剤の選定に起因するトラブル事例およびその対策 287

従来用いていた酢酸ビニル樹脂系封着剤 (固形分約 30% のメタノール溶液) においては，クラックの発生は見られなかった．この封着剤の場合，溶剤の揮発により固着力が発生するため，固着までに時間を要するので，今回短時間で固着するメタクリル酸メチル系のものに替えたところ，不具合が発生した．

(xi) 原因 1.8.3 項で述べたように，ポリカーボネート (PC) などの非晶質樹脂 (他には PS, PMMA, PVC, ABS などがある) はソルベントクラック (溶剤亀裂) が発生しやすい[12]．ソルベントクラックは，ストレスクラックの場合よりかなり小さい応力レベルで，短時間内で発生する[12]．このメタクリル酸メチル系封着剤は，空気を遮断することにより重合して硬化するもので，約 20 分で完全硬化時の接着強度の 1/2 の接着強度を発現するまで硬化するが，PC の穴にはねじが切られていないため皿ねじとのすき間は大きく，その部分では硬化までにより長い時間を要してク

表 10.2 1/4 楕円法 (浸漬条件 20°C, 1 分間) による PC のソルベントクラック限界応力[12]．長半径 10 cm，短半径 4 cm の楕円の 1/4 の部分を形成するように，幅 4 cm のプラスチック試験片をジグに曲げて取り付け，溶剤中に浸漬してクラック発生限界応力を測定する．

系　　統	溶　剤　名	クラック限界応力 (MPa)	クラックのパターン外観 *
アルコール類	メタノール	26.9	A
	エタノール	25.3	A
	イソプロパノール	26.9	A
芳香族炭化水素類	トルエン	6.7	C
	キシレン	5.8	C
脂肪族炭化水素類	ペンタン	23.9	A
	ヘキサン	24.8	A
ハロゲン化炭化水素	1,2-ジクロルエタン	17.7	C
	四塩化炭素	4.0	B
アセタール系	テトラヒドロフラン	13.5	C
	ジオキサン	6.3	C
ケトン類	アセトン	14.2	C
	メチルエチルケトン	12.3	C
エステル類	酢酸メチル	15.9	C
	酢酸エチル	12.8	C

* クラックのパターン (外観)
A: 応力方向に直角に小さなクラックが発生する．
B: 不規則方向に大きなクラックが発生する．
C: 膨潤溶解しながらクラックが発生する．
D: 溶解するのみで，クラックが発生せず．

288   10. 接着トラブルの原因と対策

ラックが発生しやすかったとも推定される.

表 10.2 は, ベル・テレフォン社が開発した 1/4 楕円法によって測定された, 種々の有機溶剤に対する PC のソルベントクラック限界応力であるが[12], エステル類の限界応力はメタノールの場合の 50–60% と小さい. そのことが, 今回のソルベントクラック発生の原因と推定される.

(xii) 対策 封着剤を従来の酢酸ビニル樹脂系のものに戻した.

10.1.12 塩素を含む接着剤の熱分解により発生する HCl と被着材との化学反応によるトラブル事例

a. 装置の Al 製外壁面に CR 系接着剤により接着された鏡のめっきの腐食

(i) 現象 室内において使用される装置のアルミニウム製外壁面 (常時 30°C 以上に温度が上昇する) に, 鏡を CR 系接着剤で接着しておいたところ, めっきが腐食して, 鏡としての用途を果たさなくなった.

(ii) 原因 鏡は, ガラス板に銀めっき, 次いで銅めっきを施し, その上に保護塗料 (赤色) が塗布してあり, 保護塗料は, CR 系接着剤に含まれる溶剤には侵されない. しかし, CR 分子中には電気的陰性度が大きい塩素原子を含むため, 加熱によって分解し HCl が発生しやすい. この例では, 常に 30°C 以上に加温されるため微量ではあるが常に HCl が発生し, 空気中の水分の作用が加わって塩酸酸性の条件が生成され, 保護塗膜を拡散透過して銅めっきを腐食させ, 次いで銀を腐食させて鏡面を破壊するという現象が生じた.

(iii) 対策 鏡を樹脂製の枠に入れて, 枠を Al 壁面にねじ止めした.

b. 塩化ゴム系接着剤の熱分解により発生した HCl が被着材金属と反応し塩化物を生成して, 被着材表面にてはく離[2]

(i) 現象 図 10.7 のような, 亜鉛めっき鋼およびアルミ合金の被着材に塩化ゴム系接着剤を用いてナイロンを接着した構造が 100–120°C の環境で使用されているが, 月間出荷数万個の内, 被着材の表面で接着層がはく離するというクレームが数十件発生している.

(ii) 原因 100–120°C という高温にさらされて, 塩化ゴム系接着剤が熱分解してわずかながら HCl が発生し, それが被着材の Zn および Al と反応して $Zn(Cl)_2$ および $Al(Cl)_3$ が発生してはく離が生じたものと推定される.

10.1 接着剤の選定に起因するトラブル事例およびその対策　　289

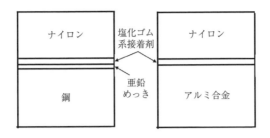

図 10.7　はく離が生じた塩化ゴム系接着剤による接着構造[2]

生成物は EDX では十分検出されなかったので，XPS (X 線電子分光法) を用いて検出した．

(iii) 対策　何万という製作個数の中で，数十個のはく離が生じるという割合は，確率的には 0.1 % 程度で小さいが，品質管理担当者にとっては月間数十件というクレーム処理は負担となる．

図 10.8 のように，現在は負荷応力分布と接着強度分布の重なりに対応する月間の故障確率が 0.1 % 台であるが，表面処理方法，接着剤の変更などの接着方法の改善により重なりの確率をさらに小さくすることが必要である．

金属およびその酸化物は，表 1.8 のように SP 値が非常に大きく，塩化ゴムはゴムの中では比較的大きな SP 値を示すが，金属に比しては小さいので，シランカップリング剤系のプライマーを使用して，図 10.8 のように接着強度 (平均値 μ) を増

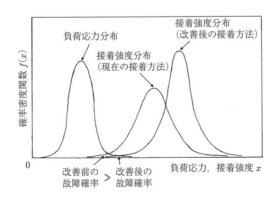

図 10.8　負荷応力および接着方法改善前後の接着強度の確率密度曲線[2]

加させて強度の確率密度曲線を右方に移動させるとともに，ばらつき (変動係数 η) を小さくして確率密度曲線をシャープにすることで，図の負荷応力分布 (ストレス) 曲線との重なり面積を減らし，現在より故障確率 P_f を減少させることが可能となる．故障確率は，式 (6.21) により計算することができる．

　接着剤としては，塩素を含まない耐熱性エポキシ系を用い，金属側被着材にはエポキシ系シランカップリング剤，ナイロン側にはフェノール系プライマーを用いることが適切と考えられる．

10.1.13　悪臭の残留する溶剤を含む接着剤の使用のトラブル事例—冷房ダクト内断熱材の接着[1,3]

(iv) 現象　冷房ダクト内側に軟質ポリウレタンフォーム断熱材 (アルミ箔包装) をニトリルゴム系接着剤により接着した．その結果，冷房時にニトリルゴム特有の刺激的な悪臭を含んだ冷風が室内に流入した．

(v) 原因　クロロプレンゴム系接着剤を用いるべきところを，誤ってニトリルゴム系のものを使用した．

(vi) 対策　断熱材をはがし，接着層を除去した後，クロロプレンゴム系接着剤を用いて再接着した．

10.2　表 面 処 理 法

　第 3 章で述べたように，被着材表面には，酸化物皮膜，油脂，離型剤などが付着しているので，サンディング，サンドブラスト，酸洗い，アルカリ脱脂などによりそれらを除去することは必須であるが，そのほかに，接着性向上のための表面処理，たとえば，陽極酸化法，ケミカルエッチング，プラズマ処理，レーザー処理，プライマー塗布などの表面処理が行われる．各被着材および使用接着剤に適した表面処理法を選択する必要がある．選択にあたっては適切な試験を行って接着強度の評価を行わなければならない．

10.2.1　表面処理後の被着材表面へ大気中水分吸収による接着力の低下[13,14]

　図 10.9 は，ブラスト処理したアルミニウムを酸素および相対湿度の異なる雰囲気中に保管した時の接着強さの変化である．接着強度の低下には，酸素よりも水分の影響が大きいことがわかる．したがって，表面処理後は，速やかに接着する，乾燥

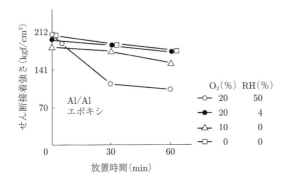

図 10.9 ブラスト処理後の Al の放置条件 (アルゴン + 酸素 + 湿度) と接着強さ変化[13, 14]

空気中に保管する，あるいはプライマーをすぐに塗布し乾燥空気中に保管すること，などのことが必要である．

10.2.2 被着材の吸収水分による接着不良の発生[14]

多くのプラスチック材料は大気中では一定の水分を吸収している．この水分が加熱硬化系の接着剤に悪影響を与え，接着剤を発泡させるなどの接着不良が発生することがある．代表的なプラスチックの常態吸湿率を表 10.3 に示した．PA や PI など 2% 以上の樹脂については注意が必要である．

表 10.3 高分子材料の常態吸湿率[14]

材　　料	常態吸湿率 (%)
ナイロン 6	4.0
ナイロン 66	2.5
ナイロン 12	0.75
POM	0.22
PC	0.2
PBT	0.07
PI	2.5
PMMA	0.2
PVA	10.0
シリコーン (一液 RTV)	0.1
エポキシ樹脂 (アミン)	1.5

10.3 施工方法に起因するトラブル事例およびその対策

10.3.1 接着剤の混合比誤りおよび混練不足による接着強度の低下

　二液性接着剤の混合比を一定に保つ，あるいは混練を確実に行うには，スタティックミキサーを用いるのが一つの方法である．各接着剤メーカーからカートリッジ入り接着剤とスタティックミキサーが市販されているが，コストは高めとなる．また，図 10.10 のように，専門メーカーから，吐出ガン (手動および空動式)，ディスポーザブルミキサー，カートリッジ，およびプランジャーが市販されているので[15]，自社で任意の接着剤を充てんして使用することもできる．N 社製の場合，混合比は，

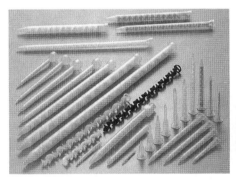
(a) ディスポーザブルミキサー

(b) 吐出ガン

図 **10.10**　スタティックミキサー[15]

図 **10.11**　二液混合吐出装置例[16]

10.3 施工方法に起因するトラブル事例およびその対策 293

表 10.4 二液混合吐出装置の仕様[16]

接着剤の種類		MGP ID-300, MGP-X030
吐出量範囲	MGP ID-300	最小 0.1 ml／ショット (0.2 s) 最大 260 ml/min
	MGP-X030	15 ml/min–200 ml/min 最大 300 ml/min
吐出精度	混合比 1：1	3% 以内 (MGP ID-300) 5% 以内 (MGP-X030)
	混合比 10：1	7% 以内 (粘度 500–50 000 mPa·s)
混合比		100：100 – 100：5
ポットライフ		5 min 以上

1:1, 2:1, 4:1, 10:1 の 4 種類が選択できる[15].

また，図 10.11 は二液混合吐出装置の例で，表 10.4 のように，混合比を 1:1–20:1 と広範囲に変えることができる.

このほか，精密吐出装置，インクジェット装置，スクリーン印刷装置などと組み合わせることにより，正確で精密な接着剤の塗布が可能となる.

10.3.2 接着剤の発泡[1,10]

(vii) 現象 電機部品のポッティングに，二液性常温硬化型エポキシ樹脂を加熱硬化して使用していたところ，夏期に発泡事故が発生した．小型部品であるため，発泡現象とともに，接着力低下 (被着材は FRP) が懸念される.

(viii) 原因 事故を起こした樹脂のロットには製造検査記録では異常はなく，発泡原因は揮発性成分，経験上水が関与することが多いため，水分混入を中心に追跡調査した．使用樹脂はポリアミドアミンを硬化剤とするエピビス型の一般的なエポキシ樹脂系接着剤で，溶剤および充てん材を含まない透明ペーストである．メーカーの指定通り，主：硬 =1：1 の混合比で，80°C/1h で硬化させている．樹脂は 5°C の冷蔵庫で保管したものを取り出して作業に用いている.

このような低温で保管したものは室温に戻してから開缶しないと結露水が混入する．特に高温高湿になる夏場は結露水が多くなり，それを巻き込んで大きく性能低下を引き起こすことがあり，化学反応型接着剤においてはその影響が顕著となる．そこで，事故ロットおよび正常ロット，ならびに両者に水を添加したものの 4 種類について，80°C，1h の硬化条件で，発泡性および接着性をしらべた．その結果，無水状態では，事故ロットおよび正常ロットとも品質異常はなく，両者とも水添加が 1%

294   10. 接着トラブルの原因と対策

を超えると発泡現象が現れ，3% 前後から著しい発泡が見られ，透明でなく乳白色に変化することを確認した．

(ix) 対策　作業マニュアルを作成して，接着剤を室温保管するように徹底させた．

10.3.3 溶剤型接着剤におけるオープンタイム不足のトラブル事例—床用軟質塩化ビニルシートの接着 (その 2)[1,3]

(x) 現象　裏布付軟質塩化ビニルシート (幅 1.8 m× 長さ 18 m× 厚さ 3 mm) を，さび止め塗装された鋼板製床板にクロロプレンゴム系接着剤を用いてハケ塗りにより接着した．その約 3 週間後，直径約 100 mm，高さ約 20 mm の円形状のふくれが約 40 箇所生じた．

(xi) 原因　ハケ塗りのため塗付量のむらがひどく，溶剤が十分揮散していない状態で接着された．さらに塩ビシートが大面積であり床が鋼板であるため，接着層に含まれた溶剤が接着後もほとんど抜け出すことがなく，直射日光および暖房などにより室温が上昇して溶剤が気化し，このような現象を生じたものと推定された．

(xii) 対策　塩ビシートをすべてはがして，接着剤をできるだけ均一に適正量塗付し，オープンタイムを十分とって接着を行った．

10.3.4 加熱温度および加熱時間の不足のトラブル事例—自動車ドラムブレーキライニングの接着[17]

(xiii) 現象　ドラムブレーキのブレーキライニングが車体に取り付ける前の実車テストにて，ブレーキシューからはく離した．室温の状態では両者はよく接着していたが，自動車に取付け，ブレーキを何回か掛けていたときに，接着剤の凝集破壊か起り，はく離した．

(xiv) 原因　室温時ではブレーキライニングとブレーキシューは良く接着していたが，ブレーキを掛けることにより温度が上昇したため接着層が軟化し，接着剤の凝集破壊が発生してはく離が生じたものと推定した．調査の結果，接着剤には異常は認められず，接着剤の硬化が不十分であることが推定されたため，現地工場の硬化炉において，問題が起こったのと同様の状況で，ブレーキライニングとブレーキシューとの間に熱電対をはさみ，温度上昇試験を行ったところ，その温度上昇曲線は，接着剤メーカーが指定した接着剤の最適硬化条件には入らず，硬化が不十分であることが判明した．

10.3 施工方法に起因するトラブル事例およびその対策　　295

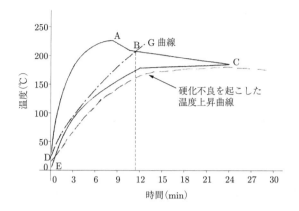

図 10.12　接着剤の最適硬化条件範囲と硬化不十分な温度上昇曲線[17]．ABCDE で囲まれた曲線内に硬化温度上昇曲線が入り，A，B，C ラインを切った点が硬化時間 (温度上昇曲線が G 曲線の場合，硬化時間は約 11 分．)

(xv) 対策　そこで，硬化炉の温度を 10°C 上げて，再び温度上昇曲線を測定したところ，図 10.12 のように適正硬化条件が得られた．実際の工場では，毎日被着材の大きさ，数量が変わり，温度上昇曲線が変化するため，最も厳しい条件においても十分な硬化が行われるように配慮する必要がある．

10.3.5　圧締力不足によるトラブル事例—アルミ合板積層パネルのふくれ[18]

(xvi) 現象　図 10.13 のようなプレスを用いて，大型コンテナのドアパネル用として，合板 (1 200 mm×2 400 mm, 厚さ 30 mm) にアルミシート (厚さ 0.3–0.5 mm) をクロロプレンゴム系接着剤を用いて接着した．保管場所が不足したため，できあがったパネルを屋外に貯積したところアルミにふくれが生じた．

(xvii) 原因　オープンタイムは十分とっており，残留溶剤が原因とは考えられない．そこで，特にふくれ部分のアルミ板を引きはがしてルーペにより観察したところ，

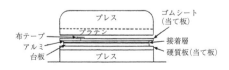

図 10.13　プレスによるアルミニウム板と合板との接着[18]

接着剤は両被着材面に残っているが，ふくれの部分の接着剤表面は光っており，そのことから，ふくれの部分はアルミ板が十分圧着されていないこと，すなわちアルミシートと合板とは接着していないことがわかった．

つまり，圧縮の不均一が原因と考えられるため，さらにしらべたところ，図のあて板用の厚さ 20 mm のゴムシートが一枚物でなく，布粘着テープで片面 (図の上側) がつながれていることがわかった．テープが貼ってある直下は標準圧以上に加圧されるが，その周囲は加圧力が不足したのである．

(xviii) 対策 テープをはがして接着作業を行ったところ，ふくれ事故はなくなった．

10.3.6 接着面への空気の巻き込みによるトラブル事例—天井ダクト用サンドイッチパネルの接着[1,3]

(xix) 現象 図 10.1 (前出) のように，表面材と心材を二液性ポリウレタン系接着剤により接着しているが，接着硬化後アルミ板 (化粧板) のふくれによる平面度不良，FRP シェルの音鳴りなどの不具合が生じた．

調査の結果，芯材と FRP シェルとの間に空気層が残り，未接着部分が各所にみられた．またアルミ板と芯材との間も，一部に未接着の箇所がみられた．

(xx) 原因 (1) 接着剤の不適正な塗布方法：接着剤を表面板の周辺に行きわたらせる目的で，図 10.14 のように周辺への塗付量を多くしたため，中央部分の塗付量が極端に少なくなった．

(2) 張り合わせ方法不良による空気の巻き込み：アルミ板と芯材との張り合わせの際には，畳大の芯材をアルミ板上に置くだけで手押しせず，空気の追い出しが不十分であった．また FRP 板をプレス台にセットするときにも芯材との間に空気の巻

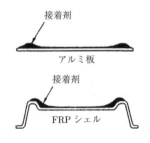

図 **10.14** 接着剤の塗布方法[1, 3]

10.3 施工方法に起因するトラブル事例およびその対策　　297

図 **10.15**　芯材の接着方法[1, 3]

き込みが相当あり，FRP がふくらんでしまうが，前図のような構造上空気の逃げ道がまったくないため，そのまま空気を巻き込んだ状態で接着剤が硬化してしまった．

(3) 硬化時の圧縮方法の不良：接着剤が硬化するまでの間は，製品の平面度を確保するために圧縮を行った．圧縮のジグには十分な性能があったが，FRP 板と圧縮ジグとの間に入れる当て板が不適正なため，均一な圧縮ができていなかった．

(xxi) 対策　(1) 塗付方法の適正化：メーカー指示塗付量の約 1.6 倍の接着剤を用い，全面均一に接着剤を塗付するようにした．

(2) 空気の巻き込みの防止：作業を容易にするため，図 10.15 のように，芯材を縦方向に 3 分割し，接着の際には芯材をそらせて端から順に接着剤を塗付したアルミ坂上に接触させていき，空気の巻き込みを防止した．また FRP には，3 分割した芯材の境界線上に約 300 mm ピッチで直径 25 mm の穴をあけて，空気の逃げ道を設けた．

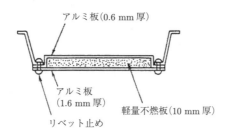

図 **10.16**　天井ダクト構造の変更[1, 3]

(3) 圧縮方法の改善：従来 FRP への当て板が長尺物 (2.5 m) であったものを，1/4 ずつの長さに分割して FRP によく沿うようにした．また当て板と当てジグとの間に入れる隔て材 (木製) を鋼製チャンネル材に変えて，均一に圧縮できるようにし，万力も 3 本から 4 本に増した．

(4) 設計変更：図 10.1 のような構造のダクトでは何枚ものパネルを積み重ねて同時に圧縮することができないため，以後は図 10.16 のように端部をリベット止めするような構造に設計変更し，専用プレス台を用いて，約 20 枚のサンドイッチパネルを積み重ねて圧縮できるようにした．

10.3.7 作業者の熟練度不足

図 10.17 は，接着試験片の製作場所 (製作者) による接着強度の違いである[19, 20]．このように，接着強度は作業者により相当異なった値となるため，教育・訓練を十分行うことが必要である．

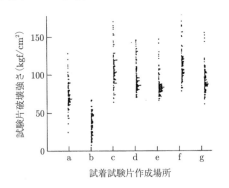 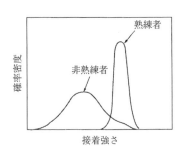

図 **10.17** 接着試験片の製作場所 (製作者) による接着強度の違い[19, 20]

図 **10.18** 熟練者と被熟練者が製作した接着試験片の強度分布概念図[19, 20]

図 10.18 は熟練者と被熟練者が製作した接着試験片の強度分布概念図であり，教育訓練の重要さがわかるとともに，表面処理および接着剤塗布の工程をできるだけ機械化してばらつきを減少させることが重要であることが理解される．

10.4 接着部の構造

　第5章で述べたように，接着部は，できるだけ応力集中が小さく，はく離応力がかからないように (一般的な接着剤は，はく離応力に弱い)，接着面積を広く取った構造に設計する必要がある．複雑な接着構造の場合，FEM により応力解析を行う必要がある．

10.5 接着部の耐久性

　第7章および第8章で述べたように，接着剤は有機物であるため，継手強度は経年劣化が生じやすい．図 6.1 に示すように，初期においては強度分布曲線と負荷応力分布曲線が重なりをもたなくても，経年劣化より強度が下がり，ばらつきも大きくなるとともに両曲線が重なりをもつようになり，破壊が起こる．したがって，接着継手は実使用条件と同様な，荷重付加・湿潤条件下の耐久性試験，促進耐候性試験，疲労試験など，実使用条件と同様な促進試験を行って，その耐久性を確認しておくことが重要である．

文　　献

[1] 鈴木靖昭：剥離対策と接着・密着性の向上 (サイエンス& テクノロジー，2010) pp. 112–127.

[2] 鈴木靖昭：粘着剤，接着剤の最適設計と適用技術 (技術情報協会，2014) pp. 310–321.

[3] 鈴木靖昭，松枝通泰，冨田耕平：接着の技術，**3**-1, 5–11 (1983).

[4] 三洋貿易株式会社 HP　ゴム・エラストマー相談室 `http://www.gomuelastomer.net/gomutokusei.htm`

[5] J-tokkyo C08 有機高分子化合物; その製造または化学的加工; それにもとづく組成物「放熱シート，熱伝導シート」`http://www.j-tokkyo.com/2003/C08L/JP2003-226788.shtml`

[6] 鈴木靖昭：日本機械学会論文集 A 編，**51**-463, 926–934 (1985).

[7] 後藤誠裕：高分子材料の劣化・変色メカニズムとその安定化技術—ノウハウ集 (技術情報協会，2006) pp. 229–236.

[8] 樹脂ライニング工業会 編：樹脂ライニング被膜の劣化診断指針 (樹脂ライニング工業会，1996) p. 60.

[9] 柳原栄一：接着の技術，**3**-1, 1–4 (1983).

[10] 接着の技術，**3**-2, 1–34 (1983).

300   10. 接着トラブルの原因と対策

[11] 鈴木靖昭 : 接着・粘着製品の分析，評価事例集 (技術情報協会，2012) pp. 280-283.

[12] 本間精一 : プラスチックス，**55**-3，87–96 (2004).

[13] R. W. Wegman: Adhesive Age, **10** (1), 20 (1967).

[14] 柳原栄一 : 接着のトラブル対策 (日刊工業新聞社，2006) p. 127，p. 156，p. 166，p. 172.

[15] ノリタケカンパニーリミテド，スタティックミキサー総合カタログ (2011) p. 14.

[16] セメダイン (株) 工業用総合カタログ，Ver.04 (2016) p. 37.

[17] 柳沢誠一 : 接着の技術，**3**-1，12–16 (1983).

[18] 接着の技術，**3**-2，18 (1983).

[19] 野中保雄 : 第 2 回構造接着シンポジウム講演論文集 (1982) p. 76.

[20] 野中保雄 : 日本機械学会誌，**87**，245 (1984).

索　　引

欧　文

AKI-Lock　93
Al 重ね合せ継手　128

Beveled Lap 継手　133

CAA　254
CB 処理　107
CED の概念　166
CZM　137
CZM 解析法　141
CZM 解析結果　138

D LAMP　92
Dundurs の複合材料パラメーター　178
Dupré の式　6

ECRTTP　271

FLJ　99
FPL　254
FPL エッチング　243
FSJ　100

Golland–Reissner の解析　125, 136

HAST 劣化試験　228

ISO 11003-2　147
ISO 6922　146

JIS K6848-2-2003　52

JIS K6849　146
JIS K6859　273
JIS K6868-2　147
JIS Z8115-2000　214

LAMP　94
Larson–Miller の式　267, 269
Larson–Miller のマスター曲線　271
Lycoudes モデル　228

Manson–Haferd の式　271

NAT　82
Neuber の有効容積の考え方　180
NHB 両面粘着テープ　187
NMT　83
　新—　86
NORMDIST 関数　199

Orr–Sherby–Dorn の式　271

PAA　254
PAL-fit　86
Parker の理論　164

SGA (第 2 世代アクリル系) の海島構造　30
S–N 曲線　260, 265
S–N 線図　263
SP 値　15
　—の不適合　275
　液体の—　14
　金属の—　15
　高分子物質の—　16
　接着剤の—　17

302　索　引

Sustained Load Test　230, 232, 235, 237, 241

TRI　108
T 継手
　—の設計　191
　—の接合構造　190

Unwin の安全率　208
UV/オゾン処理　18
UV オゾン処理法　65

Volkersen の解析　125
von Mises の降伏条件　154
von Mises の相当応力　145, 148, 150, 162

Young–Dupré の式　6
Young の式　6

Zisman の臨界表面張力　8

あ 行

アイリング　225
アイリング式プロット　226
アイリングの式　209, 235
悪臭　290
圧締力不足　295
アマルファ　88
アルミニウムエッチング　52
　—により生成した酸化皮膜　53
アルミニウム酸化皮膜の微細構造　54
アルミニウムの酸化処理法　53
アレニウス　220
アレニウスの式　220
アレニウスプロット　221
アンカー効果　5, 116
安全寿命設計　210
安全率　197, 199, 204
安定パルスコロナ放電処理装置　58

異種材料接着・接合法　76

1 次不変量　173
一般化応力拡大係数　180
イトロ処理法　64
イレギュラーライン　170
インモールド射出一体成形法　109

ウェッジテスト　254
ウェッジテスト法　242
ウェルドボンディング　262, 264
エキシマランプ　65
エッチング
　アルミニウム合金の—　254
エポキシ樹脂
　—の質量残存率　219
　—の引張応力–ひずみ線図　171
　—の曲げ強度　219
エンタルピー　17
エントロピー弾性体　106

応力拡大係数を用いた接着強度の評価　177
応力特異性指数　180
応力分布　125, 155
大沼の解析　125
オープンタイム不足　294

か 行

界面き裂の複素応力拡大係数　178
界面せん断強度　40
界面張力　6
界面の自由エネルギー　6, 249
界面破壊　40, 41
界面引張強度　40
火炎処理法　63
化学結合法　81
　架橋反応による—　109
化学的接着説　1
化学反応速度式　215
架橋反応　81
　ゴムと樹脂の—　109
拡散説　6

索　　引　　303

拡大係数　178
拡張 Fowkes の式　249
確率密度関数　198, 203
重ね合せ接着継手　127
ガス吸着異種材料接合技術　81
ガス吸着接合プロセス　113
仮想き裂モデル　177
加速係数　214, 223, 226
加速試験　214
加速手段　214
加速耐久性　259
加速劣化　238
加速劣化法　238
活性化エネルギー　233
活性化体積　241
加熱不足　294
完全接着モデル　177

気温の上昇　283
機械的接合説　5
希望故障確率　201
吸収水分　291
吸着モデル　28
急冷　19
境界層厚さ　174
凝集エネルギー密度　13
凝集破壊　40, 41
強度　203
強度評価法　180
許容応力　200
金属
　—の PMS 処理　97
　—の湿式表面処理　75, 76, 83
　—の接着法　75, 76
　—の表面処理法　47
　—の表面調整法　50
金属・樹脂の大気圧プラズマ処理　97

空気の巻き込み　296
くさび破壊法　243

熊野–永弘の解析　125, 136
クラックストッパー　210
繰返し応力　259
グリットブラスト　51
クリープ　259, 266
　—の 3 要素　148
クリープ曲線　266
クリープ試験　271
クリープ破壊　267
クリープ破壊強度評価　266
クリープ破断曲線　268
クリープ破断データ　269
クロム酸陽極酸化処理　254

経年劣化　197
結合力モデル法　136, 137
結合力領域損傷モデル　137
ケミブラスト　75
限界繰返し数　260
嫌気性封着モノマー　286
原子–分子間引力　1

航空機　210
高周波誘導加熱　102
高粘度接着剤　21
鋼板 (SPC1) の表面処理条件と接着強さ
　51
降伏応力　145
降伏応力曲面　164
降伏破壊基準　174
高分子材料　12
　—の直接化学結合法　81, 111
故障確率　199, 200, 203
　接着接合部の—　197
故障発生のメカニズム　197
故障率関数　198
ゴム　81
ゴム粒子　25
コロナ放電処理 (法)　18, 57
混合モード破壊クライテリオン　166

304　索　引

さ 行

細線模様　170
最大主応力　150
最大せん断応力　148
最適接合部の設計　189, 190
最適縦弾性係数　266
沢らの解析　133
酸化反応促進メカニズム　239
3 次元解析解　154
3 次元降伏曲面　165
3 次元 FEM 解析　154
残存率　215
サンドブラスト　51

試験片の接着　279
湿式エッチング法　256
湿度　234
湿度ストレス　227
　—の作用メカニズム　240
自動車の残存接着強度　254
重クロム酸–硫酸浴化処理　254
充てん剤の混合使用　280
熟練度不足　298
ジューコフの式　240–242
樹脂　81
樹脂射出一体成形法　76, 77, 83, 91
　無処理金属の—　77
寿命　226, 240
　—の加速係数　241
　材料の—　218
寿命決定法　217
寿命推定法　213
寿命予測　230
寿命予測式　221
寿命予測方法　229
潤滑油　252
蒸発潜熱　14
ショットブラスト　51
シランカップリング剤　69, 256

シリル化ウレタンポリマーの製造法　34
シーリング材　7
芯材の接着　297
振動特異性　178

水蒸気–真空紫外光接合技術　81
水素結合　1
垂直応力　139
垂直変位　139
推定寿命　234
水分吸収　290
スカーフ角度　150, 159
スカーフジョイント　116
スカーフ継手　149, 158
　—の応力解析　184
　—の強度評価　180
　—の接着層厚さと接着強度との関係　174
　—の接着層の破壊条件　161
　—の接着層破壊条件　167
杉林–池上の解析　132
スタティックミキサー　292
ストレス　203
ストレス–強度のモデル　197
スポット溶接　264
スポット溶接–接着併用継手　262
　—の応力解析　188

正規分布　198
ぜい性破壊　174
ぜい性破壊基準　174
静的引張り強度測定結果　264
施工方法　292
接着力不足　280
設計応力　200
接触角　6, 8
絶対湿度　234
絶対水蒸気圧　227
接着技術　81
接着強度　10, 12, 19, 158, 162, 174, 217,
　223

索　　引　　305

—の変動係数実測値　208
—の変動率　207
エポキシ系構造用接着剤の—　26
二液性エポキシ系接着剤による—　66
接着強度試験結果　36
接着剤
—の応力–ひずみ線図　130
—の可塑化　20, 279
—のクリープ破壊試験方法　273
—の酸化劣化　280
—のせん断強さ　44
—の選定早見表　42
—の耐久性データ　256
—の耐熱性　31
—の塗布方法　296
—のはく離接着強度　44
—の発泡　293
一液性加熱硬化形エポキシ系—　39
エポキシ系—　28
エポキシ系構造用—　26
吸油性—　30
構造用—　23, 25, 27
ゴム変性エポキシ系—　170
紫外線硬化形—　31
室温硬化形—　37, 38
シリコーン系—　30, 32
シリル化ウレタン系—　34
第2世代アクリル系—　29
耐熱性—　30
耐熱性航空機構造用—　24
フィルム状—　27
変成シリコーン系—　33
ポリイミド系　30
ポリウレタン系—　28
ポリオレフィン系樹脂用—　34
接着剤性能試験
一液性加熱硬化形エポキシ系—　39
接着仕事　6, 10, 249, 252
—の計算値　11
接着接合　123

接着接合部　177, 266
—の耐久性　252
—の耐水性　256
接着・接合力向上　116
接着層
—の厚さ　159, 174
—の最大主応力　148
—の実際のひずみ　159
—のせん断強度　40
—の塑性変形　132
—の縦弾性係数　184
—のひずみ　146
—の引張強度　40
—の平均収縮ひずみ　184
—のポアソン比　184
接着層厚さ　263
—の強度との関係　143
接着層破面　168
接着耐久性
—の向上　116, 118
接着端の最大主応力　187
接着継手　263, 264
—の故障確率　239
—の耐水性　251
—の耐油性　252
接着継手形式　124
接着トラブル　275, 276
接着はく離　281–284
接着部
—の構造　299
—の耐久性　299
接着部に加わる外力　124
接着力発現　116
—の原理　1
線形損傷則　261
洗浄方法の効果
接触角への—　50
接触強度への—　50
せん断応力　139, 154
せん断接着強度　183, 186

306　　索　　引

せん断弾性係数　12
せん断強さ
　構造用接着剤の―　25, 27
　フィルム状接着剤の―　27
せん断破壊曲面　164
せん断ひずみエネルギー一定の降伏条件
　154
せん断変位　139
線膨張係数　281, 284

相加平均　198
相対湿度　234
相対湿度モデル　227, 228
ソルベントクラック　285, 286
損傷許容設計　210

た　行

大気圧プラズマグラフト重合処理　81
大気圧プラズマダイレクト方式処理装置
　61
大気圧プラズマリモート方式処理装置　61
耐久性試験法　242
耐久性評価
　温度に対する―　213, 227
　ストレスに対する―　213
耐衝撃性不足　285
耐水性シーリング材　253
第一原理分子動力学法　239
縦弾性係数　263
ダブラー　210
ダングリングボンド　239
単純重ね合せ継手の強度評価　181
弾塑性材料の典型的一軸引張応力‒ひずみ線
　図　137

超音波接合　103

突合せ (バット) 継手　149, 253
継手
　―の接着強度計算値　162

―の要素分割図　187
継手破壊時の特異応力場の強さ　177

低圧水銀ランプ　66
　―による紫外線照射時間　66
低圧プラズマ処理装置　59
　―と接着強さ　59
テトラエッチ法　68
電気抵抗溶着　101
天井ダクト構造　297

投錨効果　5
特異応力場の強さ　177, 180, 181, 183
　破断荷重における―　183
特異性指数　177
トボルスキー‒アイリング　240
トリアジンチオール処理金属　109

な　行

軟鋼の表面エネルギーと湿度との関係　52

二液混合吐出装置　293
2 次元弾性 FEM 解析　150
2 次元弾塑性 FEM 解析　129, 156
2 次不変量　173

熱応力　281–284
熱板融着　103
熱分解　288
熱力学平衡論　11
粘着剤　7

濃度　215

は　行

破壊基準　173
破壊条件　158
はく離　288, 294
　PMMA 板の―　279

索　引　307

はく離接着強度　186
　マイラーシートの—　17
はく離特異応力場の強さの限界値一定　183
はく離力への対応策　192
破断繰返し数　209
ハット形補強材の接合構造　191
バット継手　158
　—の応力解析　184
　—の強度評価　180
　—の接着層厚さと接着強度との関係　174
　—の接着層の破壊条件　161
　—の接着層破壊条件　167
　—の引張強度　170
バルク接着剤　144, 145
　—の引張強度　170
反応次数　215
反応速度　215
反応速度定数　223

ひずみゲージ長　159
被着材
　—の荷重に垂直方向の断面積　160
　—の可塑化　21
　—の縦弾性係数　160
　—に対する表面処理　47
被着材エッチング
　—の効果　116
引張荷重　160
引張強度　12, 145
　高分子結晶の—　13
引張試験　145
引張接着強度試験　146
引張せん断疲労性試験方法　259
標準正規分布関数　199
標準正規密度関数　199
標準偏差　198
表面自由エネルギー　6, 249, 257
表面処理法　48, 290
　JIS K6848-3-2003 による—　67
　ステンレス鋼の—　55

　軟鋼材の—　54
　プラスチックの—　56
表面張力　6
　液体の—　9
　高分子固体の—　9
被流動体接着　106
疲労　259
疲労限度　260
疲労寿命　260

フィルム型接着剤　237
フェイルセーフ設計　210
負荷応力　209, 240
　—の実験値　209
ふくれ　295
物質の SP 値と表面張力の関係　15
フッ素樹脂　67
プライマー処理法　68
プラスチック　47
　—の化学的表面調整法　67
　—の表面調整法　57
ブラスト法　51
プラズマ処理　18
プラズマ処理法　59
フレームプラズマ処理法　63
分子接着剤　104, 258
分子接着剤利用法　80, 104
ファン・デル・ワールス力　2

へき開破壊平面　165
変動係数
　荷重の—　211
　強度の—　204
　室温硬化形接着剤の引張せん断接着強度
　　の—　37, 38
　ストレスの—　204
膨張係数　282

ま 行

マイナー則　261

308   索   引

マイラーシート　18
摩擦攪拌接合　100
摩擦重ね接合　99
摩擦接合法　79, 99

見かけの破壊じん性値　179

無次元化応力拡大係数　178
無次元化最大主応力　162
無陽極酸化処理材料　52

メインクラック　167
めっきの腐食　288
メディアン寿命　218, 230, 231

モル容積　16

や　行

ヤモリテープ　5
ヤモリの足　3

有機溶剤洗浄装置　50

溶解度パラメーター　15
陽極酸化処理材料　52

溶剤　285
溶着法　79, 101

ら　行

ラジカロック　109
ラップジョイント　116

理想的降伏強度　12
リバーパターン　167
リベットボンディング　264
臨界垂直変位　139
臨界せん断変位　139
臨界表面張力　8
　固体の—　10
リン酸陽極酸化処理　254

励起二量体　65
レーザー処理　77
　被接合表面の—　91
レーザー接合　97
　インサート材使用の—　98
レーザー接合法　78, 94, 95
レザリッジ　91

著者紹介

鈴木靖昭（すずき・やすあき）

鈴木接着技術研究所　所長
1965年名古屋工業大学工業化学科卒業後，日本車輌製造(株)
に入社．新幹線などの鉄道車両に関する接着接合部の破壊条件，
信頼性および耐久性に関する研究・開発・評価，有機材料の
故障解析などに従事．開発本部長を経て退社後は名城大学
および中部大学非常勤講師，名古屋産業振興公社，岐阜県産
業経済振興センターなどの技術アドバイザーとして活動．
工学博士（名古屋大学），技術士（機械部門 構造接着）

主な著書（共著）：接着ハンドブック（日刊工業新聞社），構造
接着の基礎と応用（シーエムシー出版），樹脂と金属の接着・
接合技術(技術情報協会)，接着耐久性の向上と評価(情報機構)，
最新の接着・粘着技術Q＆A（産業技術サービスセンター），
異種材料接着・接合技術（Ｒ＆Ｄ支援センター），異種材料接着／
接合技術（サイエンス＆テクノロジー），Handbook of Adhesion
Technology（Springer），他多数

接　着　工　学
──異種材料接着・接合，強度・信頼性・耐久性向上と寿命
予測法

平成30年11月30日　発　行

著作者　　鈴　木　靖　昭

発行者　　池　田　和　博

発行所　　丸善出版株式会社

〒101-0051　東京都千代田区神田神保町二丁目17番
編集：電話(03)3512-3266／FAX(03)3512-3272
営業：電話(03)3512-3256／FAX(03)3512-3270
https://www.maruzen-publishing.co.jp

Ⓒ SUZUKI Yasuaki, 2018

印刷・製本／三美印刷株式会社

ISBN 978-4-621-30326-9　C 3058　　　　Printed in Japan

JCOPY 〈(社)出版者著作権管理機構　委託出版物〉
本書の無断複写は著作権法上での例外を除き禁じられています．複写
される場合は，そのつど事前に，(社)出版者著作権管理機構（電話
03-3513-6969，FAX 03-3513-6979，e-mail：info@jcopy.or.jp)の許諾
を得てください．